普通高等教育“十二五”规划教材（高职高专教育）

YONGDIAN YINGYE GUANLI

用电营业管理

主编　李珞新
编写　向保林　周　梅　沈　鸿
刘会玲　付　莉　李　微
主审　杨剑平　赵文建

中国电力出版社
CHINA ELECTRIC POWER PRESS

内 容 提 要

本书为湖北省省级精品课程配套教材，主要阐述了国家电网公司 SG186 电力营销业务模型中新装增容及变更用电、电费管理业务、营业稽查及工作质量管理等内容。全书分为八个学习情境，主要内容包括抄表管理、核算管理、电费收缴及账务管理、线损管理、新装与增容、变更用电、供用电合同管理、营业稽查。各学习情境都附有习题，部分学习情境附有实训任务。

本书可作为高职高专院校电力市场营销与策划、供用电技术、发电厂及电力系统（电网方向）专业教材，也可作为中等职业院校电力类及相关专业教材，还可作相关技术人员的培训教材或参考书。

图书在版编目（CIP）数据

用电营业管理/李珞新主编．—北京：中国电力出版社，2011.3（2018.9重印）

普通高等教育“十二五”规划教材．高职高专教育

ISBN 978-7-5123-1406-1

Ⅰ．①用… Ⅱ．①李… Ⅲ．①用电管理—高等学校：技术学校—教材 Ⅳ．①TM92

中国版本图书馆 CIP 数据核字（2011）第 025348 号

中国电力出版社出版、发行

（北京市东城区北京站西街 19 号 100005 http://www.cepp.sgcc.com.cn）

三河市百盛印装有限公司印刷

各地新华书店经售

*

2011 年 3 月第一版 2018 年 9 月北京第五次印刷

787 毫米×1092 毫米 16 开本 18 印张 437 千字

定价 **42.00** 元

前　言

随着我国电力体制改革的深入，电力客户价值的不断提升，电力营销工作在电力企业中的作用更加显著。用电营业管理是电力营销终端市场的服务窗口，其工作的好坏将直接影响到电力企业的生存与发展。

近几年来，电力需求不断增加、电力客户对用电的要求不断提升，推进了电力营销管理新政策、新技术、新知识、新标准、新规程的不断出台，电力企业改革对电力人才知识和能力结构的需求也在不断更新变化。同时，国家教育部要求高职高专教育要融入产业、行业、企业、职业和实践等要素。

为了满足国家电网公司电力人才知识和能力结构的需求，根据国家教育部要求高职高专培养高等技术应用型人才的培养目标，编者在用电营业管理湖北省省级精品课程配套教材的编写中，融入了现场职业岗位的知识、技能要求及岗位职业资格证书要求等要素，充分体现了先进性、针对性、适用性，做到深入浅出、够用为度、实用为本；根据工学结合、项目导向、任务驱运的教学模式，在编写模式上采用了每个学习情境中含有知识模块和能力训练的结构，便于教师灵活施教；为方便教师教学，本书还配有电子教案。

本书由武汉电力职业技术学院电力市场营销及策划专业教师、武汉供电公司现场专家共同编写。其中，学习情境一、三由武汉供电公司武昌分公司市场营销部主任付莉编写；学习情境二由武汉供电公司营销专责刘会玲和武汉电力职业技术学院周梅编写；学习情境四、六由武汉电力职业技术学院向保林编写；绪论、学习情境五由武汉电力职业技术学院李珞新编写；学习情境七由武汉供电公司营销专责刘会玲编写；学习情境八由武汉电力职业技术学院向保林、周梅、沈鸿编写；全部实训任务由武汉电力职业技术学院李珞新、李微编写。本书由武汉电力职业技术学院李珞新担任主编并统稿，由郑州电力高等专科学校杨剑平老师、武汉电力职业技术学院副院长赵文建审稿。

在本书的编写过程中，参阅了部分教材及文献，在此对本书审稿人和参考文献作者一并致以衷心感谢。

限于编者学识水平与实践经验，书中难免会出现疏漏和错误，恳请使用本书的广大师生和读者批评指正。

编者

2011 年 1 月

目　录

绪　　论

第一部分　知　识　模　块

用电营业管理是一门利用现代信息技术与管理方法进行电能销售过程中的管理课程。用电营业管理部门是电力企业产品——电能的销售管理环节，其工作好坏不仅关系到电力企业的经营成果和利益，还关系到电力工业自身的发展以及电力企业的社会信誉和形象，直接影响着国家财政收入和国民经济的发展速度。因此，用电营业管理是电力企业经营管理工作中非常重要的组成部分，具有举足轻重的地位。

一、电能产品的特点

电能是具有独特生产流通网络的一种特殊商品，其生产、传输、销售和使用几乎是在同一瞬间完成。电能是现代社会大量广泛使用的一种必不可少的能源形态，是发展国民经济的重要物质基础，在国民经济中发挥着极其重要的作用。

电能的生产、传输、分配和使用过程实质上是把原油、原煤、天然气、水能、核燃料等自然界中以固有形态存在的一次能源转化为的二次能源，这种二次能源通过传输、分配，再由各种用电装置按生产、生活的多种需要转化为机械能、热能、光能、电磁能、化学能等实用形态的能量加以利用的过程，即发电、输电、变电、配电、用电的全部过程。

电能作为电力企业的生产产品，其主要特点归纳如下。

1. 电能是优质的能源

电能是一种优质的能源，用途极其广泛。电能被广泛应用在经济生产、日常生活、科学教育、国防建设、通信传媒等国民经济各行各业。在当今社会，电能已经成为基本的生产、生活资料。

2. 电能是方便的能源

电能是一种方便使用的能源，它可以通过输电网非常方便的远距离传输；也可以非常方便的转化成动能、热能、光能、机械能等其他能源方式，从而满足不同的用电需要。

3. 电能是洁净的能源

电能是一种清洁干净的能源，在直接使用过程中不会产生污染，有绿色能源之称。

4. 电能是高效的能源

电能是一种高效的能源，仅就热效率而言，电能比燃煤高20%，比燃油高6%～13%。

5. 电能不能大量储存

由于电能的生产、传输、销售和使用几乎是在同一瞬间完成，因此，发电、输电和用电也必须同时进行，三个环节密不可分，必须始终保持平衡，所以电能不能大量储存。

二、我国电力工业的发展

建国以来，我国电力工业的发展可划分为三个时期。

1. 第一个时期为高度垄断期（1949～1978年）

建国初期，我国电力工业几乎为零，1949年底全国发电装机容量只有185万kW，年发电量43万kW·h，发电装机容量和年发电量均居世界第25位。1978年底全国发电装机容量达到了5712万kW，年发电量2566亿kW·h，分别是1949年的30.9倍和59.7倍，年均增长12.6%和15.1%，发电装机容量和年发电量跃居世界第8位和第7位。

在这个时期，我国电力工业采取了国家办电的高度垄断模式，国家电力管理机构先后经历了燃料工业部、电力工业部、水利电力部的调整，“政企合一、国有国营”是贯穿中国电力工业的发展始终的重要特点。

在这个时期，对电力用户实施用电管理，统筹兼顾、计划用电并辅制之以技术限电和节约用电，合理配置电力资源。

2. 第二个时期为改革探索期（1979～2000年）

1985年5月，国务院下发了《关于鼓励集资办电和实行多种电价的暂行规定》，标志着我国电力投资主体由独家投资向投资主体多元化转变。1987年9月国务院进一步提出了“政企分开、省为实体、联合电网、统一调度、集资办电”的方针，激发了各种社会力量参与办电的积极性，使电力工业发展迅速驶入快车道。2000年底，全国发电装机容量达到31 912万kW，年发电量达到13 685亿kW·h，220kV及以上输电线路16.4万km，变电设备容量41 489kVA，分别是1978年的5.6倍、5.3倍、7.1倍和16.4倍，年均增长8.1%、7.9%、9.3%和13.6%，从1996年开始我国电力就稳居世界第二，1997年全国电力开始出现电力供需基本平衡，改变了电力工业对社会经济瓶颈制约的状况。

在这个时期，我国电力工业不断进行改革创新，1997～1998年，我国成立了国家电力公司，撤销了原电力部，标志着我国电力工业政企初步分开；1998～2000年，国家电力公司实行公司制改组，实现了实体化，厂网分开并进行竞价上网试点。

在这个时期，电力用户价值不断提升，在终端市场上，各电力公司“用电处”相继改为“营销部”，“电力用户”改称为“电力客户”，电力企业开始推出服务承诺，加强行风建设，加强优质服务，加大基础建设投资，完善服务硬件环境，树立社会形象。

3. 第三个时期为市场化改革期（2001～2010年）

2002年底，原国家电力公司被拆分，电力主业资产经过重组后成立了五大发电集团（华能发电集团、大唐发电集团、华电发电集团、国电发电集团和葛洲坝发电集团）和两大电网公司（国家电网公司、南方电网公司），发电与供电纵向分离；成立国家电力监管委员会，加强电力市场监管。

2005年底，全国发电装机容量达到51 718万kW，年发电量达到24 975亿kW·h，220kV及以上输电线路25.2万km，变电设备容量86 680kVA，分别是2000年的1.6倍、1.8倍、1.5倍和2.1倍，年均增速分别为10.1%、12.8%、9%和15.9%，成为仅次于美国的世界第二电力大国。

在这个时期，全国电力网联网并全面推开厂网分开、竞价上网，形成电力市场。国家电网公司设立了建设世界一流的电网、建设国际一流企业的奋斗方向。

国家电网公司在电力终端市场成立了一部（市场营销部）三中心（客户服务中心、电费结算中、电能计量中心），电力终端市场实施了标准化、法制化、规范化、流程化、信息化、精细化管理。

4. 未来走向（2010年以后）

2010年以后，配电和售电将放开，最终将形成国家输电网公司。

国家电网公司提出建设以特高压电网为骨干网架、各级电网协调发展，具有信息化、自动化、互动化特征的坚强智能电网，实现电网发展方式转变。

国家电网公司将按照集团化运作、集约化发展、精细化管理、标准化建设（四化）要求，实施人力资源、财务、物资集约化管理，构建大规划、大建设、大运行、大生产、大营销（三集五大）体系，实现发展方式转变。

三、用电营业管理工作的特点

营业是经营业务的简称，用电营业管理是电力营销管理工作中的重要管理环节，是电力企业生产经营的重要组成部分。用电营业管理部门是电力营销管理的主要部门之一，其主要任务就是围绕电能销售而进行的售前、售中和售后的服务工作。其工作特点可归纳如下。

1. 政策性

用电营业管理工作是一个政策性非常强的工作，无论是电价，还是业务扩充、用电变更等工作，国家都有很多政策、法规、规范来控制、约束、规范工作过程和工作人员的行为。因此，用电营业管理工作人员应认真贯彻国民经济在不同时期所制定的电力分配政策和一系列的合理用电措施（如单位产品耗电定额和提高设备利用率、负荷率等），熟悉国家制定的电价政策，具备较高的政策水平，才能更好地贯彻党和国家对电力工业的方针政策。

2. 生产和经营的整体性

电能产品不是成品，不能大量储存，不能象普通商品一样通过一般的商业渠道进入市场，任消费者任意选购。电能销售只能是将电力网络作为销售电能和购买电能的流通渠道。因此，电力网络既是完成生产电能过程的基本组成部分，又是经营电力产品的销售渠道。

3. 技术和经营的统一性

供电公司和用电客户的关系，绝不是单纯的买卖关系，在保证电能产品质量方面，发、供、用电三方都有责任，因此，供用电双方必须在技术领域上紧密配合，共同保证电网的安全、稳定、经济、合理，实现保质保量的电能销售与购买的正常进行。

4. 电力发展的先行性

电力工业的基本建设与市政规划、各行各业的发展规划密切相关。而发电厂、供电网的建设具有一定的周期性，为了满足用电客户的用电需求，满足电能的生产与需用的一致性，电力工业的发展应当超前发展，电力建设应走在各行各业建设之前。因此，用电营业管理人员应开展不定期的社会调查、负荷预测，了解和掌握第一手资料。对新建、扩建需要用电的单位或开发区，一方面要主动了解它们的发展状况，另一方面则应要求这些单位在开工或投产前必须向电力部门提供用电负荷资料和发展规划，为电力工业的发展提供可靠的依据，只有这样，电力工业才能做到电力先行。

5. 营业窗口的服务性

用电营业管理工作是一项服务性很强的工作，它与各行各业密不可分，是电力企业和客户之间的窗口和桥梁。

国家电网公司营业场所包括所属各市区县供电营业厅、农村供电营业厅、电费收缴点及其他补充的服务场所，是向广大客户提供“优质、方便、规范、真诚”服务的供电窗口，客户可以就近选择在营业时间前往办理相关业务。

用电营业管理人员的工作态度和工作质量，直接关系到供电公司的声誉和形象。因此，用电营业管理工作人员应本着对供电公司和客户负责的态度，做好本职工作，更好地为客户服务。

四、用电营业管理课程的学习内容及实训内容

2006～2009年期间，国家电网公司组织了各个省的营销专家对电力营销业务进行了全面的分析和梳理，将营销业务领域相关的业务划分为“客户服务与客户关系”、“电费管理”、“电能计量及信息采集”和“市场与需求侧”等四大业务领域以及“综合管理”，共19个业务类138个业务项762个业务子项。

“用电营业管理”课程的学习内容涵盖了电力营销四大业务领域中的抄表管理、核算管理、电费收缴及账务管理、线损管理、新装增容及变更用电、供用电合同管理、营业稽查及工作质量管理七个业务大类。

1. 抄表管理

供电公司抄表人员定期抄录客户电能计量表计的数据简称抄表。抄表管理包括抄表、电能表常见故障判断及处理两个学习模块和抄表机的使用及抄表、常见的电能表故障判断及处理两个实训任务。主要针对供电公司营业所抄表班组现场抄表和远程抄表工作，应用于电费管理业务领域。

2. 核算管理

审核抄表员抄回的电量、电费数据简称核算。核算管理包括电价管理、电费核算两个学习模块和典型大客户的电价构成及分析、各种类别客户的电费计算、电费核算操作三个实训任务，主要针对供电公司电费结算中心各岗位的工作，应用于电费管理业务领域。

3. 电费收缴及账务管理

利用各种方式向电力客户收取电费的过程简称收费。电费回收后进行应收、实收、欠费账务统计并做统计报表简称账务处理。收费及账务处理包括收费、账务处理两个学习模块和柜台收费、账务处理操作一个实训任务。收费及账务处理主要针对供电公司营业所营业大厅收费窗口和营业所统计岗位，应用于电费管理业务领域。

4. 线损管理

线损是指电网在输送和分配电能过程中，各设备元件和线路所产生的电能损失。配电网络中输配电线路和变压器等的功率损耗，是考核供电公司的重要经济技术指标之一。线损管理包括线损的基本概念、线损管理两个学习模块和线损统计操作及计算一个实训任务。线损管理主要针对供电公司营业所抄表班组、用电检查班组和营业所统计岗位，应用于电费管理业务领域。

5. 新装增容及变更用电

(1) 新装与增容。新装、增容与变更用电合称业务扩充，该学习情境只讨论新装与增容。

客户因用电需要，初次向供电公司申请报装用电的业务即为新装用电（包括正式用电、临时用电）。

客户在供电点不变、用电地址不变、用电性质不变、用电主体不变的“四个不变”前提下仅增加用电设备或变压器容量，并向供电公司申请增加用电容量或变压器容量的业务即为增容用电。

新装与增容学习情境包括新装与增容的基本概念、业务扩充的受理、供电方案的制定、业扩工程设计及施工与检验四个学习模块以及用需用系数法计算变压器容量、业务扩充受理操作两个实训任务。新装与增容主要针对供电公司营业所营业大厅业务办理窗口、客户服务

中心（报装中心）和用电检查班组的各项工作，应用于电力客户服务业务领域。

(2) 变更用电。变更用电是指客户因某种原因需改变供用电合同的一项或多项条款的业务工作。变更用电包括变更用电的基本概念、变更用电工作处理的原则和典型变更用电业务工作流程三个学习模块。主要针对供电公司营业所营业大厅业务办理窗口、客户服务中心（报装中心）和用电检查班组的各项工作，应用于电力客户服务业务领域。

6. 供用电合同管理

供用电合同是指供电方（供电公司）根据客户的需要和电网的可供能力，在遵守国家法律、行政法规、符合国家供用电政策的基础上，与用电方（客户）签订的明确供用电双方权利和义务关系的协议。

供用电合同管理主要包括供用电合同的基本概念、供用电合同管理两个学习模块。针对供电公司营业所资料管理和客户服务中心（报装中心）资料管理的管理工作，应用于电力客户服务业务领域和营业工作质量管理等综合管理。

7. 营业稽查及工作质量管理

营业稽查的基本职责是组织各部门开展质量管理工作；协调各部门的质量管理活动，加以综合并进行监督；采用抽查办法，开展质量稽核工作；对重大质量事故进行统计分析，并提出解决对策，经群众讨论领导批准后，监督实施；对内查工作质量，对外查违章用电和窃电。

营业稽查包括营业稽查的基本概念、营业工作质量管理、违章用电与窃电处理、营业厅服务规范四个学习模块和营业工作质量检查、违约用电及窃电处理操作、营业厅服务礼仪演练三个实训任务。针对供电公司营销科室、供电公司营业所所有班组各项工作，应用于电费管理、电力客户服务业务领域和营业工作质量管理。

五、实训任务的实施

在实训任务的实施过程中，绝大多数实训任务都要借助“营销生产系统”软件来完成实际操作任务。

营销生产系统是国家电网公司和东软、郎新等软件公司合作开发的软件，是处理电力营销所有业务的技术支撑平台，包括抄表管理、核算管理、线损管理等多个子系统。

第二部分　习　题

一、填空题

1. 用电营业管理是供电公司经营管理工作中非常重要的________部分，具有举足轻重的地位。

2. 电能是现代社会大量广泛使用的一种必不可少的________，是发展国民经济的重要________，在国民经济中发挥着极其重要的作用。

3. 电能可以由各种用电装置按生产、生活的多种需要转化为________、热能、光能、电磁能、________等实用形态的能量。

4. 建国以来，我国电力工业的发展可划分为________个时期。

5. 营业是________的简称。

6. 国家电网公司营业场所包括所属各市区县________、农村供电营业厅、________及其他补充的服务场所。

7. 供电公司抄表人员________客户电能计量表计的数据简称抄表。

8. 线损是指电网在输送和分配电能过程中，各设备元件和线路所产生的________。

9. 新装、增容和变更用电工作合称________________。

10. 变更用电是指客户因某种原因需改变________的一项或多项条款的业务工作。

11. 营销业务领域相关的业务可划分为“客户服务与客户关系”、“________”、“电能计量及信息采集”和“________”等四个业务领域。

12. 营销业务领域中共有________个业务类________个业务项________个业务子项。

二、选择题

1. 电能是一种（　　）能源。

A. 一次　　B. 二次　　C. 三次　　D. 可再生

2. 用电营业管理工作是一个（　　）非常强的工作。

A. 法制性　　B. 规范性　　C. 合理性　　D. 政策性

3. 电力网络既是完成生产电能过程的基本（　　），又是经营电力产品的销售渠道。

A. 流程　　B. 渠道　　C. 过程　　D. 组成部分

4. 用电营业管理工作是一项服务性很强的工作，它与各行各业密不可分，是电力部门和客户之间的（　　）和桥梁。

A. 组织　　B. 机构　　C. 窗口　　D. 网络

5. 用电营业管理人员的工作态度和工作质量，直接关系到供电公司的声誉和（　　）。

A. 形象　　B. 利益　　C. 效益　　D. 自身发展

6. 客户在供电点不变、（　　）不变、用电性质不变、用电主体不变的“四个不变”前提下仅增加用电设备或变压器容量，并向供电公司申请增加用电容量或变压器容量的业务即为增容用电。

A. 用电单位　　B. 用电地址　　C. 用电人　　D. 受电点

三、判断题

1. 电能是具有独特的生产流通网络的一种特殊商品，其生产、传输、销售和使用几乎是在同一瞬间完成。（　　）

2. 营业稽查对内查工作质量，对外查违章用电和窃电。（　　）

3. 审核抄表员抄回的电费数据简称核算。（　　）

4. 利用各种方式向电力客户收取电费的过程简称收费。（　　）

5. 电能是一种高效的能源，仅就热效率而言，电能比燃煤高 20%，比燃油高 6%～13%。（　　）

四、问答题

1. 用电营业管理工作的学习内容包括哪些？

2. 电能有哪些特点？

3. 用电营业管理工作的特点有哪些？

学习情境一　抄　表　管　理

第一部分　知　识　模　块

知识目标

（1）清楚抄表基本概念。
（2）了解抄表工作要求。
（3）清楚抄表工作流程。
（4）清楚抄表日的确定方法。
（5）清楚电能表常见故障及处理方法。

能力目标

（1）能对抄表数据进行格式化，能正确进行抄表数据的上传、下载。
（2）能进行现场抄表。
（3）会在营销生产系统中进行远程抄表。
（4）会查找电能表常见故障。

模块一　抄　　表

【模块描述】本模块对抄表的基本概念、抄表方式、抄表制度、抄表流程及抄表员应掌握的基本知识进行了描述。通过学习使学生掌握抄表、抄表周期、抄表例日等基本概念，掌握抄表方式、抄表日的编制及抄表员应掌握的基本知识，熟悉抄表流程及抄表要求。

一、抄表的基本概念

1. 抄表

供电公司抄表人员定期抄录客户电能计量表计的数据简称抄表，它是电费管理中的首要环节及电费管理工作的龙头。按时准确抄表关系到电量的正确统计，对供电公司的经济效益、线损统计、行业分类电量、客户用电情况分析及考核起着举足轻重的作用，是进行用电检查的重要环节，对电能成本核算及价格也起着十分重要的作用。

2. 抄表周期

抄表周期一般为每月一次，有的供电所对农村客户每两月抄一次表。除定为月末24时抄表的客户外，对其他客户均由供电营业部门的抄表人员按期前往客户处抄表。同一客户的抄表日期一般是固定的，抄得的每一客户电量（虽然是抄表日以前一个月的电量）的总和作为营业部门抄表当月售电量。

3. 抄表例日

抄表例日指的是给每个抄表客户规定一个固定的抄表日期，抄表例日不随月份变化。

4. 计划抄表日

根据抄表例日和具体月份的日历，实际安排的客户抄表日期称为计划抄表日。计划抄表日在月度中均衡安排，顺序进行，不得随意变更。

5. 抄表段

编制抄表段是为了均衡营业所月度工作量，根据抄表路径和线损考核的要求安排。一台公用变压器的客户应该编排在同一个或相邻的抄表段内。一个变电所（站）同一条出线的客户应该编排在同一个或相邻的抄表段内。各单位应统一编制抄表段编号。

二、抄表方式

抄表方式可以体现电力营销管理部门技术的先进性和完善性，目前供电公司采用的主要抄表方式有以下几种。

1. 手工（抄表卡）抄表

手工抄表是抄表人员带着抄表卡到客户处上门抄录电能表的数据，是一种传统的抄表方式。这种抄表方式主要应用于农村和边远地区的中小型客户和居民客户，目前，全国不少省、市、地区都在逐步淘汰这种抄表方式。

2. 普通抄表机抄表

普通抄表机抄表方式是将抄表机通过接口与用电营业系统微机接口，将应抄表客户信息数据录入抄表机，抄表员携带抄表机赴客户用电现场，将用电计量表记录的电量数值通过抄表机按键输入抄表器内，回营业所后将抄表机现场存储的数据通过计算机接口传入营业系统微机后进行电费计算的一种抄表方式。目前，这种抄表方式广泛应用在全国大、中型城市的居民客户和中小型客户。

3. 远红外抄表机抄表

抄表员利用红外线抄表机到客户的实际装表处抄表，通过红外线扫描即可采集到该客户用电计量装置的读数的一种抄表方式。目前，这种抄表方式广泛应用在全国大、中型城市的专变供电客户。采用这种抄表方式，要求客户必须配有专门的红外线接口的电能表。

4. 远采集抄

远采集抄是在客户端安装采集器和集中器，通过采集器和集中器将抄表数据传输到供电公司远程抄表装置主站，由抄表员根据抄表日程安排自动获取专变客户的电量及负荷数据。

5. 低压载波集抄

小区内居民客户的用电计量装置读数通过低压载波等通道传送到小区变电所内，抄表人员只需到小区变电所内即可集中采集抄录到该区所有客户的用电计量装置读数。

6. 远程遥测抄表

远程摇测抄表是对负荷控制装置的功能综合开发利用，实现一套装置数据共享及其他远动传输通道，实现客户电量远程抄表。该方式主要应用在高压客户。

三、抄表制度

1. 抄表日程的编排要求

（1）抄表日程在年初一次性排定，要求按时抄表，不得随意变更。

（2）月末抄见电量不得少于月售电量的75%。

（3）对于实现预付费的客户，也应与普表客户一样，统一编制抄表日程。

（4）对于照明及小电力客户，抄表例日安排在每月25日之前。对于大宗工业客户，一般安排在每月的最后一周或最后两三天内抄表，对此类客户的抄表日期，一般是要求不变的。但对大电力客户，均安排在月末24时抄表，要求准时抄表，不得变更。每月用电量在

30万kW·h及以上的客户界定为大电力客户。

2. 抄表工作的要求

抄表员每月抄录的客户电量是供电公司按时将电费收回并上缴的依据，也是考核供电部门的线路损失、供电成本指标、客户单位产品耗电量、计划分配用电量的指标，各行业售电量统计和分析的重要原始资料，因此，保证定期抄表及抄表质量十分重要。由于客户众多、情况复杂且经常在变化，要完全保证一户不漏地按期抄表确有一定的困难，为此，对抄表工作作如下规定：

（1）按编排的抄表日程，按时完成抄表任务，保证抄表质量，做到不漏抄、不错抄、不估抄，严禁电话抄表及代抄。若由于客观原因，抄表日期被迫变动，变动后的抄表日期与既定的抄表日期最多提前或推迟一天进行。对于大工业客户，则不论任何原因，都应保证按期抄表。

（2）对于确有某种原因不能进行抄表时，要尽一切努力设法解决。如遇客户周休日，则必须在当天或次日补抄，或允许客户代抄，并要求在3日内通知电费管理单位。对确因“锁门”不能抄表者，则可与客户协商，按前一个月的实用电量或按本月用电情况预收当月电费。但无论由于何种原因当月未抄到电量数时，必须在下次抄表时进行复核。每月抄表要求居民客户实抄率达99%以上，非居民客户实抄率达100%。

（3）现场抄表时，应仔细核对抄表机或抄表卡中客户户名、地址，电能表的厂号、表号、倍率等记载与现场是否一致，特别对新增客户第一次抄表或老客户变更后的第一次抄表，应在现场认真核对计量装置与记录是否相符，确保其正确无误。如发现问题，应做好现场记录，待抄表结束后，及时反映并出内部工作单。

（4）抄表人员发现客户用电量变动较大时，应及时向客户了解原因并在账页上注明，了解客户用电性质有无变化，用电类别是否符合实际。

（5）抄表时，如遇卡盘（停转）、卡字、自走（自转）、倒转（倒走）、或其他电能表故障，致使电能表记录不准时，当月应收电费，原则上可按上月用电量计数，个别情况可与客户协商解决。

抄表时，应正确判断电能表故障原因。如遇用电量突增、突减等情况，则应进行验电，通知客户开动设备，了解情况；对卡字、卡盘、倒走、自走、跳字以及电能表或其附属设备烧毁等故障，除可预收电费外，同时做好记录，填报用电异常报告单，待有关部门核查处理。

（6）由于电能表发生故障致使计量不准时，可按有关公式进行追补电量的计算，并办理多退少补的手续。

（7）抄表完毕返回办公地点后，应逐户审核电量数是否正确，电费卡片是否完整，并填写电费核算单，以考核每日工作成果。

（8）到大工业客户处抄表时，应首先对客户的设备容量和生产情况进行了解，起到用电检查的作用。要按照电费卡片所列项目抄录，不错抄、漏抄，不漏乘或误乘倍数，经复核无误后，再在现场算出电量数，并与上月比较。如发现用电异常情况，应向客户查询原因，并记在电费卡片上，供计算复核电费时参考。

（9）每位抄表员必须完成自己抄表范围内的欠费客户催收工作，居民客户的催收、停电措施按有关规定处理。

(10) 对装设最大需量表的客户，每月抄表时应会同客户一起核查，经双方共同签认后，打开表的封印，待小针掉下复归到零位，再将大针拨回零，并加新的封印。

3. 使用抄表机抄表时对抄表人员的要求

(1) 抄表员要树立高度的责任心，熟悉抄表机各项功能，正确使用抄表机。操作时思想集中，准确操作键盘数码，操作后应再与电能表指示数核对无误后方能完成抄表工作。使用抄表机抄表时，抄表员必须到位，应对估抄、估算、差错等抄表问题负责。

(2) 抄表员按例日领取抄表机，严格规定时间抄表。携带抄表机抄表时，应精心保管，防止受潮，避免磕碰。

(3) 如抄表时发生抄表机损坏现象，抄表员应立即中断抄表，并返回单位由专人对抄表机进行检查，同时填写抄表机损坏报告，并领取备用抄表机继续完成当日抄表定额。

(4) 使用抄表机需现场填写电费通知单交客户。发现表计故障或抄表器内户名、地址、表号、电流互感器（TA）、电压互感器（TV）等参数与现场实际不符时，要现场做好记录，回单位后及时填写工作票，交给班长。

(5) 抄表员每天完成工作后，最迟在下班前一小时把抄表机送交计算机核算员，填写抄表机交接签收记录表，建立收发记录单。要保证计算机核算员能通过计算机准确接收数据，防止数据丢失。

(6) 抄表员负责对计算机核算员准备的抄表数据的工作质量进行考核，如在抄表现场发现与准备数据不符时，填写异常报告单。如经查为计算机核算员的差错，则考核计算机核算员；如抄表员未发现，则考核抄表员。

四、抄表工作流程

抄表工作流程图如图 1-1 所示。

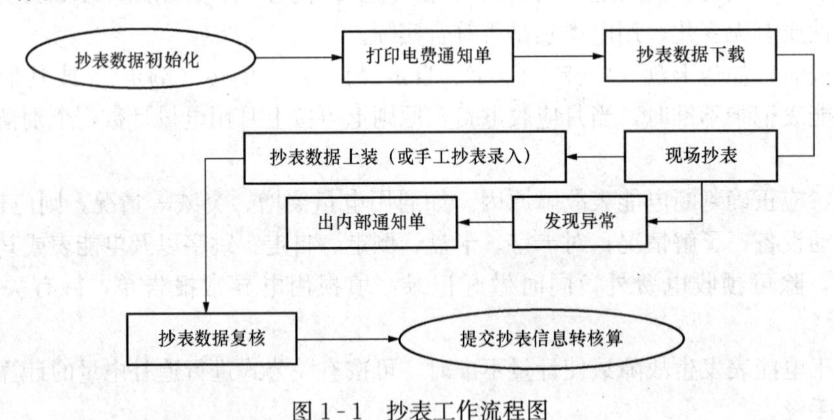

图 1-1 抄表工作流程图

五、抄表员应掌握的基本知识

1. 电能表容量的配置

电能表的额定电压是根据电网供电电压确定的，如 220V、380V、10kV、35kV 等，其额定电流按客户用电负荷电流合理配置。

【例 1-1】 某居民客户，使用白炽灯的合计容量为 4400W，$\cos\varphi=1.0$，已知照明线电源电压为 220V，问应配置多大容量的电能表？

解 应配置 20A 单相电能表，这是因为

$$I = P/U = 4400/220 = 20(\text{A})$$

2. 了解互感器的作用

当线路电流不超过电能表的额定电流时，可以直接接入电能表；当线路电流超过电能表额定电流时，常常要将电能表的电流线圈经过电流互感器（TA）接入；若高压供电在高压侧计量，电能表的电流和电压线圈均要经过电流互感器和电压互感器（TV）接入，将大电流转换为小电流，避免表计与高压电路直接接触。可见，互感器具有隔离高电压，扩大电能表量程的作用。

3. 电能表倍率的计算

对计量大电流的电能表，不能直接与电源相连，需通过电流互感器，它将电流缩小了若干倍。这种电能表本月抄得的读数与上月所抄的读数相减后的差数，还须乘以互感器的变比，才是客户当月的实用电量。例如，一只5A的单相电能表，配用电流互感器为50/5A，本月和上月所抄得的电能表读数相减后的差额为30，其实用电量的计算应为

$$30 \times (50/5) = 30 \times 10 = 300(\text{kW} \cdot \text{h})$$

一只三相电能表与铭牌注明为500/5A的电流互感器配套使用（一般三相电能表与电流互感器配套或高压电能表与电流、电压互感器配套使用时，则电能表所抄得的耗用电量就是实际用电量），因目前实际负荷电流小，而改用200/5A的互感器，若电能表抄得的耗用电数为100，其实际用电量则应为

$$100 \times [(200/5)/(500/5)] = 100 \times 2/5 = 40(\text{kW} \cdot \text{h})$$

一般高压三相电能表倍率为电压互感器变比乘以电流互感器变比。

【例1-2】 10kV高压供电，装有50/5A的电流互感器，10000/100V的电压互感器，求电能表的倍率。

解

$$\text{电压比} = 10000/100 = 100(\text{倍})$$

$$\text{电流比} = 50/5 = 10(\text{倍})$$

$$\text{电能表倍率} = 100 \times 10 = 1000(\text{倍})$$

4. 电能表误差计算

计量装置影响电量的正确计算，主要有错误接线、计度器故障、电能表失压和倍率错误等。

电能表的允许相对误差要依据电能表的等级而定，如2.0级电能表，在功率因数为1.0、负荷为额定值的50%～100%时，其允许相对误差为±2%；负荷如降至10%时，其允许相对误差就增为±2.5%；负荷如降至10%以下，其相对误差则更大。所以，对用电负荷经常处在10%以下运行的电能表，一般均应换装合适容量的电能表。因此，抄表人员如发现用电量大幅度下降的客户，就应注意电能表是否容量过大。

抄表人员在抄表时，还应观察电能表的安装状况，电能表应垂直装置，不得左右前后倾斜；对垂直位置的允许偏差，以不超过2°为宜，如超过此限电能表运行的相对误差就要加大，甚至停走。

根据有关规定，电能表误差超过允许范围时，应按实际误差及起迄时间退还或补收电费。误差起迄时间查不清的，对照明客户，按一个月计算；对电力客户，可按上次校验或换表之日起的1/2计算，但最多按六个月退补。一般以电能表试验报告的实际误差为修正电量的计算依据。应退、补电量的计算公式为

应退、补电量 = 月抄见电量 ×(± 实际误差率 %)/(1 ± 实际误差率 %) × 月份

其中，误差率为正值应退电量，误差率为负值应补电量。

5. 变压器损耗电量的计算

对高压供电的客户应装高压表，低压供电的则应装低压表。当客户具备的条件无法满足上述要求时，经双方协商同意，对高压供电的客户也可装低压表计量（俗称高供低量），但计算电费时应将变压器的损耗电量包括在内（简称变损）。

（1）有功损失电量的计算：

1）空载有功损失电量(kW·h)=铁损(kW)×运行时间(h)；

2）可变有功损失电量(kW·h)=(利用率)×铜损(kW)×运行时间(h)；

3）总有功损失电量(kW·h)=空载有功损失电量(kW·h)+可变有功损失电量(kW·h)。

（2）无功损失电量的计算：

1）空载无功损失电量(kvar·h)=空载电流(%)/100×变压器容量(kVA)×运行时间(h)；

2）可变无功损失电量(kvar·h)=利用率次阻抗电压(%)/100×变压器容量(kVA)×运行时间(h)；

3）总无功损失电量=空载无功损失电量+可变无功损失电量。

上述为理论计算，实际营抄工作中，变压器损失电量是由变压器月用电量和变压器型号对照查表而得的。变压器利用率的计算公式

$$\text{变压器利用率} = \frac{\text{月用电量(kW·h)}}{\text{变压器容量(kVA)} \times \text{功率因数} \times 720\text{(h)}}$$

其中功率因数按 0.85 考虑。本计算方法适用于双绕组变压器。

6. 线路损失电量的计算

电能计量装置应装在产权分界处，如不装在分界处，线路损失则应由产权所有者负担。计算线路损失时，一般忽略无功损失，只计算有功损失。线路月损失电量的表达式为

$$\Delta P = 3I^2LRt \times 10^{-3}$$

式中 I——负荷电流，A；

R——每相导线的电阻，可根据不同规格的导线查出每千米电阻值，再乘以线路长度而得出，Ω/km；

L——线路长度，km；

t——月使用时间，h。

模块二 电能表及其常见故障处理

【模块描述】本模块主要介绍电能表的作用、铭牌参数的意义，电子式电能表及其多种功能，运行中电能表的检查方法及常见故障处理方法。通过本章学习，掌握电能表的作用并且识读铭牌，了解电子式电能表及多种功能，掌握运行中电能表的检查方法。

一、电能表简介

电能表的作用是计量负载消耗的或电源发出的电能。世界上最早出现的电能表，是德国人爱迪生在 1880 年利用电解原理制成的直流电能表，尽管这种电能表每只重达几十公斤，十分笨重，又无精确度的保证，但是，这在当时仍然被视为科技界的一项重大发明，受到人

们的重视和赞扬，并很快在工程上得以采用。

交流电的出现和被广泛应用，对电能计量仪表的功能提出了新的要求。1888年，意大利物理学教授费拉里斯首先想到将旋转磁场理论用于交流电能测量。与费拉里斯几乎同时，美国一位物理教师也根据旋转磁场的原理试制出了感应式电能表的雏形。1889年，德国人布勒泰研制出了无单独电流铁芯的感应式电能表。1890年，带电流铁芯的感应式电能表出现了，不过其转动元件是一个铜环，制动力矩靠交流电磁铁产生。直到19世纪末，才逐步改用永久磁铁产生制动力矩，以降低转动元件旋转速度并增加转矩，而且铜制的转盘由铝转盘所取代，表的计数机构也几经改进。至此，交流感应式电能表的制造理论基本形成。直至今日电能表的原理没有改变，但实现计量的方式却经历了三个阶段，从电磁感应式到机电一体式，再到今天的全电子式，其准确度越来越高，体积越来越小，质量越来越轻，功能却越来越多。

（一）电能表的分类

在我国一般根据电能表的用途、结构型式、工作原理、准确度等级、计量对象的不同，以及所接的电源性质和接入方式、付款方式的不同，将电能表分成若干类别。

根据用途的不同，一般将电能表分为两大类，即测量用电能表和标准电能表。测量用电能表又可分成以下不同的类别：

（1）按结构和工作原理的不同，分为感应式（机械式）、静止式（电子式）和机电一体式（混合式）。感应式电能表的特点是结构简单，工作可靠，维护方便，调整容易，但体积大，制造准确度不容易提高；电子式电能表的特点是准确度高，频带宽，体积小，适合遥控、遥测等，但结构复杂，可靠性差；机电式电能表具有前面二者的特点，是它们的一种过渡产品。

（2）根据接入电源的性质可分为交流电能表和直流电能表。常见的是交流型电能表。

（3）按其准确度等级一般分为3.0级、2.0级、1.0级、0.5级等不同等级的电能表。随着静止式电能表制造工艺及电子组件质量的提高，近年来又增加了0.5S级和0.2S级静止式电能表。S级电能表与非S级电能表的主要区别在于对轻负载计量的准确度要求不同。非S级电能表在5%I_b（I_b为标定电流）以下没有误差要求，而S级电能表在1%I_b以上有误差要求。

（4）按平均寿命的长短，单相感应式电能表又分为普通型和长寿命技术电能表。长寿命技术电能表是指平均寿命为20年及以上，且平均寿命的统计分布服从指数分布规律的测量频率为50Hz（或60Hz）的感应式电能表，通常用于装配量大、用电较小的单相供用电量的计量。

（5）根据付款方式还有预付费电能表，其形式有投币式、磁卡式、电卡式（IC卡）等。

（6）根据计量对象的不同，不论任何结构的电能表又都可分为有功电能表、无功电能表、最大需量表、分时计量表、多功能电能表。

（二）铭牌参数

铭牌上标注的、反应电能表技术性能的参数主要包括：

（1）标定电压。标定电压是电能表设计的基本依据。通常感应式电能表设计为只适用于某一个电压值，例如：单相电能表设计为220V；三相三线电能表设计为3×380V或3×100V；三相四线电能表设计为3×380V/220V。

如果电能表通过测量用互感器接入，并且在常数中已考虑互感器变比时，应标明互感器变比，如3×6000/100V。

(2) 标定电流。标定电流也是电能表设计的基本依据，是确定电能表有关特性的电流值，以 I_b 表示。例如5（20）A表示标定电流为5A，最大额定电流为20A，即允许过载4倍，在这个电流范围内电能表的误差在规定限值之内，最大额定电流以 I_{max} 表示。对于三相电能表的标定电流还应在前面乘以相数，如3×5（20）A；对于经电流互感器接入式电能表则标明互感器二次侧电流，以5A表示。电能表的标定电流和最大额定电流可以包括在型式符号中，如FL246-1.5-6或FL246-1.5（6）。若电能表常数中已考虑互感器变比时，应标明互感器变比，如3×1000/5A。

(3) 准确度等级。准确度等级用置于圆圈内的数字表示，通常分为2.0、1.0、0.5、0.2级，国家标准规定了各个等级的误差限值。S级电能表最大额定电流一般为标定电流的2倍，同时对1%标定电流的误差也有规定限值。

(4) 计量单位的名称或符号。有功电能表用kW·h表示，无功电能表用kvar·h表示。

(5) 电能表常数。若电能表常数标明为1200r/(kW·h)，是指电能表计度器1kW·h对应转盘转过的圈数为1200r。

(6) 电能表的型号。

第一部分：类别代号。D—电能表

第二部分：表示相线，D—单相；S—三相三线有功；T—三相四线有功；表示用途：A—安培小时计；B—标准；D—多功能；H—总耗；J—直流；M—脉冲；X—无功；Z—最大需量；Y—预付费；F—复费率。

第三部分：S—全电子式。

第四部分：设计序号，用阿拉伯数字表示，如201、202、862等。

例如，DD862型单相电能表，DS862型三相有功电能表，DB2型单相标准电能表。

二、电子式电能表

20世纪80年代以来，随着电力逐步走向市场，用电营销对电能计量工作提出了更高的要求，电能计量表计要承担的功能也越来越多。一块电子式多功能电能表不仅能完成普通感应式电能表计量有功电能的任务，还能完成无功电能的计量、最大需量计量、分时段电能计量、预售电量、远程抄表及负荷控制等任务。例如在电力系统中，为引导客户更为有效、合理、均衡的利用电能，避免尖峰负荷的出现，提高系统的负荷率，达到电网经济运行的目的，需要对客户实行分时计量；又如为对电能计量装置进行在线监测、远方遥控，需要对电能表进行远方通信等。

（一）电子式电能表的分类

电子式电能表可按其功能分为以下几类：

(1) 电子式单相电能表。它一般用于居民住宅用电，规格是电压为220V，电流为3、5、10A。

(2) 电子式三相有功电能表。它一般是用于工厂、企业用电，分为三相三线和三相四线两种有功电能表。其规格是电压为380/220V、电流为5A、100V、1.5（6）A等。

(3) 电子式分时计费电能表。

(4) 电子式最大需量电能表。

（5）电子式有功、无功带脉冲的电能表。

（6）电子式多功能的电能表。

（7）电子式断压、断流计量电量和时间的计量装置。

（8）IC 卡电能表。

（二）电子式电能表的特点

与普通感应式电能表相比，电子式电能表具有以下几个特点：

（1）功能强大。通过对单片机程序软件的开发，电子式电能表可实现正、反向有功，四象限无功，复费率，预付率，远程集中抄表等功能。

（2）准确度等级高且稳定。感应式电能表的准确度等级一般为 0.5～3 级，并且由于机械磨损，误差很容易发生变化；而电子式电能表可方便的利用各种补偿轻易地达到较高的准确度等级，并且误差稳定性很好，准确度等级一般为 0.2～1 级。

（3）启动电流小且误差曲线平整。感应式电能表要在 0.3%I_b 下才能启动并进行计量，且误差曲线变化较大，尤其在低负荷时误差较大。而电子式电能表非常灵敏，0.1%I_b 电流下就能开始启动进行计量，且误差曲线好，在全负荷范围内误差几乎为一条直线。

（4）频率相应范围宽。感应式电能表的频率响应范围一般为 45～55Hz，而电子多功能表的频率响应范围为 40～1000Hz。

（5）受外磁场影响小。感应式电能表是依靠移动磁场的原理进行计量的，因此外界磁场对表计的计量性能影响很大。而电子式电能表主要是通过乘法器进行运算的，其计量性能受外磁场影响小。

（6）便于安装使用。感应式电能表的安装有严格的要求，若悬挂水平倾度偏差大，甚至明显倾斜，将造成电能计量不准。而电子式电能表采用的是静止式的计量方式，无机械旋转部件，因此不存在上述问题。此外电子式电能表体积小、质量轻，更便于使用。

（7）过载能力大。感应电能表是利用线圈进行工作的，为保证其计量准确度，一般只能过载 4 倍；而全电子式多功能表可过载 6～10 倍。

（8）防窃电能力更强。感应式电能表防窃电能力较差，而目前较新型的电子式电能表从基本原理上实现了防止常见的窃电行为。例如 AD7755 型电子式电能表能通过两个电流互感器分别测量相线、中性线电流，并以其中大的电流作为电能计量依据，从而实现防止短接电流导线等窃电方式。

（三）铭牌参数

（1）常见规格型号。电子式电能表常见规格和型号见表 1-1。相同类别电能表的型号字母一般相同，而设计序号因厂家的不同而不同。例如电子式三相四线多功能电能表因厂家不同分别表示为 DTSD660 和 DTSD288。

表 1-1　　常见电子式电能表规格型号

型　号	类　　别	准确度等级	额定电压（V）	额定电流（A）
DDS	单相电子式电能表	1.0、2.0	220	1.5（6）、2（10）、5（20）、5（30）、10（40）、20（80）
DDSY（F）	单相电子式预付费（复费率）电能表	1.0、2.0	220	5（20）、10（40）、20（100）

续表

型号	类别	准确度等级	额定电压（V）	额定电流（A）
DTSD	三相四线电子式多功能电能表	1.0、2.0	3×220/380	3×1.5（6）、3×5（20）、3×10（40） 3×15（60）、3×20（80）、3×30（100）
DTSY（F）	三相四线电子式预付费（复费率）电能表	1.0、2.0	3×220/380	3×1.5（6）、3×5（20）、3×10（40） 3×15（60）、3×20（80）、3×30（100）
DSSD	三相三线电子式多功能电能表	1.0	3×100	3×1.5（6）
DSSY（F）	三相三线电子式预付费（复费率）电能表	1.0	3×100 3×380	3×1.5（6） 3×5（30）

（2）电能表常数 C。与感应式电能表不同的是，电子式电能表的常数单位为imp/(kW·h)。例如，DDSY42型单相电子式复费率电能表的常数 C=1200imp/(kW·h)，其含义是用电设备每消耗1kW·h电能，电子式电能表的脉冲灯就闪动1200次；而DTS660型三相四线电子式电能表的常数 C=400imp/(kW·h)，其含义是用电设备每消耗1kW·h电能，电子式电能表的脉冲灯就闪动400次。

（3）运行条件。额定频率50Hz；参比温度23℃；年平均湿度≤75%；绝缘，符号“回”表示属绝缘封闭Ⅱ类防护仪表。

三、电子式电能表的多种功能

三相电子式电能表基本上都采用采样原理利用专用模数转换器对电流、电压进行数字化处理，输入专用微处理器CPU，利用软硬件可实现多种功能，包括计量和显示正、反向和不同时段、不同费率的有功、无功电量；测量和显示所接入电压、电流功率因数及最大需量等数值；同时可实现失压、失流、电压不合格记录和逆相序监视、超功率限额监视、窃电倒表等异常运行情况监视；当使用预付费功能时，在剩余电费低于限额时的报警等；各种功能可以进行任意组合，在管理中主要通过数据通信接口；可与电力负荷控制系统或远程抄表系统接口，实现自动抄表，并可随时监视表计运行情况等，以及按日统计数据。

（一）分时计量功能

分时计量电能表是配合电价改革的重要计量设备之一。它可以分别计量、记录一天中不同时间段发出或消耗的有功电能和无功电能。科学、灵活地运用分时计量电能表，能够方便地记录电力负荷的峰谷时间、不同季节及超计划使用的电能量等。

分时计量电能表又称为复费率电能表，其功能就是测量各分段时间内电能的消耗量（发电量）、供电量（包括有功、无功电量），并将它们分别记录在不同的计量器上，目的在于统计出各个时间段内的分电量和总电量。分时计量电能表的作用主要有两个：一是用来作为按多部电价收费的依据，二是为技术、经济管理决策提供数据。

（二）最大需量计量功能

在电力系统运行过程中，电力负荷随时间的改变而变化，当电力负荷高峰和低谷差别过大时，将不能充分利用发、供电设备的容量，使电网运行效率大打折扣。为了平抑电网负荷曲线，提高电网的负荷率，除对客户用电量实施分时计量，引导其避开高峰期用电外，还应把需量作为对大中型电力客户的一项重要考核指标，采用计量最大需量的方法，引导客户均衡用电，避免使电网出现负荷尖峰。所谓最大需量的计量方法，就是限定了客户用电的最大需量，利用电能表测量客户各时段的用电需量，比较取出最大值，并与限定的最大需量进行比较，若超过了这一限定值，电能表将自动报警，警告客户降低用电需量；否则将自动切断电源，停止供电。目前，最大需量计量作为电能管理的一个重要手段已被广泛采用。

所谓电能需量，是指在某一指定时间间隔内电能客户消耗功率的平均值。这一时间间隔通常称为需量积算周期，我国电力部门一般将需量积算周期规定为15min。最大需量，就是在一个电费结算周期（如一个月）内每15min客户负载的平均功率最大值。

（三）预付费功能

预付费电能表体现着“先购电、后用电”的管理模式，装设该种电表后，客户须预先到供电部门购买一定的用电量，预付费电能表则能控制客户的用电数不超过其购买的用电量。因此可以说，预付费电能表是一种控制型计量仪表。预付费的控制方式有投币式和插卡式，而卡又有磁卡与IC卡（又称电卡、电子钥匙）之分，其区别在于数据存储方式和使用的记忆材料不同。IC卡式电能表是供电部门将客户预先购买的用电量写入客户的IC卡，并将卡置为有效。当客户将有效的IC卡插入电能表的IC卡插槽中，电能表将IC卡的购电量读进，与以前的剩余电量相加后，经电能表面板上的显示器显示出来，同时将IC卡置为无效，此时IC卡即可拔走。当将一无效的IC卡插入时，电能表会自动识别，不产生允许用电动作。IC卡式电能表采用倒计数的方式进行计量，显示器显示出的是客户可用的剩余电量。对新的剩余电量进行判断，当剩余电量少到一定数量时，发出报警，提醒客户及时购电；购电量用完前某一时刻起，连续报警，提醒客户做好断电前准备，然后电能表自动切断电源。电能表内的备用电池可在停电情况下使电能表所记各种数据信息保存几个月而不丢失。

（四）事件记录功能

电子式多功能电能表能够在表的参数出现异常时，记录异常时间、表的状态、供分析和追补电量用。它能记录失压、失流、需量清零、时段设置等故障的次数、时间，近十次故障的持续时间、对应电量等。例如可以记录一相、二相、三相的失压时间及一相、二相失压时电能表计量的有功电能，为追补电量提供依据。

电子式电能表能够至少记录上月的最大需量复零次数、上次复零时间、编程总次数、上次改编程序的时间及有无窃电等。若辅助电源失电后，所有数据的保存时间应不小于180天。

（五）查询及显示功能

电子式多功能电能表能够显示尖、峰、平、谷、总时段及本月、上月的正反向有功、四象限无功的分时电量和总电量，抄表人员、用电检查人员等可以利用外部手动“按钮”，通过电能表的显示器查询有关数据。此外，电子式多功能电能表还能显示功率、实施时间、失压记录；显示最大需量、分时最大需量出现的时间等，能选择固定显示或自动循环显示所有的预置数据。电子式多功能电能表工作时无死机现象。

（六）停电抄表功能

电子式多功能电能表工作时需要电源，一般由外部供电电源提供。一旦电能表的三相都失电后，电能表的CPU即停止工作，此时显示器会持续显示20s，然后关屏进入睡眠方式，这时电能表处于停电抄表模式。客户如需抄表，一是按动任意按键将电能表唤醒进入显示方式，通过按键操作来抄手电量，当持续20s无按键时，电能表又进入低功耗睡眠方式；二是将停电抄表器（即外部电池）接于表的停电抄表外置接口处，待电能表显示正常后，抄得电能表读数，此时显示的电压、电流等数据时停电前最近一刻的数据。

（七）监督控制功能

电子式多功能电能表能够对内部运行状态进行监视、控制和自检。例如电能表备用电池在市电正常时不耗电，表内一般有两块电池，一块供停电抄表用，耗完后可更换；另一块供时钟芯片用，直接焊接在电路板上，该电池带负载时的寿命可达十几年，这使得在整个使用期内不大需要更换电池，但若时钟电池电压低于3V时，显示屏下方的“电池”二字会闪烁，提醒客户及时更换电池。

四、运行中电能表的检查及常见故障处理

（一）电能表检查

（1）检查电能表外壳是否完好、有无机械损伤，表盖及接线盒的螺丝是否齐全和紧固。

（2）检查封签。检查封签的原样性和真伪性。目前使用的封签是具有防伪性和防橇性的塑料封签或金属封签，其防伪信息一般包含两个部分，即全息防伪图案和防伪编码。其中防伪编码是随机生成的流水编码，具有唯一性和不可重复性。检查封签的分类标识的正确性，各供电公司按使用部门不同通常将封签分为三类标识，即校表、装表和用电检查字样。

（3）检查电能表的安装。检查电表固定螺丝是否完好牢固；安装是否垂直，倾斜角度不应大于2°；电表进出线预留是否太长；电表安装处是否有机械振动、热源、磁场干扰等不利因素。

（4）查电能表的运行情况。电子表的检查包括：①看脉冲，在正常连续负荷下，脉冲灯闪动应连续、平稳；②看屏幕，电子表的屏幕显示应字迹清楚、稳定，查看备用电池是否需更换；③看内容，查阅表的时段设置是否正常、有无失压、失流等故障记录。感应式机械表的检查包括：①看转盘，在正常连续负荷下转盘转动应平稳而不反转；②听声音，不应有摩擦声和卡阻声；③摸振动，正常情况下手摸表壳应无振动感，否则说明表内计度器机械传动不平稳，会同时出现响声和振动。

（二）电能表常见故障处理

1. 机械式单相电能表常见故障处理

电能表转盘不转时应先进行外观检查及处理，确定电压回路的连接片紧固，有线路中性线进表，接线正确，如检查无问题，再需进行内部检查：

（1）打开表盖，检查表内各部位元件有否生锈，如有生锈需更换。

（2）检查电流、电压元件，如有损坏，进行更换。

（3）取下计度器，检查计度器的转动是否灵活，横轴是否生锈，如有异常需更换计度器。

（4）检查蜗轮与蜗杆的完好程度，如有断齿、歪斜、毛刺应更换计度器。检查计度器蜗轮与蜗杆的连接部位，调整蜗轮与蜗杆的啮合位置，深度达齿高的1/3～1/2处。

（5）用手轻拨圆盘，圆盘的转动是否良好，是否变形，如有变形需更换圆盘；如无变形，但有擦盘声音，调整位置，使圆盘与各元件的位置有一定的空隙。

（6）进行校验，确定误差合格。

圆盘转动，但计度器不计数，说明表的电压回路、电流回路已接通，因此必须对计度器不计数进行检修：①打开表盖，检查计度器的蜗轮与蜗杆是否接触好；②从电能表构架上取下计度器，检查其字轮是否缺齿、碎裂，如有则更换计度器；③检查字轮与进字轮之间是否有杂物，如有则要用120号汽油清洗；④轻拨计度器转动齿轮，如转动困难则要清洗加注表油；⑤清洗完毕，安装计度器，检查蜗轮与蜗杆的接触处，确定啮合距离正确。

转盘转动不稳定，有抖动现象，用钳形电流表测量进表电流，如数值稳定、圆盘转速不稳则需检修：①查看表的使用年限；②打开表盖，检查圆盘与其他部件之间的间隙是否合适；③检查转盘蜗杆齿的磨损程度，如磨损大则更换转盘；④检查上轴承钢针，有无歪斜或折断，如有则更换上轴承；⑤如无上述原因，检查宝石钢珠，如有磨损则要更换；⑥进行校验，确定误差数据合格。

转盘反转应检查电能表的进出线，确定接线是否正确，如无错误，则需检查表内电流线圈是否烧坏，若烧坏则更换电流线圈。

电能表在无负载电流情况下圆盘缓慢转动，说明防潜装置不起作用，需要调整防潜钩与防潜针的间隙距离，再把电能表放在校验装置上加110%的额定电压，确保圆盘的转动不超过1转。

电能表接线盒烧坏要更换电表，表罩内有熏黄现象要进行检查：①检查是否由于接线不紧造成，如接线不紧会造成接触点发热，烧坏接线盒及电流线圈，处理方法是更换表，确保接线盒与进线的接触牢固；②测量负荷电流大小，负荷电流过大会造成电流线圈烧坏变色，引起电流线圈电阻值变小或匝间短路，处理方法象是更换电流线圈；③测量进表电压高低，电压过高或电压线圈受潮会造成电压线圈匝间短路和变色烧坏，处理方法是更换电压线圈，检查电源电压，使其恢复正常；④检查线路是否有短路现象。

用电情况不变，计度增加或减少的故障原因有表内部元件的位置移动，表内部元件老化，永久磁铁磁性变化。此种故障应及时更换电能表。

2. 电子式电能表常见故障

电子式电能表的功率脉冲经16分频后的信号交替输出，推动步进电动机带动字轮计数，随客户功率的增加，电子表指示灯闪亮速度越来越快，每闪亮8次计数器前进一步。如果客户没有用电，线路也无故障、无漏电现象，指示灯仍然连续闪光，表明计数器还在计数，则说明该电表有故障。如果客户用电时，指示灯不亮，计数器在工作；或者指示灯闪亮，计数器不工作；或者指示灯不亮，计数器不工作，都说明该电子表有故障。故障类型一般有：①死机，一般指电能表通电后没有任何反应；②倒拨卡字；③无脉冲输出，可能脉冲线脱焊、断线、短接或脉冲线碰到强电引起三极管损坏及PCB板线路烧坏等，问题也可能出在输出电路上；④低电压时计度器不翻字，由于PCB板虚焊、连焊造成所需供电电流偏大，或由于降压电容的质量问题造成容量减少而提供不出足够电流；⑤有脉冲输出，但误差较大，这种现象说明可能是电压线与电流互感器的引线焊接不正确，或有断路故障。

对电子表误差的测量，必须由专业人员使用专用检定装置，在实际工作中若遇到电子式电能表的集成电路板损坏，但是检修场所、检修工具不具备相应条件，不要轻易拆除厂家铅封，最好将电子式电能表返回生产厂家修理。

对于全电子多功能电能表，为了避免和防止故障出现，除了电能表本身的品质要好以外，还应加强电能表的现场运行管理。首先，为减少由于编程出错而导致的故障现象，必须经试验室调试后才能安装于现场，避免未经调试及走字试验核查而出错。其次，在使用中应经常核查电池的使用时间，出现电池失压警示应立即更换电池；抄表时应能核对时钟，检查电能表的运行工况。只有管理、使用好全电子多功能电能表才能真正发挥它的实用性和先进性。

第二部分 习 题

一、填空题

1. 供电公司抄表人员定期抄录客户电能计量表计的数据简称________，它是电费管理中的首要环节。

2. 抄表周期是________抄表间隔的时间。

3. 远程遥测抄表是对________的功能综合开发利用，实现一套装置数据共享及其他远动传输通道，实现客户电量远程抄表。

4. 抄表日程在________一次性排定，要求按时抄表，不得随意变更。

5. 抄表员按例日领取抄表器，严格规定时间抄表。携带抄表器抄表时，应精心保管，防止________，避免________。

6. 当线路电流不超过电能表的额定电流时，可以________接入电能表；当线路电流超过电能表额定电流时，常常要将电能表的电流线圈经过________接入若高压供电在高压侧计量，电能表的电流线圈和电压线圈，均要经过______________________________接入。

7. 电能表常数的正确单位是（ ）。

8. DX9 型电能表是（ ）电能表，DD58 型电能表是（ ）电能表。

9. 封的标识分为三类校表、（ ）和用电检查字样。

10. 电能表在无负载电流情况下，圆盘缓慢转动，说明电能表有（ ）现象。

11. S级电能表最大额定电流一般为标定电流的（ ）倍。

二、选择题

1. 手工抄表是抄表人员带着（ ）到客户处上门抄录电能表的数据，是一种传统的抄表方式。

A. 抄表卡 B. 抄表机 C. 电费通知单 D. 电话

2. 对用电量较小的专变客户和连续（ ）电量为零的客户，应查明原因，发现异常应填写工作单报告给相关部门。

A. 3 个月 B. 6 个月 C. 1 年 D. 2 年

3.（ ）是指定抄表段在一个抄表周期内默认的抄表日。

A. 抄表例日 B. 抄表周期 C. 计划抄表日 D. 抄表段

4. 售电量是指供电公司通过（ ）测定并记录的各类电力客户消耗使用的电能量的总和。

A. 电能计量装置 B. 电流表 C. 电压表 D. 功率表

5. 抄表机器是一种用来抄录（ ）示数的微型计算机。

A. 电流表 B. 电压表 C. 电能表 D. 功率因数表

6.（ ）是一种传统的抄表方式，主要应用于中小城市的中小客户和居民客户。

A. 远采集抄 B. 红外抄表 C. 抄表器抄表 D. 手工抄表

7. 每月 25 日以后的抄表电量不得少于月售电量的（ ）

A. 50% B. 60% C. 70% D. 80%

8. 对大电力客户，均安排在（ ）抄表，要求准时抄表，不得变更。

A. 月末 24 时　　B. 每月 25 日之前
C. 每月最后一周　　D. 最后两三天

9.（　　）工作系电费管理工作的龙头。
A. 收费　　B. 抄表　　C. 核算　　D. 检查

10. 抄表周期一般（　　）一次。
A. 每季　　B. 半年　　C. 每年　　D. 每月

11. 计费电能表及附件的安装、移动、更换、校验、拆除、加封、启封均由（　　）负责办理。
A. 客户　　B. 乡电管站　　C. 供电公司　　D. 电力管理部门

12. 单相电能表用于（　　）单相电源客户的用电量。
A. 测试　　B. 管理　　C. 记录　　D. 检查

13. 三相四线制电路可看成是由三个单相电路构成的，其平均功率等于各相（　　）之和。
A. 功率因数　　B. 视在功率　　C. 有功功率　　D. 无功功率

14. 电能表的电压小钩松动会使电能表转盘不转或微转，导致记录电量（　　）。
A. 增加　　B. 减少　　C. 正常　　D. 有时增加、有时减少

15. DT862 型电能表是（　　）电能表。
A. 单相　　B. 三相三线　　C. 三相四线　　D. 无功

16. DS862 型电能表是（　　）电能表。
A. 单相　　B. 三相三线　　C. 三相四线　　D. 无功

17. 某一型号单相电能表，铭牌上标明 C=1667r/(kW・h)，该表转盘转一圈所计量的电能应为（　　）。
A. 1.0W・h　　B. 0.6W・h　　C. 3.3W・h　　D. 1.2W・h

18. DSSD 型电能表是（　　）电能表。
A. 三相三线多功能　　B. 三相四线多功能
C. 单相复费率　　D. 单相预付费

三、判断题

1. 电费管理工作程序是：抄表——收费——核算。（　　）
2. 互感器具有隔离高电压，扩大电能表量程的作用。（　　）
3. 2.0 级的电能表误差范围是±1%。（　　）
4. 电能表计度器的作用是累计转盘的转数，以显示测定的电能。（　　）
5. 单相电能表当电压线圈烧断时，流过电流线圈的负荷仍能使该表转盘走动。（　　）
6. 电能表潜动是指客户不用电时，电能表的转盘继续转动超过 1r（一周）以上仍不停止。（　　）
7. 我国生产的单相、三相直读式有功电能表都不乘倍数。（　　）
8. 单相、三相电能表表盘读数小数的位数都设置为两位小数。（　　）
9. 复费率电能表是用于实行峰、谷分时电价的计量装置。（　　）
10. 全电子式多功能表比感应电能表过载能力大。（　　）

四、问答题

1. 电费通知单上应填写哪些主要内容？
2. 由于确有某种原因未能如期抄录计费电能表读数时，该如何处理？
3. 现场抄表时应核对哪些信息？
4. 抄表日程编排的原则是什么？
5. 抄表时对计量装置检查哪些内容？发现异常如何处理？
6. 电能表的误差超出允许范围时，如何计算退补电量？
7. 为什么要正确抄录计量电能表？
8. 抄表方式主要有哪些？
9. 简述普通抄表器抄表的过程。
10. 叙述感应式电能表型号中各个字母的含义。
11. 三相电子式多功能电能表有哪些功能？
12. 对运行中电能表进行检查的内容有哪些？
13. 电能表发生故障后，对无法确定故障时间及底数无法确定的，其电量应如何追补？
14. 什么叫客户的最大需量？
15. 电能表的常见故障有哪些？

五、作图题

请画出抄表工作流程图。

第三部分 实 训 任 务

实训任务1 抄表机的使用及抄表

一、实训目的

通过抄表机使用的实训，使学生学会抄表数据录入和抄表机数据上传、下载的方法，在营销生产系统中学会远程抄表和抄表机现场抄表。

二、营销生产系统抄表管理系统介绍

抄表核算工作流程如实训图1-1所示。

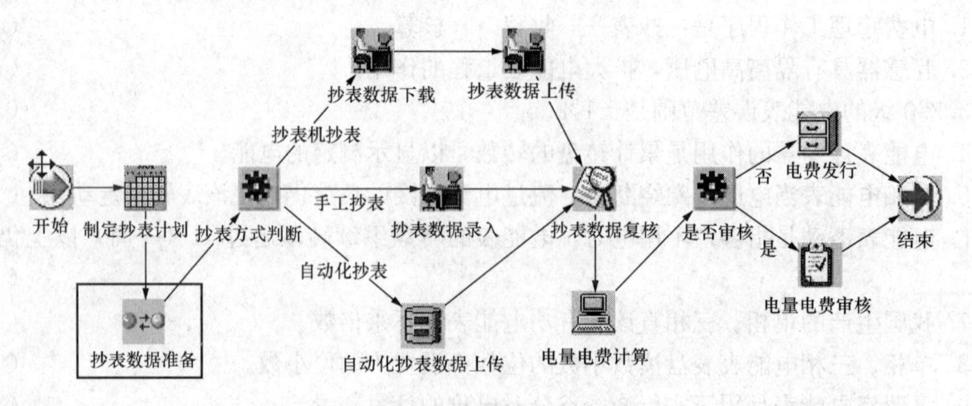

实训图1-1 抄表核算工作流程

（一）抄表数据准备

1. 功能说明

该组件提供根据抄表计划内容生成抄表所需的抄表数据功能。生成的抄表数据包括用电客户快照、客户定价策略快照、计量点计费参数快照及计费关系快照等。对抄表机抄表则还要生成抄表机接口数据，供抄表数据下载提供接口数据。操作员选择一个或多个抄表计划记录，点击【数据准备】按钮，系统调用“抄表数据准备”，生成申请编号对应的抄表数据，数据准备成功，提示完成，发送到下一环节，即抄表；数据准备失败，提示可能错误原因。

2. 操作说明

（1）登录系统，单击“工作任务≫待办工作单”，选择工作单，页面显示当前操作员抄表的所有数据准备阶段的抄表段列表，如实训图 1-2 所示。

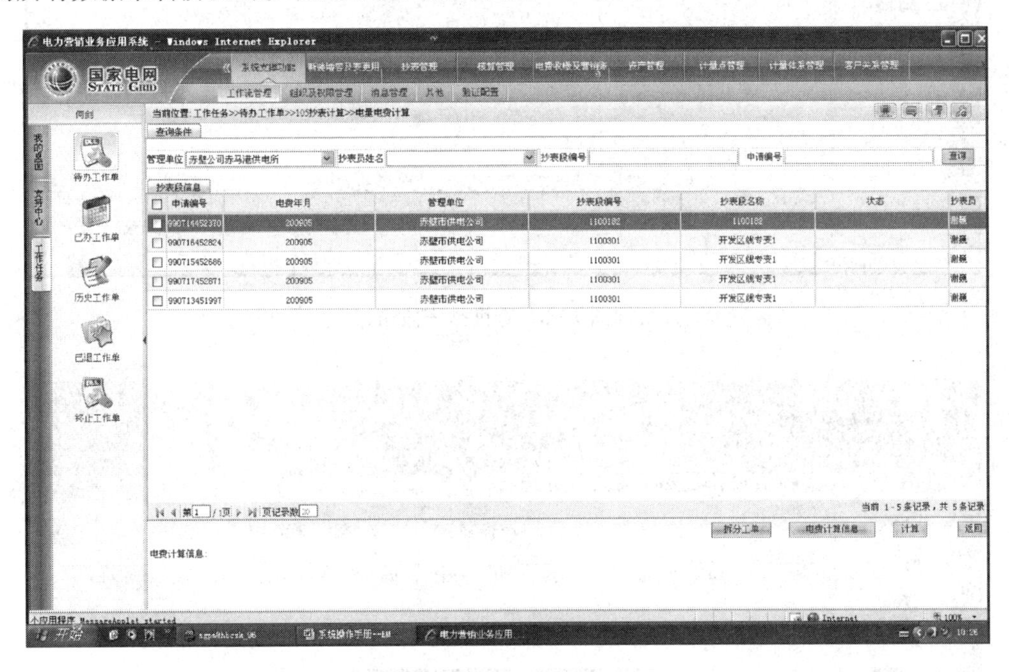

实训图 1-2　数据准备窗口

（2）单击 >> ，展开详细查询栏目，输入查询条件，单击【查询】按钮，查询出满足条件的抄表段，如实训图 1-3 所示。

（3）复选框勾选做数据准备的抄表段，单击【数据准备】按钮，开始数据准备，如实训图 1-4 所示。

3. 页面相关名词解释

“电费年月”是电费计入的年月，如 200907 表示该计划抄表产生电费计入 2009 年 07 月。

“抄表计划日期”指抄表计划制定时指定的抄表日期。

“抄表事件类型”包括正常抄表、电费结算抄表、稽查抄表、线损关口抄表、分次结算第 1，…，$N-2$ 次抄表、电费结算仿真抄表、漏抄、估抄、业扩变更结算抄表，共九种。

“抄表段编号”指抄表段的编号。

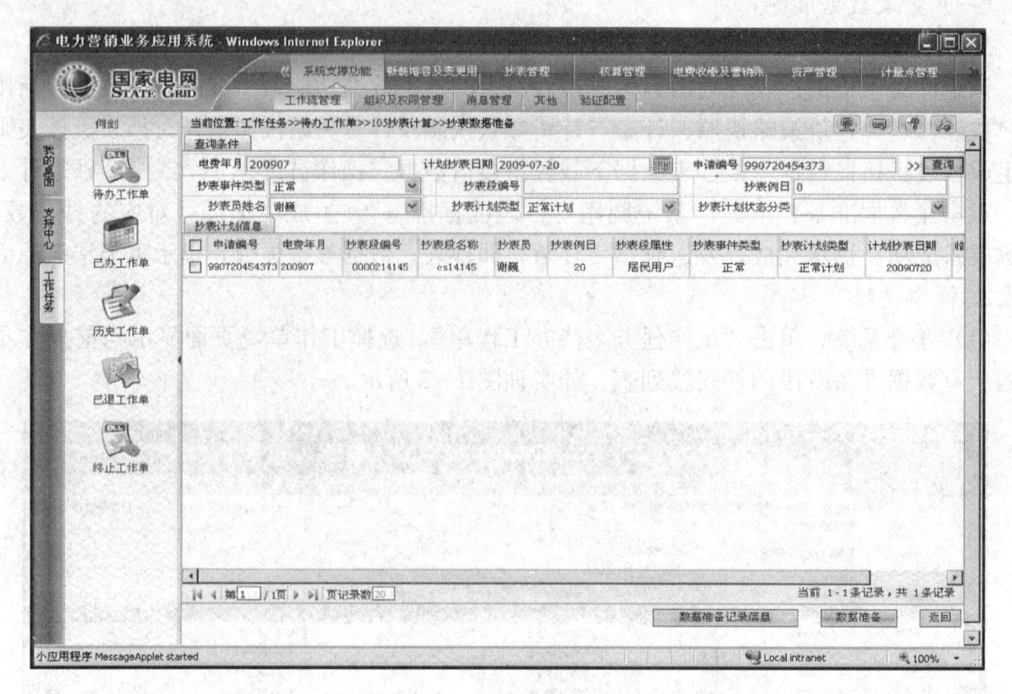

实训图 1-3　查询抄表段窗口

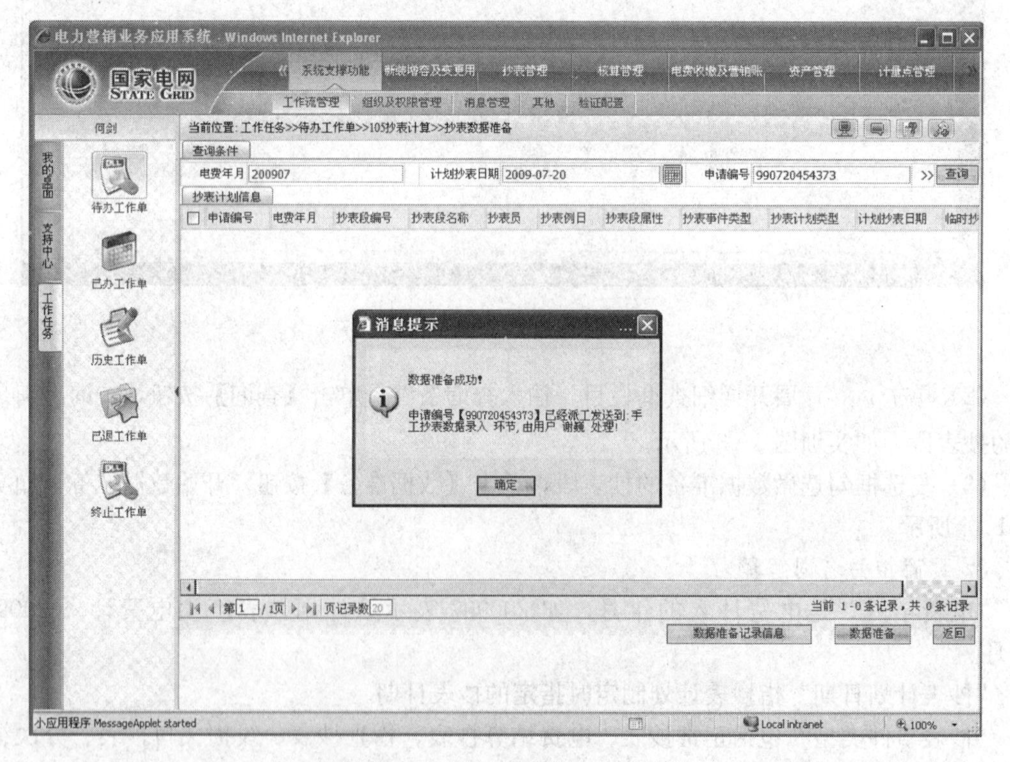

实训图 1-4　数据准备成功消息提示

“抄表例日”指每个抄表周期的抄表日。

“抄表员姓名”指抄表段的抄表人员的姓名。

“抄表计划类型”包括正常计划、稽查计划、临时计划。

“抄表计划状态分类”是抄表计划的状态，包括数据准备、数据下装、抄表、上装、复核、计划制定、抄表质量评价、电费计算、电费审核、电费发行、计划完成、收费、催费十三种状态。

4. 参考操作说明

【查询】：根据选填的查询条件，查询出满足条件的抄表计划信息。

【数据准备】：将勾选的一条或多条抄表计划信息做数据准备处理，并发送到下一环节。

【返回】：可以关闭该页面，回到上一操作页面。

5. 注意事项

（1）不允许对销户客户做数据准备。

（2）不允许处理非本单位的数据准备。

（3）抄表数据准备在抄表例日前完成。

（4）一次抄表计划对应一次抄表准备。

小技巧

单击 >> 按钮，可以展开高级查询栏目，获得更多查询条件，进行更精细的查询。

（二）抄表数据录入

1. 功能说明

该组件提供将抄表清单或抄表本记录的抄表数据手工录入到系统的功能，自动化抄表则接收由数据采集系统采集抄表数据。启动手工抄表数据录入组件，传入申请编号，调用“制定抄表计划”，根据返回结果，系统显示“抄表计划信息”。具体功能包括根据客户编号、抄表序号、用电地址、资产编号快速定位抄表客户，根据抄表清单输入并保存本次抄见示数、抄表状态（未抄、已抄、估抄）、抄表异常情况（无异常、倒转、表坏、空走、表计丢失、门闭、违约用电、窃电等）、本次抄表录入日期。

抄表完成后点击【发送】按钮，发送成功则到下一环节，即抄表数据复核；发送不成功则提示可能错误。

2. 操作说明

（1）登录系统，单击“工作任务≫待办工作单”，选择工作单，双击或者选中后单击【处理】按钮，显示如实训图 1－5 所示页面。

（2）双击抄表信息，弹出示数录入对话框，如实训图 1－6 所示。

（3）在“本次示数”列，输入抄表清单上的抄表示数，如实训图 1－7 所示。单击回车，可跳转到下一行。

（4）示数录入完成之后，单击实训图 1－8 所示【发送】按钮。

（5）单击【发送】按钮后，弹出对话框，提示流程发送到下一步抄表示数复核环节，如

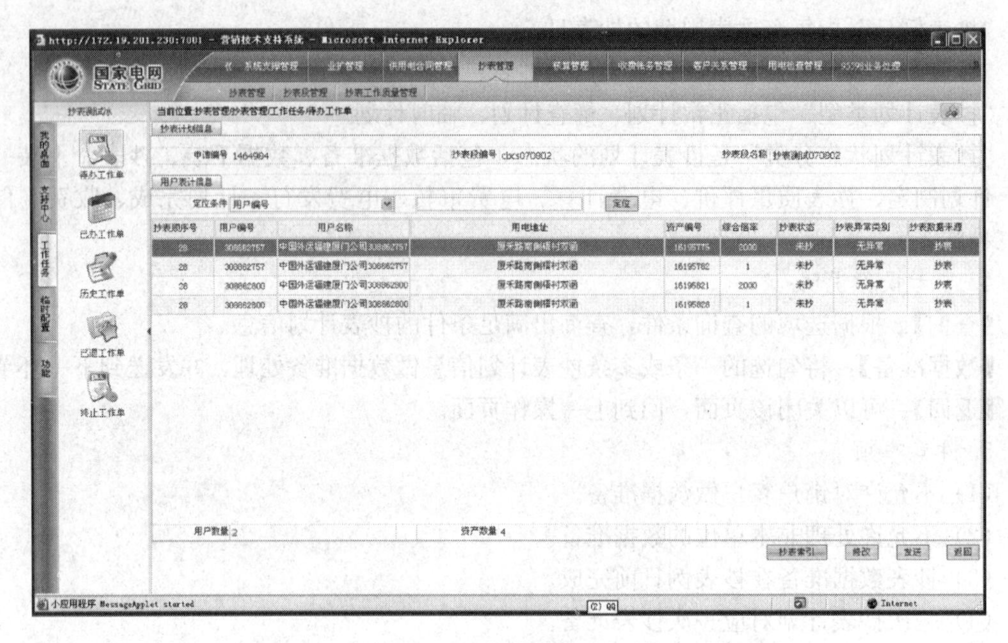

实训图 1-5　抄表数据录入页面

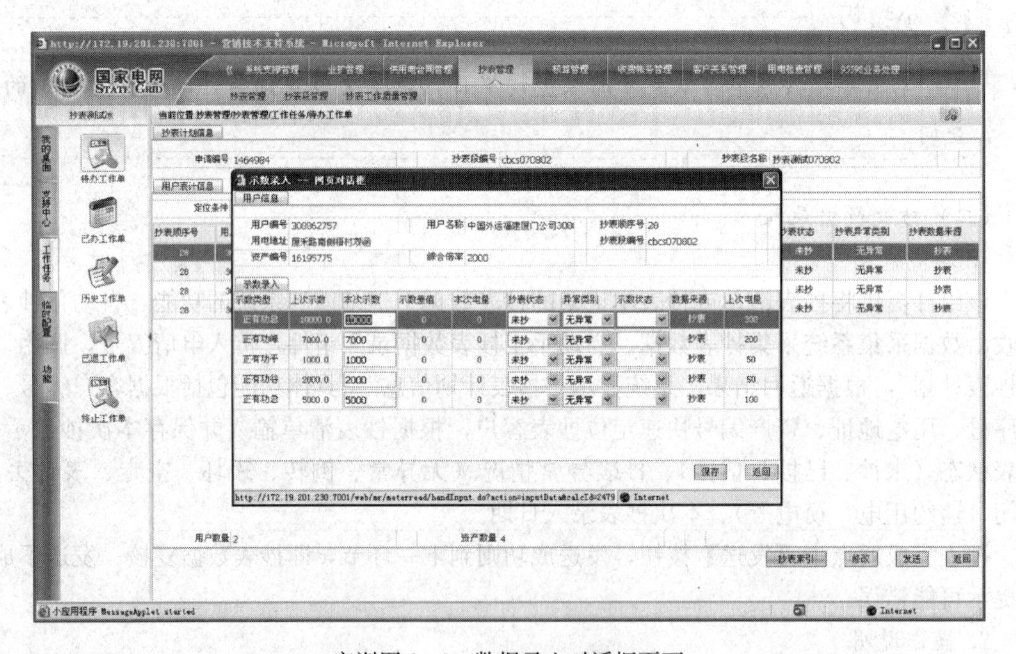

实训图 1-6　数据录入对话框页面

实训图 1-9 所示页面。

3. 页面相关名词解释

“定位条件”是用于定位的条件，结合后面输入的参数信息，定位需要查找的抄表数据。

“本次示数”是指抄回的本次电能表示数。

“抄表状态”指本次抄表示数的具体状态，包括未抄、已抄、估抄。

“示数状态”是指根据异常类别，选择相应的示数状态。

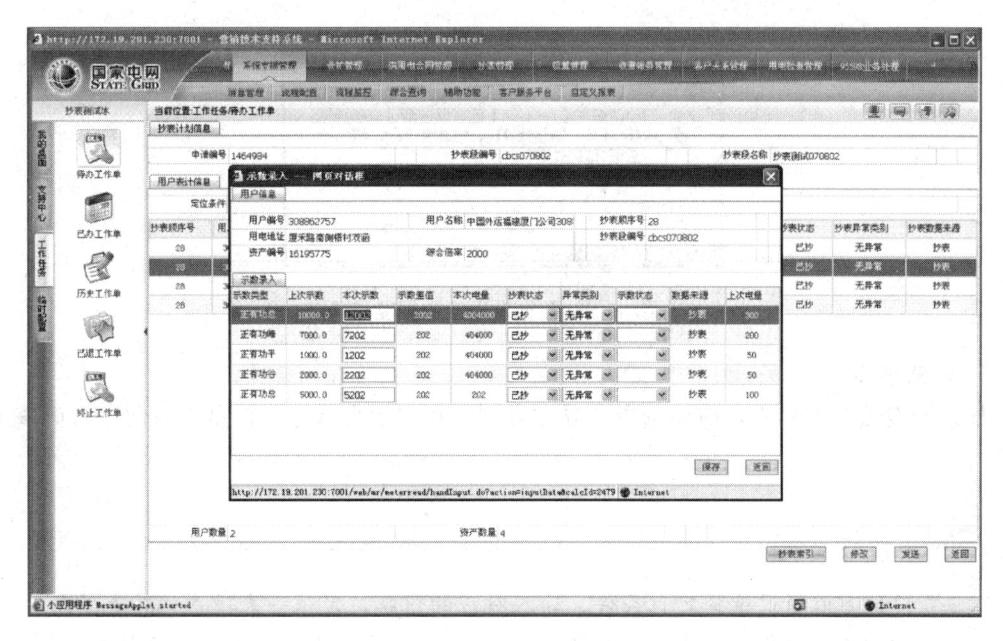

实训图 1－7　输入抄表示数

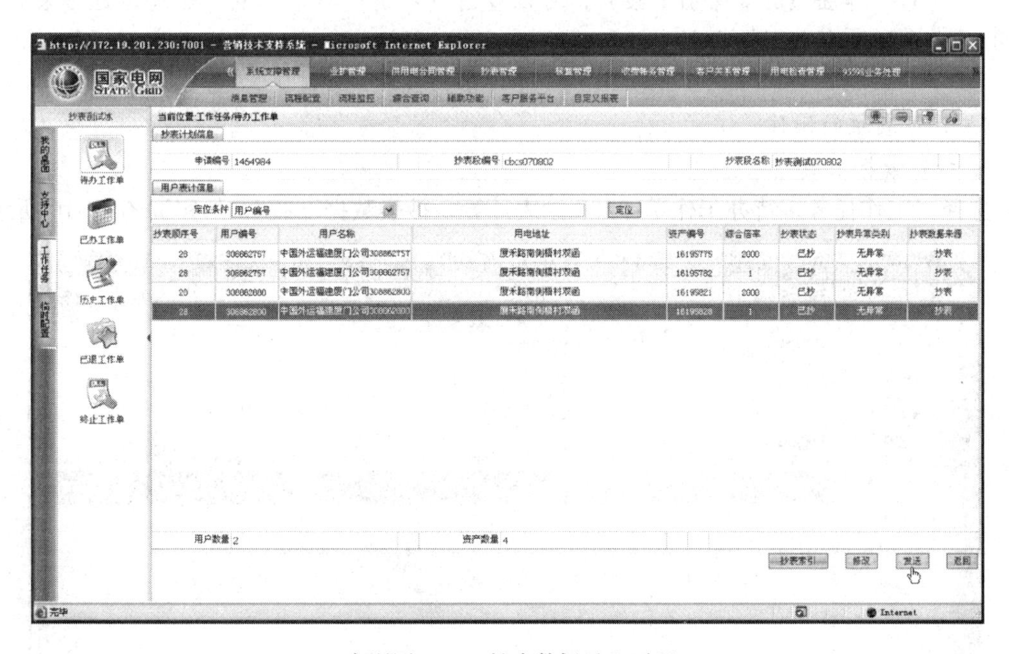

实训图 1－8　抄表数据录入页面

4. 参考操作说明

【定位】：根据定位条件及后面的数据，定位需要查询的抄表数据。

【抄表索引】：单击抄表索引按钮，跳转到抄表清单打印页面，勾选需要打印的抄表数据，打印抄表清单。

【修改】：修改选中的抄表信息。

【返回】：返回上一页面。

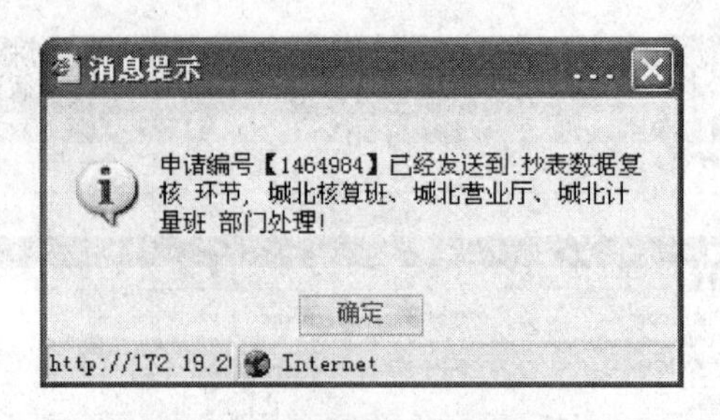

实训图 1-9　数据发送至数据复核环节

5. 注意事项

如果抄表数据有异常，应该选择“异常类别”和“示数状态”信息，以便之后审核工作的进行。

小技巧

(1) 可以通过选择定位条件、输入对应的信息，定位抄表段内的抄表信息。

(2) 录入示数后单击“回车”，可以移到下一个示数录入处继续示数录入。

(3) 单击【抄表索引】按钮，可以查看到所有的抄表信息，通过勾选抄表信息，可以选择性的打印抄表数据清单。

(三) 抄表机的操作

1. 抄表数据下载

选择“工作任务≫待办工作单≫105抄表计算≫抄表数据下载”，如实训图 1-10 所示。

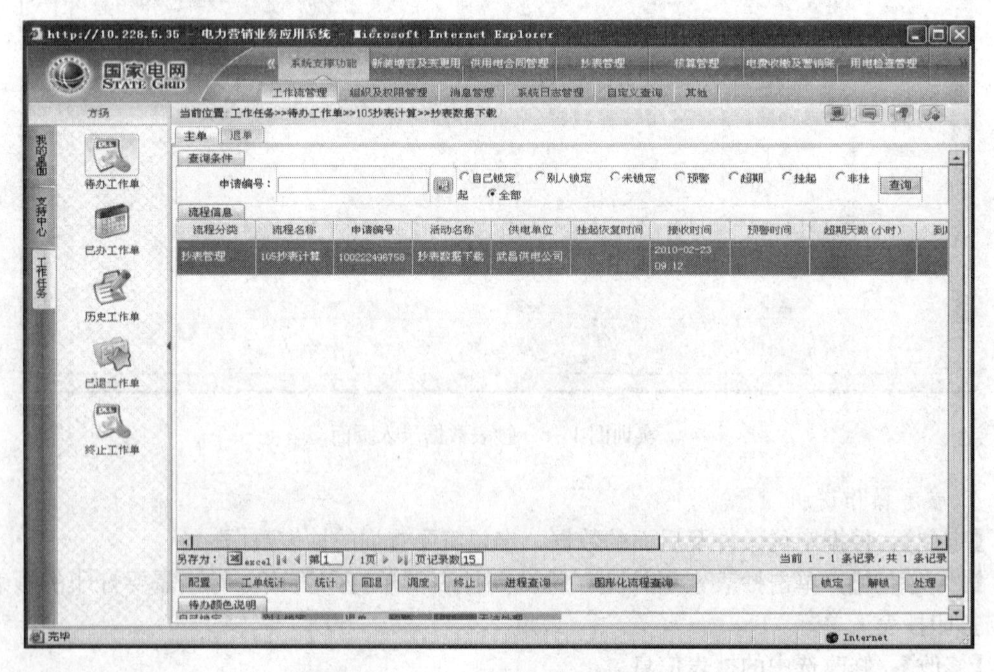

实训图 1-10　抄表数据下载步骤一

双击抄表数据下载工作任务，进入抄表段数据下载页面，如实训图 1-11 所示。

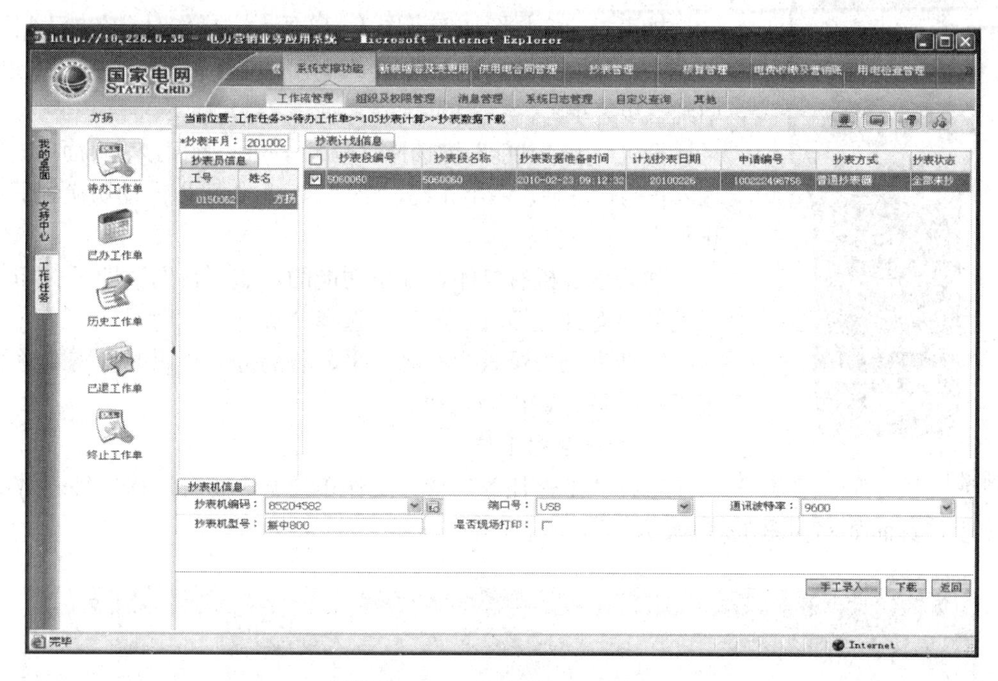

实训图 1-11 抄表数据下载步骤二

选定要下载的抄表段编号，打开抄表机，选择“功能”→“通讯”，抄表机进入 USB 口通信（状态：等待连接），然后在实训图 1-11 页面中点击【下载】，如实训图 1-12 所示。

抄表机

抄表机信息

抄表机编号：85204582
抄表机型号：振中800
操作类型：下载
波特率：9600
端口号：USB

操作日志

开始执行.....[2010-02-23 11:34:04]
生成抄表数据文件开始....[2010-02-23 11:34:05]
生成抄表数据文件结束....[2010-02-23 11:34:05]
生成标准代码文件开始....[2010-02-23 11:34:05]
生成标准代码文件结束....[2010-02-23 11:34:05]
生成阶梯电价文件开始....[2010-02-23 11:34:05]
无阶梯电价....[2010-02-23 11:34:05]
生成阶梯电价文件结束....[2010-02-23 11:34:05]
下装开始....[2010-02-23 11:34:05]
下装结束....[2010-02-23 11:34:08]
返回值0[2010-02-23 11:34:08]
执行结果:
code=0
msg=操作成功。[2010-02-23 11:34:08]

执行 关闭

实训图 1-12 抄表数据下载步骤三

抄表数据下载成功后，点击【关闭】，进入抄表数据上传环节。

实训图 1-13 抄表机实物图

2. 抄表数据录入抄表机

抄表机的实物图如实训图 1-13 所示。操作时，在抄表机上用↑、↓、←、→键选定，选择“确定”可进入页面，选择“退出”回到上级菜单。

开机后点“功能”键选择“程序”，进入顺序抄表页面后，逐个输入止码，每录入一个止码，按“确定”键可以自动切换到下一个止码或下一户。

如果抄表机有打印通知单功能的，点“帮助”即可打印。如果电能表有红外抄表功能的，选择“红外抄”即可。

在抄表机中录入含有峰、平、谷的分时止码时，需要总止码等于峰、平、谷止码之和。

3. 抄表数据上传

选择“工作任务≫待办工作单≫105 抄表计算≫抄表数据上传”，上传页面如实训图 1-14所示。

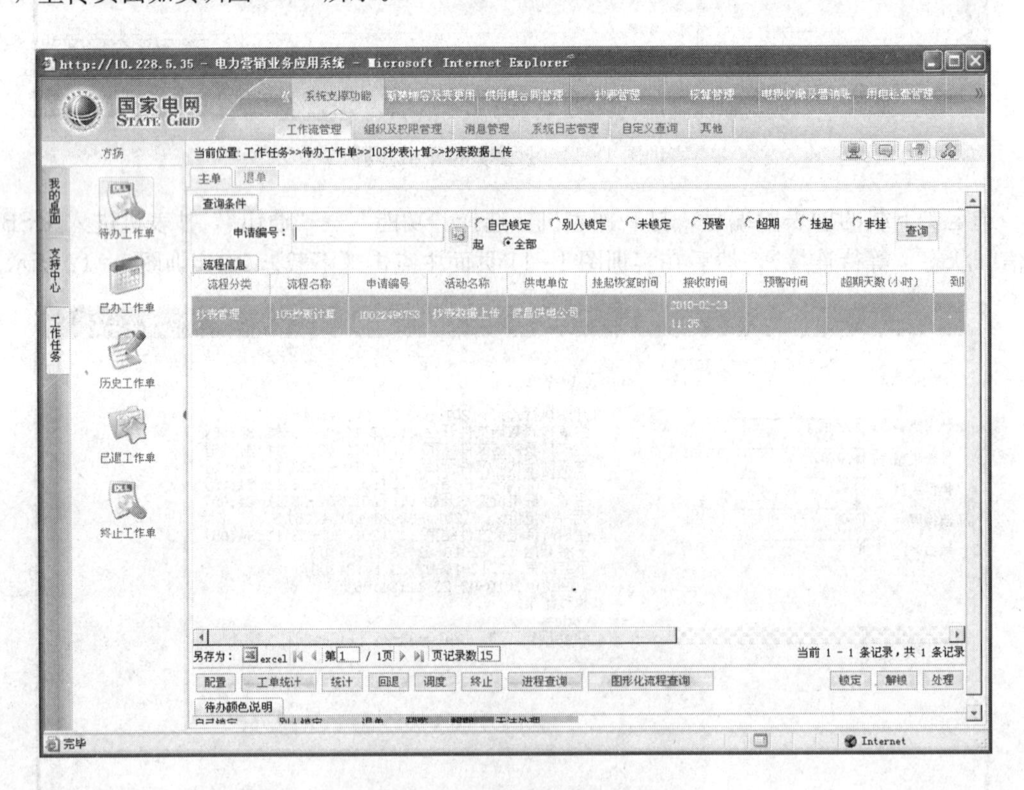

实训图 1-14 抄表数据上传页面

在实训图 1-14 所示页面中双击“抄表数据上传工作任务”条，得到实训图 1-15 所示页面。

选定要上传的抄表段编号，打开抄表机，选择“功能→通讯”，抄表机进入 USB 口通信(状态：等待连接)，然后在系统页面中点击上传，如实训图 1-16。

数据上传完毕，在实训图 1-16 中点击【关闭】，得到如实训图 1-17 所示对话框。

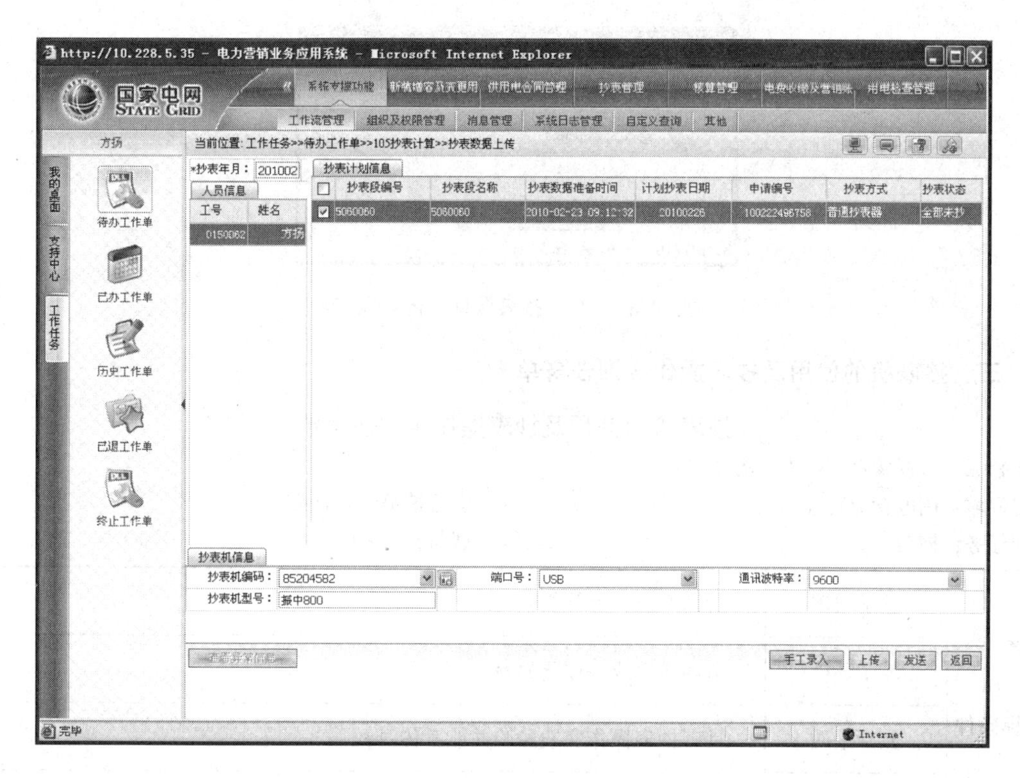

实训图 1 - 15　抄表数据上传步骤一

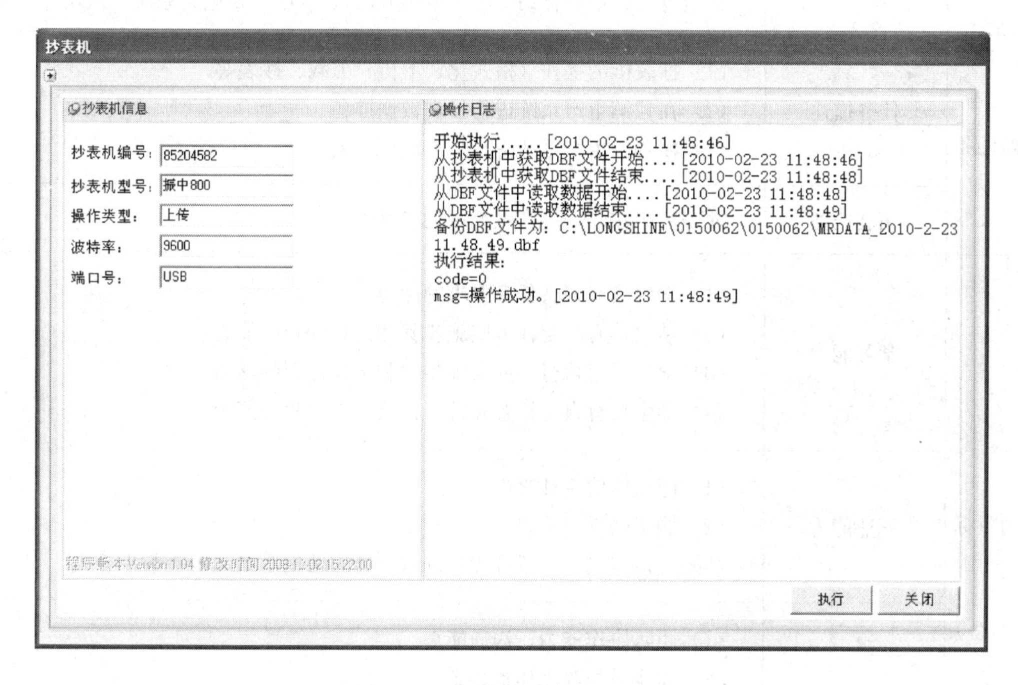

实训图 1 - 16　抄表数据上传步骤二

在对话框中单击【确定】，更新数据，抄表数据上传成功。

实训图1-17 抄表数据上传步骤三

三、抄表机的使用及抄表操作实训任务单

抄表机的使用及抄表操作实训任务单

专业领域：市场营销（电力市场方向）

学习领域：用电营业管理　　学习情境一：抄表

实训任务：抄表　　课时：4学时

前提条件	教学载体	营销系统、计算机
	教学环境	培训教室或一体化教室
	教师素质	具有抄表操作实践经验并能言传身教
	学生素质	具有团队合作精神，互教互学能力 实施专业：市场营销（电力市场方向）、发电厂及电力系统、供用电技术
实训任务	任务描述	(1) 抄表机的操作（格式化、上传、下载、抄表等） (2) 在营销生产系统进行抄表数据准备 (3) 在营销生产系统进行抄表数据录入
	拓展任务	抄表流程在营销生产系统中的演练
能力目标	学习能力	(1) 学生具有领会任务要求的能力 (2) 学生具有制定任务实施步骤和工作计划的能力 (3) 学生具有执行任务实施步骤和工作计划的能力 (4) 学生具有自主检查和提出优化工作过程的能力
	职业能力	(1) 能正确使用抄表机 (2) 能正确进行抄表 (3) 能在营销生产系统中正确进行抄表数据准备和抄表数据录入
	社会能力	(1) 团队协作能力、沟通能力 (2) 职业道德和工作责任感 (3) 团队分析问题、解决问题能力 (4) 团队组织和实施能力

续表

	教学步骤	时间	主 要 内 容	教学方法	媒介
任务实施步骤	导入任务 明确要求	10分钟	布置任务、引导学生查找资料和制定操作方案，调动和激发学生的积极性和主动性	讲述法	PPT
	分组讨论	10分钟	组织学生团队讨论工作任务，使每一位学生都能理解任务要求，在清楚任务之后，发挥学生的思维和想象力，针对工作任务提出自己的操作方案思路	分组讨论法	实训指导书
	团队定操作方案	10分钟	经过团队的讨论选择，定出完成工作任务的最佳操作方案	分组讨论法	实训指导书
	操作方案实施	45分钟	根据团队定出的方案实施操作任务，要求团队每位成员都会操作		营销生产 系统、计算机
	过程检查	60分钟 全过程	教师在讨论实施方案过程中对工作完成情况进行检查，作为教师评分依据		
	小结、评价	15分钟	教师在各团队任务都完成后，对各团队的完成情况进行总结评价，也可通过团队之间的交流、点评的方式进行总结评价 学生团队根据个人表现进行自评、互评	汇报交流法 过程点评法	
实训成果	实训报告	（1）实训目的、要求、任务 （2）实训操作方案 （3）实训实施过程 （4）实训能力目标实现与否感想			

四、实训报告

《用电营业管理》课程实训任务报告单

<table>
<tr><td>学习情境</td><td colspan="3"></td></tr>
<tr><td>任务名称</td><td colspan="3"></td></tr>
<tr><td>时间期限</td><td></td><td>实施地点</td><td></td></tr>
<tr><td colspan="4">任 务 目 的</td></tr>
<tr><td colspan="4"></td></tr>
<tr><td colspan="4">任 务 内 容</td></tr>
<tr><td colspan="4"></td></tr>
<tr><td colspan="4">所 需 工 具 及 仪 器</td></tr>
<tr><td colspan="4"></td></tr>
<tr><td colspan="4">操 作 步 骤</td></tr>
<tr><td colspan="4"></td></tr>
<tr><td>训练归纳</td><td colspan="3"></td></tr>
</table>

小组成员签字：　　　　　　　　　　　　　　　　　　　日期：

教师签字：　　　　　　　　　　　　　　　　　　　　　日期：

实训任务 2　电能表常见故障判断及处理

一、实训目的

通过实训使学生学会电能表的常见故障查找、判断及处理方法。

二、任务描述

进行电能表运行是否正常的判断，对教师设置的电能表故障进行查找及处理，根据所给设备铭牌确定电能表容量。

三、电能表常见故障判断及处理方法说明

1. 电能表检查

（1）检查电能表外壳是否完好。

（2）检查封签。

（3）检查电能表的安装。

（4）检查电能表的运行情况。

2. 电能表常见故障处理

（1）机械式单相电能表常见故障：

1）电能表转盘不转；

2）圆盘转动，但计度器不计数；

3）转盘转动不稳定，有抖动现象；

4）转盘反转；

5）电能表在无负载电流情况下，圆盘缓慢转动。

（2）电子式电能表常见故障：

1）死机，一般指电能表通电后没有任何反应；

2）倒拨卡字；

3）无脉冲输出，可能脉冲线脱焊、断线、短接或脉冲线碰到强电引起三极管损坏以及PCB板线路烧坏等，问题也可能出在输出电路上。

4）低电压时计度器不翻字：由于PCB板虚焊、连焊造成所需供电电流偏大，或由于降压电容的质量问题造成容量减少而提供不出足够电流。

5）有脉冲输出，但误差较大，这种现象说明问题可能出在电压线与电流互感器的引线焊接不正确，或有断路故障。

3. 电能表常见故障处理

电能表常见故障处理方法见本学习情境模块二。

四、电能表常见故障判断及处理实训任务单

电能表常见故障判断及处理实训任务单

专业领域：市场营销（电力市场方向）

学习领域：用电营业管理　　　　学习情境一：抄表管理

实训任务：常见电能表故障判断及处理　　　　课时：2学时

<table>
<tr><td rowspan="4">前提条件</td><td>教学载体</td><td>各种型号、种类的电能表</td></tr>
<tr><td>教学环境</td><td>一体化教室或计量实训室</td></tr>
<tr><td>教师素质</td><td>具有现场抄表实践经验并能言传身教</td></tr>
<tr><td>学生素质</td><td>具有团队合作精神，互教互学能力
实施专业：市场营销（电力市场方向）、发电厂及电力系统、供用电技术</td></tr>
<tr><td rowspan="2">实训任务</td><td>任务描述</td><td>（1）机械表故障判断及处理
（2）电子表故障判断及处理
（3）电能表容量的确定</td></tr>
<tr><td>拓展任务</td><td>预付费电能表故障判断及处理，多功能电能表故障判断及处理</td></tr>
<tr><td rowspan="3">能力目标</td><td>学习能力</td><td>（1）学生具有领会任务要求的能力
（2）学生具有制定任务实施步骤和工作计划的能力
（3）学生具有执行任务实施步骤和工作计划的能力
（4）学生具有自主检查和提出优化工作过程的能力</td></tr>
<tr><td>职业能力</td><td>（1）能正确判断运行中电能表是否正常
（2）能正确处理运行中电能表的故障
（3）能根据客户的用电情况确定电能表的容量</td></tr>
<tr><td>社会能力</td><td>（1）团队协作能力、沟通能力
（2）职业道德和工作责任感
（3）团队分析问题、解决问题能力
（4）团队组织和实施能力</td></tr>
</table>

续表

<table>
<tr><th></th><th>教学步骤</th><th>时间</th><th>主 要 内 容</th><th>教学方法</th><th>媒介</th></tr>
<tr><td rowspan="6">任务
实施步骤</td><td>导入任务
明确要求</td><td>10 分钟</td><td>现场展示各种型号、种类的电能表，然后布置任务，要求学生检查出运行中电能表的故障，调动和激发学生的积极性和主动性</td><td>讲述法</td><td>PPT</td></tr>
<tr><td>分组讨论</td><td>10 分钟</td><td>组织学生团队讨论工作任务，使每一位学生都能理解任务要求，在清楚任务之后，发挥学生的思维和想象力，针对工作任务提出自己检查步骤</td><td>分组讨论法</td><td>实训指导书</td></tr>
<tr><td>团队定操作方案</td><td>10 分钟</td><td>经过团队的讨论选择，定出完成工作任务的最佳检查步骤</td><td>分组讨论法</td><td>实训指导书</td></tr>
<tr><td>操作方案实施</td><td>25 分钟</td><td>根据团队定出的方案实施操作任务，要求团队每位成员都会操作</td><td></td><td></td></tr>
<tr><td>过程检查</td><td>30 分钟
全过程</td><td>教师在学生操作过程中对完成情况进行检查，作为教师评分依据</td><td></td><td></td></tr>
<tr><td>小结、评价</td><td>15 分钟</td><td>教师在各团队任务都完成后，对各团队的完成情况进行总结评价，也可通过团队之间交流、点评的方式进行总结评价
学生团队根据个人表现进行自评、互评</td><td>汇报交流法
过程点评法</td><td></td></tr>
<tr><td>实训成果</td><td>实训报告</td><td colspan="4">(1) 实训目的、要求、任务
(2) 实训操作方案
(3) 实训实施过程
(4) 实训能力目标实现与否感想</td></tr>
</table>

五、实训报告

《用电营业管理》课程实训任务报告单

<table>
<tr><td>学习情境</td><td colspan="3"></td></tr>
<tr><td>任务名称</td><td colspan="3"></td></tr>
<tr><td>时间期限</td><td></td><td>实施地点</td><td></td></tr>
<tr><td colspan="4">任务目的</td></tr>
<tr><td colspan="4"></td></tr>
<tr><td colspan="4">任务内容</td></tr>
<tr><td colspan="4"></td></tr>
<tr><td colspan="4">所需工具及仪器</td></tr>
<tr><td colspan="4"></td></tr>
<tr><td colspan="4">检查处理结果</td></tr>
<tr><td colspan="4"></td></tr>
<tr><td>检查处理归纳</td><td colspan="3"></td></tr>
</table>

小组成员签字： 日期：

教师签字： 日期：

学习情境二　核　算　管　理

第一部分　知　识　模　块

知识目标

（1）清楚电价、电能成本的基本概念及它们之间的关系。
（2）清楚现行销售电价的类别及实施范围。
（3）清楚我国现行的电价制度。
（4）了解电价的制定原则、步骤及影响因素。
（5）清楚核算工作流程。
（6）清楚立片、户务资料建立的过程。
（7）清楚核算工作的地位及要求。
（8）清楚动态的概念及处理方法。
（9）清楚各类客户的电费计算方法。

能力目标

（1）能对大客户的电价构成进行分析。
（2）能正确判断各类客户执行的电价标准。
（3）能在营销生产系统中进行各类客户的电费核算。
（4）能在营销生产系统中进行各种动态处理。
（5）学会对各类客户的电费进行计算。
（6）学会在营销生产系统中进行业扩受理操作。

模块一　电　价

【模块描述】本模块主要介绍电价的基本概念，电价制度、电价分类，现行销售电价及实施范围。通过知识讲解，掌握我国电价制度及现行电价的实施范围。

一、电价的基本概念

1. 电价的定义

电价是电能价值的货币表现，是电力商品价格的总称。它由电能成本、税金和利润构成。

2. 电价的基本模式

电价的基本模式同其他商品价格模式一样，即

$$P = C + V + M = \text{电能成本} + \text{盈利(包括利润和税金)}$$

式中　P——电价；
　　C——职工工资；
　　V——物质消耗指出；

M——盈利。

3. 制定电价的基本原则

(1) 合理补偿成本。电价必须能补偿电力生产全过程和电力流通全过程的成本费用支出，以保证电力企业的正常运营。

(2) 合理确定收益。电价既要保证电力企业及其投资者的合理收益，有利于电力事业的发展，又要避免电价中利润过高，损害电力客户的利益。

(3) 依法计入税金。电价中应计入电力企业按照我国税法允许纳入电价的税种税款，其他税款不应计入电价。

(4) 坚持公平负担。制定电价时，要从电力公用性和发、供、用电的特殊性出发，考虑各类电力客户的不同特性，使各类电力客户公平负担电力成本。

(5) 体现国家的能源政策。当能源充足时，应鼓励客户多用电，可采用降低电价的措施；若能源不足时，应鼓励客户节约用电，采取提高电价的措施。我国的能源政策是开发与节约并重。

(6) 促进电力发展。通过科学合理地制定电价，促进电力资源的优化配置，保证电力企业的正常生产，并使电力企业具有一定的自我发展能力，推动电力事业走向良性循环发展的道路。

二、电价制度

1. 单一制电价制度

单一制电价制度是指以客户安装的电能表记录的电量来计算客户每月电费的电价制度。也就是每月应付电费与设备容量、用电时间不发生关系，仅与实际用电量计算电费。

单一制电价制度应用范围非常广泛，除变压器容量在315kVA及以上的大工业客户外，其他所有用电客户均执行单一制电价制度。

2. 两部制电价制度

两部制电价制度包括基本电价制度和电度电价制度两部分。基本电价是按客户的最大需量或客户接装设备的最大容量计算的电价制度；电度电价是按客户每月记录的用电量计算的电价制度。

我国执行两部制电价制度的是电变压器容量在315kVA及以上的大工业用电客户。

两部制电价制度是各国普遍应用的一种非常好的电价制度，其优越性主要体现在：

(1) 可发挥价格经济杠杆作用，促使客户提高设备的利用率，减少不必要的设备容量，降低电能损耗、压低尖峰负荷、提高负荷率；

(2) 可使客户合理负担费用，保证电力企业财政收入。

3. 丰、枯分时电价制度

丰、枯分时电价制度是为了充分利用水电资源、鼓励丰水期多用电的一项措施。将一年十二个月分成丰水期、平水期、枯水期三个时期或平水期、枯水期两个时期，丰水期电价可在平水期电价的基础上向上浮动30％～50％，枯水期电价可在平水期电价的基础上向下浮动30％～50％。

丰、枯分时电价制度主要实施范围为除居民生活用电和农业排灌用电以外的所有用电。

4. 峰谷分时电价制度

峰谷分时电价制度是按电网日负荷的峰、谷、平三个时段规定不同的电价。峰时段电价可比平段电价高30％～50％，谷时段电价可比平段电价低30％～50％或更多。例如，湖北省峰电价是平电价的 1.8 倍，谷电价是平电价的 0.48 倍。

峰谷分时电价制度的实施范围是用电容量在 100kVA 及以上的非、普工业用电和大工业用电、商业用电。

5. 功率因数调整电费的办法

功率因数调整电费的办法是指根据客户的用电性质、供电方式、电价类别、用电容量等，划分出三个按月考核的加权平均功率因数（0.9、0.85、0.8）。如客户的实际功率因数高于考核功率因数，供电公司则对其减收一定比例的电费；如客户的实际功率因数低于考核功率因数时，则对其增收一定比例的电费。考核功率因数的目的是改善电压质量、减少损耗，使供用电双方和社会都能取得最佳的经济效益。

功率因数考核值为 0.9 的，适用于以高压供电户，其受电变压器容量与不通过变压器接用的高压电动机容量总和在 160kVA（kW）及以上的工业客户，3200kVA（kW）及以上的电力排灌站，以及装有带负荷调整电压装置的电力客户。

功率因数考核值为 0.85 的，适用于 100kVA（kW）及以上的工业客户和 100kVA（kW）及以上的非工业客户和电力排灌站，以及大工业客户未划入由电力企业经营部门直接管理的趸售客户。

功率因数考核值为 0.8 的，适用于 100kVA（kW）及以上的农业客户和大工业客户划由电力企业经营部门直接管理的趸售客户。

6. 临时用电电价制度

临时用电电价制度指非永久性用电的客户所执行的电价。电费收取可装表计量电量、也可按其用电设备容量或用电时间收取。

对未装用电计量装置的客户，供电公司应根据其用电容量，按双方约定的每日使用时数和使用期限预收全部电费。用电终止时，如实际使用时间不足约定期限 1/2 的，可退还预收电费的 1/2；超过约定期限 1/2 的，预收电费不退；到约定期限时，终止供电。

临时用电电价制度实施范围主要是基建工地、农田水利、市政建设、抢险救灾、电影电视剧拍摄等用电。

7. 梯级电价制度

梯级电价制度是指将客户每月用电量划分成两个或多个级别，各级别之间的电价不同。梯级电价制度分为递增型梯级电价制度和递减型梯级电价制度。递增型梯级电价制度的后级比前级的电价高，递减型梯级电价制度的后级比前级的电价低。

梯级电价制度主要应用于电力供应充足或电力供应紧缺的地区或时间。

三、电价的分类

1. 按生产和流通环节分类

（1）上网电价：发电厂向电网经营企业输送电能的价格。

（2）互供电价：指电网与电网之间互供电电能的价格。

（3）销售电价：指供电公司经营的电网向电力客户销售电电能的价格。

2. 按销售方式分类

（1）直供电价：指供电公司直接向电力客户销售电电能的价格。

（2）趸售电价：指对具有趸售任务的供电公司执行的电价。趸售单位对外供电的转售电价，应执行国家核定的本地区的直供电价。

3. 按用电类别分类

(1) 居民生活用电电价。

(2) 一般工商业及其他用电电价。

(3) 大工业用电电价。

(4) 贫困县农业排灌用电电价。

(5) 农业生产用电电价。

(6) 县级趸售用电电价。

4. 按用电容量分类

(1) 单一制电价：指以客户安装的电能表记录的电量来计算客户每月电费的电价。

(2) 两部制电价：包括基本电价、电度电价。基本电价是按客户的最大需量或客户变压器容量计算的电价；电度电价是指按客户用电量计算的电价。

5. 按用电时间分类

(1) 峰谷分时电价：按电网日负荷的峰、谷、平三个时段规定不同的电价，峰时段电价可比平段电价高30%～50%或更多，谷段电价可比平段电价低30%～50%或更多。

(2) 丰枯季节电价：指为了充分利用水电资源、鼓励丰水期多用电的一项措施。

(3) 临时用电电价：指非永久性用电的客户所执行的电价。

四、现行销售电价及实施范围

1. 居民生活电价

居民生活电价应用范围主要包括城乡居民生活照明、家用电器等用电设备的用电；高校学生公寓和学生宿舍用电，仅限于学生基本生活用电，不包括在学生公寓、学生宿舍从事经营性质的用电（如商店、超市、理发等）。国家教育部门批准和备案管理的基础中、小学教学用电，包括教学、试验、学生和教职工生活用电等。对专供居民小区生活用的蓄热式电锅炉用电，执行居民生活电价并执行居民分时电价。

2. 非居民照明电价

非居民照明电价应用范围主要包括一般照明、学校幼儿园用电、普通电器设备用电、路灯以及限额下的工业用单相电动机和单相电热设备、空调设备用电。

一般照明用电是指非工业、普通工业客户的生产照明用电，铁道、航运、市政、环保、公安等部门管理的公共用灯，霓虹灯、荧光灯、弧光灯、水银灯（电影制片厂摄影棚除外）和非对外营业的放映机用电。

普通电器设备包括家用电器、理发用的吹风、电剪、电烫发及其他电器（如报时电笛、噪声监测装置、信号装置、警铃），机关、团体、学校、部队等（但不包括商业性）的电炊、电灶、电热取暖、热水器、蒸汽浴、吸尘器、健身房设备，属于单位生活福利性质的烘焙设备（包括单位食堂的烘烤食品、油炸制品、肉食加工制品及类似以上用设备）。这些电器设备的用电执行非居民照明电价。

路灯用电是指政府部门管理的公共道路、桥梁、码头、公共厕所、公共水井用灯、标准钟、报时电笛、公安部门交通指挥灯、公安指示灯、警亭用电、不收门票的公园内路灯等的用电，以及居民生活小区内的庭院照明用电。在一定限额下的用电是指总容量不足1kW的工业用单相电动机和总容量不足2kW的工业用单相电热设备用电，以及容量不足3kW的非工业用电热设备（如晒图机、医疗用X光机、无影灯、消毒灯）用电。

空调设备用电除大工业客户其生产车间内的各种空调设备用电外，其他客户凡空调设备（包括窗式、柜式空调机、冷气机组及其配套附属设备）用电，不论相数和容量，不论装在何种场所，不论调冷调热，均按照明电价计收电费。

3. 商业电价

商业用电是指凡从事商品交换或提供商业性、金融性、服务性的有偿服务所需的电力，不分容量大小，不分动力照明，均实行商业电价。商业电价的执行范围包括：①商场、商店、批发中心、超市、加油站、加气站等；②物资供销、仓储业等；③宾馆、饭店、招待所、旅社、酒店、茶座、咖啡厅、餐馆、浴室、美容美发厅、影楼、彩扩、洗染店、收费站以及修理、修配服务业务等用电；④影剧院、录像放映点、游艺机室、网吧、健身房、保龄球馆、游泳池、歌舞厅、卡拉OK厅、收费的旅游点、公园等用电；⑤从事商业性的金融、证券、保险等业务的用电；⑥从事服务性咨询服务、信息服务、通信等用电；⑦房地产经营及其他综合技术服务事业等用电。

4. 非工业用电电价

凡以电为原动力或以电冶炼、烘熔、电解电化的试验和非工业性生产，其总容量在3kW及以上者应按照非工业电价计收电费，而总容量在3kW及以下者按照明电价计费。

执行非工业用电电价的包括：①容量在3kW及以上的机关、部队、医院及学术研究、试验等单位的电动机和电热、电解、电化、冷藏等用电；②铁道、地下铁道（包括照明）、管道输油、航运、电车、广播、仓库、码头、飞机场及其他处所的加油灯、打气站、充电站、下水道等电力用电；③对外营业的电影院、剧院、宣传队演出的剧场照明、通信、放映机、电影制片厂摄影棚水银灯等用电；④基建工地施工用电（包括施工照明）、地下防空设施的通风、照明、抽水用电及有线广播站电力用电（不分设备容量大小），苗圃育苗、现代化养鸡场、渔场等种植业、养殖业中的后续加工、储藏等环节用。

5. 普通工业用电电价

凡以电为原动力，或用以电冶炼、烘熔、熔焊、电解、电化的一切工业生产，其受电变压器容量不足315kVA或低压受电，以及在上述容量、受电电压以内的下列各项用电：

(1) 机关、部队、学校及学术研究、试验等单位的附属工厂，有产品生产并纳入国家计划，或对外承受生产、修理业务的生产用电。

(2) 铁道、地下铁道、航运、电车、电信、下水道、建筑部门及部队等单位所属的修理工厂生产用电。

(3) 自来水厂、工业试验、照明制版工业水银灯用电。

(4) 饲料工业用电。

6. 大工业用电电价

执行大工业用电电价的客户包括：①受电变压器（含直接接入电网的高压电动机，电动机千瓦数视同千伏安）总容量在315kVA及以上的电冶炼、烘焙、电解、电化的一切工业生产用电，机关、部队和学校、学术研究、试验等单位的附属工厂生产产品并纳入国家计划或对外承受生产及修理业务的用电（不包括学生参加劳动生产实习为主的校办工厂），铁道、地下铁道、航运、电车、电信、下水道、建筑部门及部队等单位所属修理工厂的用电，以及自来水厂、工业试验、照相制版工业水银灯用电等。对于大工业客户的井下、车间、厂房内的生产照明和空调用电，仍执行大工业电价。对于农村符合大工业条件的社、队、乡镇工业，也执行大工业电价。

大工业电价均实行两部制电价，并按功率因数的高低调整（增加或减少）电费。优待工业用电的电能电价范围对东北以外地区的规定如下：

（1）电解铝、电石的电价仅限于生产电解铝、电石的用电，不包括其他产品，如生产铝制品、乙炔等用电。

（2）电炉铁合金、电炉钙镁磷肥和电炉黄磷的电价仅限于电炉铁合金、电炉钙镁磷肥和电炉黄磷用电，不包括高炉生产铁合金、钙镁磷肥和黄磷用电。

（3）电解碱的电价仅限于电解法生产的烧碱用电，不包括液氯、压缩氢、盐酸、漂白粉、氯磺酸、聚氯乙烯树脂等用电。

（4）合成氨的电价包括合成氨厂内的氨水、硫酸铵、碳酸氢铵等氮肥及辅助车间的用电。

7. 农业生产用电电价

乡、镇及其所在地的学校、机关、部队，国营农场、牧场、电力排灌站、垦殖场和其他事业单位举办的农场或农业基地的电犁、打井、打场、脱粒、积肥、育秧、防汛临时照明、黑光灯捕虫用电，均按农业生产用电电价计收电费。

农业生产中的抽水（如鱼塘抽水）、灌溉（如果林、蔬菜的浇水）用电也执行农业生产用电电价，但要与贫困县农业排灌用电区分开。

种植、养殖的“第一环节”用电执行农业生产用电电价，如果林、蔬菜、养鱼、养鸡、养猪用电；而其后续的用电（通俗的说法就是种植的作物离开土地后，养殖的水产品离开水之后，饲养的禽、畜离开饲养圈之后，其运输、宰杀、加工、储存、经销等的用电）均不属于农业生产用电范围，应执行对应的非工业、普通工业、大工业、商业电价。

8. 农业排灌用电电价

农业排灌用电电价仅限粮、棉、油（食油）农田排涝灌溉用电，深井、高扬程提灌用电，排涝抗灾用电，排涝泵站排涝设施的维修及试运行用电。

五、影响电价的因素

1. 需求关系对电价的影响

需求是指在其他条件相同的情况下，在某一特定的时期内，消费者在有关的价格下，愿意并有能力购买某一商品或劳务的各种计划数量。影响需求的因素很多，其主要决定因素包括：消费者个人收入或财富（包括信贷途径）、其他竞争产品或相关产品的价格、消费者的嗜好与偏爱等。电能是一种比较紧缺的商品，制定电价时一方面要以价值为基础，另一方面要适当地反映电能的供求关系，必须处理好电价与需求的关系，使电价水平公平合理。

2. 自然资源影响

我国的能源资源丰富，但分布极不平衡，导致各地区电网的平均成本参差不齐，这就不能按照部门平均成本制定统一电价，而应根据电网平均成本制定地区差价。

3. 时间因素的影响

发、供、用电是在同一时间完成的，这一过程中任何一个环节发生故障都将影响电能的生产和供应。因此，为保证客户的正常用电，电力生产必须连续进行，但电力负荷是随时都在不断变化的，特别是昼夜的交替变化，必然引起电力负荷波动。峰谷差越大，电网平均成本随时间的波动就越大。按照公平合理的原则，并考虑到调整系统负荷的需要，制定电价时应考虑时间因素的影响，即应制定峰谷电价和其他分时电价。

4. 季节因素的影响

对水电比重较大的电网，应考虑季节变化的影响。为了充分利用水力资源，在丰水季节，电网应尽可能安排水电厂多发电，即让水电带基本负荷，而火电则作为补充电量进行调峰，这样电网平均成本就会降低；在枯水季节，电网主要靠火电厂发电，电网平均成本相应地会增高，因此应制定季节性电价。

5. 其他政策性因素的影响

国家在不同时期有着不同的经济政策，这些政策也会影响价格的制定与形成。

模块二　核　　算

【模块描述】本模块主要介绍核算工作流程和各类客户的电量电费计算方法。通过知识讲解，掌握各类客户的电量电费计算方法。

一、核算基本概念

核算是电费管理工作的中枢。电费能否按照规定及时、准确地收回，账务是否清楚，统计数据是否准确，关键在于核算质量。

核算工作流程图如图 2-1 所示。

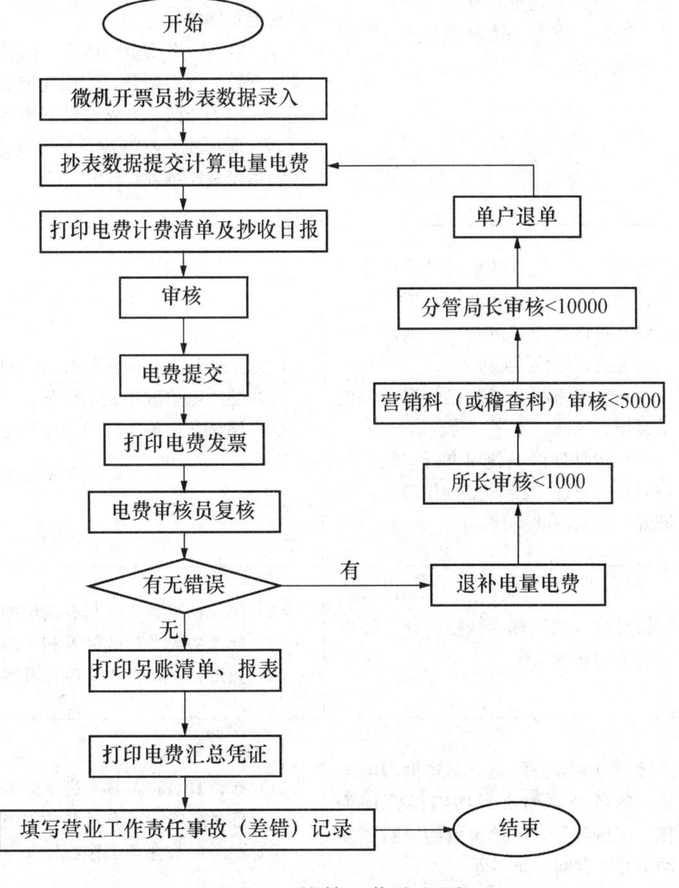

图 2-1　核算工作流程图

二、核算工作内容、要求与电费审核工作标准

（一）核算主要工作内容与要求（见表2-1）

表2-1 **核算主要工作内容与要求**

序号	工作项目	说明	要求
1	新装客户立片	指在客户提出用电需求，经柜台受理、现场堪察设计、客户缴费、装表接电后，正式成为供电公司的客户进入抄表计费的过程	（1）工作认真负责，具有高度的责任心 （2）熟悉《供电营业规则》及相关政策规定，熟悉电价政策及电价分类 （3）首先要了解客户的申请报告及负荷清单，了解供用电合同的相关内容，正确制定电价、用电类别 （4）认真审核微机中的客户户名、用电地址、容量、电压等级、电能表厂名、电能表表号、电能表位数、TA、TV、倍率等是否与资料一致，计费参数是否正确
2	动态处理	指在客户发生减容、暂停、暂换、暂拆、过户、迁址、移表、分户、并户、改压、改类、销户等业务变更时的处理工作	（1）工作认真负责，具有高度的责任心 （2）熟悉《供电营业规则》及相关政策规定，熟悉电价政策及电价分类 （3）熟练掌握各类客户的电量电费计算 （4）对专变客户变压器的暂停、减容、暂换政策及时限规定要熟悉 （5）针对业务变更的内容，认真核对客户的用电性质、表计参数、计费参数。若同时有换表，要认真核对新表起码、旧表止码，并做好动态调整电量 （6）要在抄表前将各类变更业务单处理完，保证抄表机内信息及时准确
3	工本审核	指对抄表上装后的数据进行电量电费计算并审核。审核的主要内容： （1）对计费清单的户名、地址、电量、电费、电价逐项审核 （2）重点审核各类异常情况，如电量突增、突减、零度、动态信息等 （3）指对日报中各项进行审核，并核对日报与计费清单是否相符，以保证统计数据的准确性	（1）工作认真负责，具有高度的责任心 （2）熟悉电价政策及电价分类，熟悉相关营业规定 （3）熟练掌握各类客户的电量电费计算及动态处理
4	另账处理	指对增（减）账、缺抄、余度等电量电费的处理工作	（1）工作认真负责，具有高度的责任心 （2）熟悉各类业务政策及相关规定，业务精通 （3）熟悉各类业务工作流程及审批程序
5	资料管理	客户与供电公司建立正式供用电关系后的各类原始资料的归档管理工作，包括对客户原始报装的资料、异动资料、合同、账本等	（1）作认真负责，具有高度的责任心 （2）熟悉各类业务政策及相关规定，业务精通 （3）熟悉各类业务工作流程及审批程序

（二）电费审核工作标准

（1）按时接收营业窗口受理的新装、增容与变更用电以及表计轮换等当月的各类业务工作单，待领导批准后修改其业务变更内容。

（2）对抄表人员交来的抄表卡，实现抄表卡交接手续，登记交回日期，规范抄表时间，防止时间差影响线损波动。

（3）对抄表人员交回的抄表卡进行审核，确保电量电费审核工作的真实性。

（4）对新装客户计费信息进行审核，并打印信息卡片。根据用电申请表、业务工作单和新建抄表卡片等，及时、准确建立电费抄收台账信息。

（5）在资料上装结束并确认后，审核人员应及时计算电量电费并按册分户审核、更正或重新计算电量电费。审核缺抄、错抄情况，打印缺抄客户清单交抄表员补抄，并在补抄数据录入后对补抄户进行计算并审核。

（6）对电量、电费有动态的客户进行审核，根据电量、电费异动处理权限，报相关人员审批后，制定相应的处理方式（新老相加、分日记、退电量、补电量等）。审核动态客户电能计量装置的各种参数是否和实际相符，并据此核实相关计费参数。如果计费参数错误则将其反馈给动态处理人员处理。

（7）严格执行物价部门的电价政策，对电价异动客户执行的电价类别和标准正确性进行审核。

（8）对抄表人员及其他人员转来的工作传票或反映的异常问题进行分类整理审核（如违章用电、窃电、计费表计异常、电量突增、突减等），进行分析后传递给相关人员查明原因处理，根据处理结果变动计费信息和参数。

（9）另账电费的处理。打印另账清单、另账日报、退补清单等，并装订存盘备查。（另账指对按正常抄表日程抄表计费外的电费账务的处理。另账分为以下几类：增账、减账、补费、退款、余度、临时用电、违章补费、违章窃电等。）

（10）审核发现电量电费差错后引起的退、补电费，必须按管理权限经主管人员审批后按规定处理。

（11）按抄表册打印当日审核完毕的正式清单及应收日报，并装订存档。

（12）打印填报实抄率、抄表差错率和收费差错率等报表。

（13）建立电费差错台账，对审核发现的差错逐笔登记，注明差错发生原因，填报营销差错报表。差错划分按相关规定（如《湖北省电力公司营业工作责任事故的管理规定》）进行归类、上报。

（14）审核主管要对审核人员进行工作质量检查，考核审核差错率。

（15）电量、电费计算结果审核确认无误后，形成电费应收数据信息并提交给收费人员收费。

（16）编制应收电费汇总凭证，经审核签章后分别送上级主管部门考核和财务部门作记账凭证，并存档备查。

三、各类客户电量电费计算

（一）电量的计算

1. 抄见电量

抄见电量是根据电力客户电能表所指示的数据计算的电量。其计算公式为

抄见电量 =（本月抄见电能表止码数 − 上月抄见电能表止码数）× 电能表倍率

2. 变压器损失电量

对高压供电低压侧计量的专用变压器客户，依据产权分界原则，根据《供电营业规则》第六章第七十四条之规定，也就是因高压供电客户专用变压器均由客户自备，产权属于电力客户，供电部门的计量装置装在变压器的低压侧，只能记录电能表以内的用电量，不包括变压器损失电量，所以应加收变压器的有功、无功损失电量。

变压器的损耗由空载损耗和负载损耗两部分组成。空载损耗与负荷无关，仅与变压器的性能有关；负载损耗不仅与变压器的性能有关，而且与用电负荷有关。空载损耗、负载损耗的具体参数以国家标准或行业标准为准（在此引用的标准为 GB/T 6451—2008《三相油浸式电力变压器技术参数和要求》及 JB/T3837—1996《变压器类产品型号编制办法》）。具体计算公式如下：

（1）有功损耗的计算公式为

$$\Delta A_p = [P_0 + (K\beta)^2 \times P_d] \times T \tag{2-1}$$

式中 ΔA_p——变压器有功损耗，kW·h；

P_0——变压器的空载有功损失功率，kW；

P_d——变压器的额定负载有功损失功率，kW；

T——运行小时数，取 720h；

K——月负荷均方根等效系数；

β——负荷系数。

$$\beta = \frac{A}{T \times \cos\varphi_2 \times S_e} \tag{2-2}$$

式中 A——为月用电量，kW·h；

S_e——变压器额定容量，kVA；

$\cos\varphi_2$——变压器二次侧功率因数，取 0.85。

无功损耗的计算公式为

$$\Delta A_q = [Q_0 + (K\beta)^2 \times Q_d] \times T \tag{2-3}$$

$$Q_0 = I_0 \times S_e \times 10^{-2} \tag{2-4}$$

$$Q_d = U_d \times S_e \times 10^{-2} \tag{2-5}$$

式中 ΔA_q——变压器无功损耗，kvar·h；

Q_0——变压器空载时的无功损失功率，kvar；

Q_d——变压器额定负载时的无功损失功率，kvar；

I_0——变压器空载电流占额定电流的百分数；

U_d——变压器阻抗电压百分数。

由于负荷系数按全月电量的平均值考虑，但用电负荷随昼夜、季节和工作班制等因素而变化，故应计入均方根等效系数 K。变压器的负载损耗与月平均负荷系数 β 和负荷均方根等效 K 的乘积的平方成正比。

根据用电性质、典型负荷曲线及清晰明了、使用方便的原则，分别将 β 和 K 值分为四个等级，具体数据见表 2-2。

表 2-2　**β、K 取值等级**

用电性质	β	K
照明、电力负荷，每天用电时不长，变压器负荷较轻	0.15	2.00
	0.30	1.50
电力负荷，每天持续用电时间长，变压器负荷较重	0.50	1.20
	0.70	1.14

在变压器规格、型号、容量相同的情况下，月用电量不同，负载损耗不同。依照惯例，按变压器负荷情况的不同，对客户的月用电量分为四个等级，第一至第三个等级的月用电量均为上限，第四个等级为下限。

在确定客户的月平均加权力率时，应先按月抄见电量查对相应有、无功损失电量，与有、无功抄见电量相加后，再计算月平均加权力率。

3. 线路损失电量

按设备产权划分的原则，线路属于电力客户的财产，并由客户维护管理的线路，若计量点在客户受电侧，应加入线路损失电量。

计算线路损失，一般忽略无功损失，只计算有功损失。有功损失计算公式为

$$\Delta P = 3I^2RLt \times 10^{-3}$$

式中　ΔP——线路有功损耗，kW·h；

I——线路电流值，一般取平均电流或均方根值，A；

R——线路每相导线的电阻，Ω/km；

L——线路长度，km；

t——用电时间，h。

4. 计费电量

计费电量是电力企业电费管理部门与电力客户最终结算电费的电量。其计算公式为

计费电量 = 抄见电量 + 变压器损失电量 + 线路损失电量 + 其他未经计量装置记录的电量

（二）各类客户的电费计算（见表 2-3）

表 2-3　**各类客户的电费计算**

序号	类别	结算电量	电费
1	一般单一制电价客户	（本月抄见电能表止码数—上月抄见电能表止码数）×倍率	结算电量×电度电价
2	单一制电价含分表客户	（本月抄见电能表止码数—上月抄见电能表止码数）×倍率－分表抄见电量	总表电费=结算电量×电度电价 分表电费=分表电量×分表电度电价
3	执行功率因数调整电费办法的单一制电价客户	（本月抄见电能表止码数—上月抄见电能表止码数）×倍率	电度电价×结算电量±功率因数调整电费 功率因数调整电费=电度电价×结算电量×功率因数增减百分数

续表

序号	类别	结算电量	电费
4	执行两部制电价制度的客户	（本月抄见电能表止码数—上月抄见电能表止码数）×倍率	基本电费＝基本电价×变压器容量（或最大需量） 电量电费＝电度电价×结算电量 总电费＝（基本电费＋电量电费）±功率因数调整电费
5	执行峰谷电价制度的客户	峰电量＝（本月抄见峰止码数—上月抄见峰止码数）×倍率 平电量＝（本月抄见平止码数—上月抄见平止码数）×倍率 谷电量＝（本月抄见谷止码数—上月抄见谷止码数）×倍率	电量电费＝高峰电价×高峰电量＋低谷电价×低谷电量＋平段电价×平段电费
6	执行峰谷电价制度含分表的客户	峰电量＝（本月抄见峰止码数—上月抄见峰止码数）×倍率－分表抄见电量×6/24 平电量＝（本月抄见平止码数—上月抄见平止码数）×倍率－分表抄见电量×10/24 谷电量＝（本月抄见谷止码数—上月抄见谷止码数）×倍率－分表抄见电量×8/24	总表电量电费＝高峰电价×高峰电量＋低谷电价×低谷电量＋平段电价×平段电费 分表电费＝分表结算电量×分表电度电价
7	高供低量单一制电价客户	（本月抄见电能表止码数—上月抄见电能表止码数）×倍率＋变损电量	结算电量×电度电价

（三）基本电费的计算

基本电费的计算分按容量计和按需量计，计算标准不一样。如湖北省武汉供电公司：按容量计算基本电费标准为 26(元/kVA)/月，按需量计算基本电费标准为 39（元/kW)/月。计算基本电费的相关规定见表 2-4。

表 2-4 基本电费计算的相关规定

序号	项目	说明
1	基本电费计价方式的确定	（1）基本电费的计价方式分为按变压器容量计费和按最大需量计费两种 （2）一般情况下，基本电费计价方式由用电客户自主选择，一个日历年内不变。客户选择基本电费计价方式时，应向当地供电公司出具签章的书面申请 （3）对受电变压器超载运行的用电客户，在通知整改期限内未整改纠正的，其基本电费计价方式由供电公司确定。经过整改并验收合格后，从次月起恢复用电客户自主选择的计价方式 （4）按最大需量计算基本电费的客户，抄见最大需量低于计费点受电变压器总容量的 40%时，计费需量等于受电变压器总容量的 40%（千伏安视同千瓦数）；抄见最大需量大于计费点受电变压器容量时，超过部分按基本电费标准的 2 倍收取
2	基本电费结算的时间规定	（1）正常情况下基本电费按月结算。供用电双方在供用电合同中约定每个月的固定抄表日，两个固定抄表日的间隔时间为一个抄表月历 （2）特殊情况下，如用客户新装、增容、减容、暂停、暂换、改类或终止用电（销户）时，根据用电客户实际用电天数（日用电不足 24 小时的，按 1 天计算）计算基本电费，每日按月基本电费的 1/30 计算

续表

序号	项　目	说　明
3	基本电费按计费点分别计算原则	计费点供用电双方的产权分界点为基准设立，基本电费按计费点分别计算，互不影响，有两个及以上计费点的应遵循以下规定： （1）按计费点分别安装电能计量装置，计量有功电量、无功电量、最大需量等 （2）配电线路各自独立运行的，按配电线路装接受电变压器的最大可能运行容量（或最大需量），分别计算基本电费 （3）配电线路互为备用的，若为热备用，则视同独立运行配电线路分别计算基本电费；若为冷备用并加封，或线路互为备用并安装有自动闭锁装置，可作为一个计费点计算基本电费，并按其装接受电变压器的最大可能运行容量（或最大需量）计算
4	增容	（1）用电客户增加用电容量，以经客户签字增容投运工作单记录的日期为基准，根据不同用电容量的实际用电天数，按日分段计算基本电费 （2）按最大需量计收基本电费的客户，按增容前后各计费点的受电变压器总容量及抄录的最大需量值，分别计算基本电费
5	减容	（1）用电客户减容必须是整台或整组变压器的停止或更换小容量变压器用电 （2）减少用电容量的期限，应根据用电客户所提出的申请确定，但最短期限不得少于 6 个月，最长期限不得超过 2 年 （3）按最大需量计收基本电费的客户，按减容前后各计费点的受电变压器总容量及抄录的最大需量值，分别计算基本电费 （4）申请减容后的受电变压器总容量低于两部制电价执行标准时，从减容后的次月改为单一制电价计费，执行普通工业电价 （5）减容期满后的用电客户，以新装、增容用电客户，2 年内不得申办减容或暂停。如确需继续办理减容或暂停的，减少或暂停的容量基本电费应按 50%计算收取。按需量计算基本电费的，按减少或暂停容量的 20%计收需量基本电费
6	暂停	（1）用电客户申请暂停时停止全部或部分受电设备的用电称为暂停用电 （2）用电客户可以按变压器或不通过受电变压器的高压电动机为单位申请暂时停止用电 （3）用电客户受电变压器（或不通过受电变压器的高压电动机）在 2 台及以下时，每一日历年内可申请暂停 2 次，每次不得少于 15 天，1 年累计暂停时间不得超过 6 个月 （4）用电客户受电变压器（或不通过受电变压器的高压电动机）在 2 台以上时，在上一条的基础上，变压器数量每增加 2 台，暂停次数可增加 1 次，但每一日历年内可申请暂停的次数累计不得超过 6 次，每次暂停时间不得少于 15 天，1 年累计不得超过 6 个月 （5）暂停当月的基本电费计算类同于减容，但暂停时间少于 15 天的，暂停期间基本电费照收 （6）暂停后受电变压器总容量达不到大工业用电标准的，仍按大工业电价执行，并按实际容量计算基本电费 （7）暂停期满或一个日历年内累计暂停用电时间超过 6 个月者，不论用电客户是否申请恢复用电，均视同已恢复用电，供电公司从期满之日起按恢复用电状态计收基本电费

（四）功率因数调整电费的计算

1. 功率因数

在交流电路中，作为负荷的用电设备一般为配电变压器、异步电动机、交流电焊机和交流接触器等，它们都是根据电磁感应原理工作的，都是依靠磁场来转换和传递能量的。

由电源供给负荷的总功率称为视在功率，其分为两部分：一部分是保证用电设备正常运行所需的电功率，也就是将电能转换为机械能、化学能、光能、热能等其他形式能量的电功率，称为有功功率；另一部分电能是在电源和电感性用电负荷之间交替往返的电功率，也即为建立交变磁场和感应装置的磁通，只实现能量交换而并不做功的电功率，称为无功功率。

有功功率是视在功率的一部分，有功功率在视在功率中所占的比重，称为功率因数。

有功功率、无功功率、视在功率和功率因数之间的关系可用功率三角形来表示，如图2-2所示。从功率三角形可知

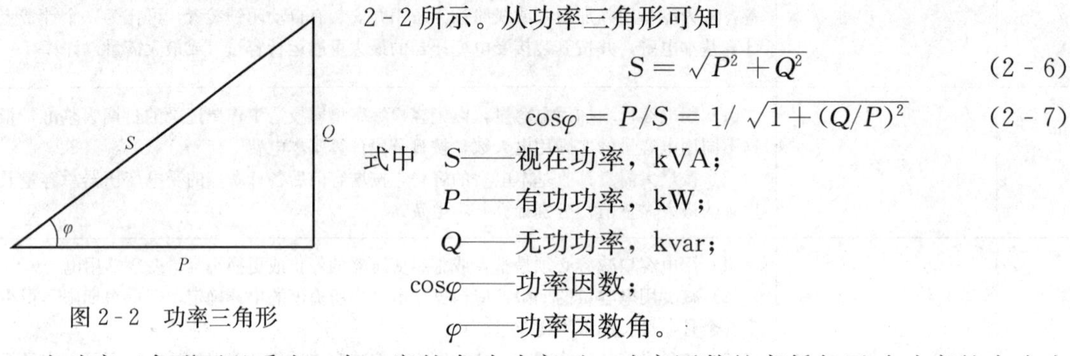

图 2-2　功率三角形

$$S=\sqrt{P^2+Q^2} \tag{2-6}$$

$$\cos\varphi=P/S=1/\sqrt{1+(Q/P)^2} \tag{2-7}$$

式中　S——视在功率，kVA；

P——有功功率，kW；

Q——无功功率，kvar；

$\cos\varphi$——功率因数；

φ——功率因数角。

由功率三角形可以看出，在一定的有功功率下，功率因数的高低与无功功率的大小有关。当用电企业需要的无功功率越大，其视在功率也越大，功率因数降低，所以企业功率因数的高低，反映了用电设备的合理使用状况、电能的利用程度和用电管理水平。企业开展节约用电，必须改善企业的功率因数和加强功率因数的管理。

2. 影响企业功率因数的因素

由式（2-7）可看出，无功功率越大，功率因数就越低；反之就越高。因此，功率因数的高低与无功功率的大小有关。影响企业功率因数的主要原因有：

（1）电感性用电设备配套不合适和使用不合理，造成用电设备长期轻载或空载运行，致使无功功率的消耗量增大。异步电动机空载时消耗的无功功率约占电动机总无功消耗的60%～70%。当电动机长期处于轻载或空载时，其消耗的无功功率占电动机总无功消耗的比重更大。

（2）大量采用电感性用电设备（如异步电动机、交流电焊机、感应电炉等）。在工矿企业消耗的全部无功功率中，异步电动机的无功消耗占60%～70%。

（3）变压器的负荷率和年利用小时数过低，造成过多消耗无功功率。一般情况下，变压器的无功消耗为其额定容量的11%～14%；空载时的无功消耗约是满载时的1/3。所以，负荷率和利用小时数低，就会无谓地消耗无功功率。

（4）线路中的无功功率损耗。高压输电线路的感抗值比电阻值大好几倍，如110kV线路的感抗值是电阻值的2～2.5倍，220kV线路的感抗值是电阻值的4.5～6倍，因此线路中的无功功率损耗是有功功率损耗的数倍。

（5）无功补偿设备装置的容量不足，企业用电设备所消耗的无功功率主要靠发电机供给，致使输变电设备的无功功率消耗很大。

2. 提高功率因数的效益

（1）降低线路损耗。电流通过输电线路时，在线路电阻上产生功率损耗的大小与流经线路电流的平方成正比，即

$$\Delta P_{\mathrm{L}} = 3I^2R \times 10^{-3} \tag{2-8}$$

又有

$$P = S\cos\varphi = IU\cos\varphi \tag{2-9}$$

即客户所需负荷功率决定于负荷电流、电网电压及功率因数间乘积，则在相同的负荷功率和电压下，若用电功率因数提高，可使负荷电流减小，线路电能损耗相应减少，达到节约用电的目的。

(2) 改善电压质量。线路的电压损失由两部分构成：一部分是输送有功功率产生的，另一部分是输送无功功率产生的。由于输配电线路的电抗分量约是电阻分量的 2～4 倍，变压器的电抗量是电阻分量的 5～10 倍。因此，远距离输送无功功率会在线路和变压器中造成很大的电压损失，使输配电线路末端电压严重降低。若提高功率因数，就可减少线路和变压器中输送的无功功率，从而减少线路的电压损失，有效地改善客户端电压质量，从而达到节电目的。

(3) 减小设备容量，提高设备供电能力。从公式 $S=P/\cos\varphi$ 可以看出，当输送的有功功率一定时，提高功率因数可以减小视在功率，也就是可以减少发电、变电和用电设备的安装容量；当输送的视在功率一定时，提高功率因数可以多输送有功功率，即提高了设备的供电能力，增加了发电机的有功出力和线路、变压器的供电能力。

(4) 节省用电企业的电费开支。在国家电价制度中，从合理利用电能出发，对不同企业客户的功率因数规定了不同标准值。低于规定数值时，企业要多交一定的电费；高于规定数值时，企业可少交一定的电费。因此，提高功率因数给企业直接带来经济效益。

总之，提高功率因数能够使发、供电和用电等部门均得到明显的效益。

4. 企业提高功率因数的方法

电感性负荷是消耗无功功率的主要用电设备，据统计，工矿企业用电设备中 60%以上的是异步电动机，其次是配电变压器，再次是各种控制设备、整流设备和配电线路等。前两类用电设备消耗的无功功率占无功功率的 60%和 20%。因此，当企业需要的有功功率一定时，若功率因数偏低，将导致无功功率需要量增大，其后果是造成线损增大、电压质量降低、发供电和用电设备的有效利用率低、企业的电费支出增大和生产成本提高等许多问题，所以必须改善和提高企业的功率因数。

提高企业功率因数的主要方法是在提高自然功率因数的基础上，进行无功功率补偿，减少各用设备所需要的无功功率。

(1) 提高自然功率因数。合理选择电气设备的容量并减少所采用的无功功率，是改善功率因数的基本措施。这种措施不需要增加任何投资，是一种最经济有效的方法。其具体方法：合理选配用电设备的容量，做好配套工作；减少或限制轻载或空载运行的用电设备；合理调整各工艺流程，改善用电设备的运行状况；对经常性变动和周期性变动负荷的电动机，要采用调速装置，尤其是采用变频调速，使电动机运行在最经济状态；对于低速、恒速长期连续运行的机械设备，如轧钢机的电动发电机组、球磨机、空气压缩机、水泵、鼓风机等，可采用同步电动机作为动力；调节同步电动机的励磁电流，使其在超前功率因数下运行，加发无功功率，以提高自然功率因数。部分用电设备的自然功率因数范围见表 2-5。

(2) 提高功率因数的人工补偿法。当采用提高自然功率因数的方法还达不到所需求的功率因数时，则可以通过采用功率因数的人工补偿法来解决这个问题。这个方法需要一定的投资，增置产生无功功率的补偿设备，如同期调相机、并联电容器、静止补偿装置等。

表 2-5 部分用电设备的自然功率因数范围

用电设备名称	功率因数	用电设备名称	功率因数
异步电动机	0.7～0.8	铸造车间用电设备、球磨机	0.75
电弧炉炼钢、熔解期间	0.8～0.85	间歇式机械吊车	0.5
冶炼有色金属、电弧炉	0.9	机床	0.4～0.7
电解槽用整流设备	0.8～0.9	荧光灯	0.5～0.6
水泵、通风机、空压机等	0.8	电焊机	0.1
中频或高频感应炉	0.7～0.8		

并联电容器又称移相电容器，是一种专门用来改善功率因数的电力电容器。和其他无功功率补偿装置相比，并联电容器无旋转部分，具有安装、运行维护简单方便，有功损耗小(0.3%～0.5%)，以及组装增容灵活，扩建方便、安全，投资少等优点，所以在一般工矿企业中应用最为普遍。

并联电容器有损坏后不便修复，从电网切除后存在危险的残余电压等缺点。不过电容器损坏后更换方便，从电网切除后的残余电压可通过放电消除。因此，电容器的这些缺点不是主要的，不影响并联电容器的广泛应用。

5. 功率因数考核标准

根据客户的用电性质、供电方式、电价类别、用电容量等划分为三个按月考核的加权平均功率因数（0.9、0.85、0.8）。如客户的实际功率因数高于考核功率因数，供电公司则对其减收一定比例的电费；如客户的实际功率因数低于考核功率因数时，则对其增收一定比例的电费。

考核功率因数的目的是改善电压质量、减少损耗，使供用电双方和社会都能取得最佳的经济效益。

(1) 功率因数考核标准。功率因数考核值为 0.9 的，适用于高压供电客户，其受电变压器容量与不通过变压器接用的高压电动机容量总和在 160kVA（kW）及以上的工业客户，装有带负荷调整电压装置的电力客户，3200kVA（kW）及以上的电力排灌站。

功率因数考核值为 0.85 的，适用于 100kVA（kW）及以上的其他工业客户（包括社队工业客户)、100kVA（kW）及以上的非工业客户和电力排灌站。

功率因数考核值为 0.8 的，适用于 100kVA（kW）及以上的农业客户和趸售客户。

(2) 功率因数调整电费计算。

功率因数调整电费是指客户的实际功率因数高于或低于规定标准时，在按照规定的电价计算出客户当月电费后，再按照“功率因数调整电费表”所规定的百分数计算减收或增收的调整电费。计算时可先求出正切函数

$$\tan\varphi = \frac{\text{总无功抄见电量} + \text{总无功变损}}{\text{总有功抄见电量} + \text{总有功变损}} \tag{2-10}$$

然后查功率因数、正切函数、调整电费比例对照表（见表 2-6）再按式（2-11）计算，即

$$\text{功率因数调整电费} = (\text{电量电费} + \text{基本电费}) \times \text{功率因数增减百分数} \tag{2-11}$$

表 2-6 功率因数、正切函数、调整电费比例对照表

tanφ	功率因数 cosφ	电费调整（%）		
		0.9（标准值）	0.85（标准值）	0.8（标准值）
0.0000～0.1003	1	−0.75	−1.1	−1.3
0.1004～0.1751	0.99	−0.75	−1.1	−1.3
0.1752～0.2279	0.98	−0.75	−1.1	−1.3
0.2280～0.2717	0.97	−0.75	−1.1	−1.3
0.2718～0.3105	0.96	−0.75	−1.1	−1.3
0.3106～0.3461	0.95	−0.75	−1.1	−1.3
0.3462～0.3793	0.94	−0.6	−1.1	−1.3
0.3794～0.4107	0.93	−0.45	−0.95	−1.3
0.4108～0.4409	0.92	−0.3	−0.8	−1.3
0.4410～0.4700	0.91	−0.15	−0.65	−1.15
0.4701～0.4983	0.9	0	−0.5	−1
0.4984～0.5260	0.89	0.5	−0.4	−0.9
0.5261～0.5532	0.88	1	−0.3	−0.8
0.5533～0.5800	0.87	1.5	−0.2	−0.7
0.5801～0.6065	0.86	2	−0.1	−0.6
0.6066～0.6328	0.85	2.5	0	−0.5
0.6329～0.6589	0.84	3	0.5	−0.4
0.6590～0.6850	0.83	3.5	1	−0.3
0.6851～0.7109	0.82	4	1.5	−0.2
0.7110～0.7270	0.81	4.5	2	−0.1
0.7371～0.7630	0.8	5	2.5	0
0.7631～0.7891	0.79	5.5	3	0.5
0.7892～0.8154	0.78	6	3.5	1
0.8155～0.8418	0.77	6.5	4	1.5
0.8419～0.8685	0.76	7	4.5	2
0.8686～0.8953	0.75	7.5	5	2.5
0.8954～0.9225	0.74	8	5.5	3
0.9226～0.9499	0.73	8.5	6	3.5
0.9500～0.9777	0.72	9	6.5	4
0.9778～1.0059	0.71	9.5	7	4.5
1.0060～1.0365	0.7	10	7.5	5
1.0366～1.0635	0.69	11	8	5.5
1.0636～1.0930	0.68	12	8.5	6
1.0931～1.1230	0.67	13	9	6.5
1.1231～1.1636	0.66	14	9.5	7

续表

tanφ	功率因数	电费调整（%）		
	cosφ	0.9（标准值）	0.85（标准值）	0.8（标准值）
1.1637～1.1847	0.65	15	10	7.5
1.1848～1.2165	0.64	17	11	8
1.2166～1.2490	0.63	19	12	8.5
1.2491～1.2821	0.62	21	13	9
1.2822～1.3160	0.61	23	14	9.5
1.3161～1.3507	0.6	25	15	10
1.3508～1.3863	0.59	27	17	11
1.3864～1.4228	0.58	29	19	12
1.4229～1.4603	0.57	31	21	13
1.4604～1.4988	0.56	33	23	14
1.4989～1.5384	0.55	35	25	15
1.5385～1.5791	0.54	37	27	17
1.5792～1.6811	0.53	39	29	19
1.6812～1.6644	0.52	41	31	21
1.6645～1.7091	0.51	43	33	23
1.7092～1.7553	0.5	45	35	25
1.5554～1.8031	0.49	47	37	27
1.8032～1.8526	0.48	49	39	29
1.8527～1.9038	0.47	51	41	31
1.9039～1.9571	0.46	53	43	33
1.9572～2.0124	0.45	55	45	35
2.0125～2.0699	0.44	57	47	37
2.0700～2.1298	0.43	59	49	39
2.1299～2.1923	0.42	61	51	41
2.1294～1.2575	0.41	63	53	43
2.2576～2.3257	0.4	65	55	45
2.3258～2.3971	0.39	67	57	47
2.3972～2.4720	0.38	69	59	49
2.4721～2.5507	0.37	71	61	51
2.5508～2.6334	0.36	73	63	53
2.6335～2.7205	0.35	75	65	55
2.7206～2.8125	0.34	77	67	57
2.8126～2.9098	0.33	79	69	59
2.9099～3.0129	0.32	81	71	61
3.0130～3.1224	0.31	83	73	63
3.1225～3.2389	0.3	85	75	65

第二部分　习　　题

一、填空题

1. 电价是________价值的货币表现，是电力这种特殊商品在电力企业参加市场活动，进行贸易结算中的货币表现形式，是电力商品价格的________。

2. 两部制电价制度包括________和________两部分。

3. 考核功率因数的目的是________________和________________，使供用电双方和社会都能取得最佳的经济效益。

4. 影响电价的因素有______________、______________、______________、________和其他政策性因素的影响。

5. ____________是电费管理工作的中枢，是为提高供电公司经济效益服务的。

6. ____________是根据电力客户电能表所指示的数据计算的电量。

7. 变压器的损耗由________损耗和________损耗两部份组成。

8. ________________是电力企业电费管理部门与电力客户最终结算电费的电量。

9. 基本电费的计价方式分为按________________计费和按________________计费两种。

10. 减少用电容量的期限，应根据用电客户所提出的申请确定，但最短期限不得少于________，最长期限不得超过________________。

11. 用电客户受电变压器（或不通过受电变压器的高压电动机）在两台及以下时，每一日历年内可申请暂停两次，每次不得少于________________，一年累计暂停时间不得超过________。

12. 用电性质不同，________也不相同。

二、选择题

1. 生产、输送和使用电能的各种电气设备连接一起而组成的整体称为（　　）。

A. 发电系统　　B. 变电系统　　C. 电力系统　　D. 综合系统

2. 电力线路的作用是（　　），并把发电厂、变电所和客户连接起来，是电力系统不可缺少的重要环节。

A. 输送电压　　B. 分配电流　　C. 输配电力　　D. 供应电力

3. 抄表卡片是供电公司每月向客户采集用电计量计费信息，开具发票，收取电费必不可少的（　　）。

A. 基础资料　　B. 原始资料　　C. 存档资料　　D. 结算资料

4. 异步电动机因为具有结构简单、价格便宜，坚固耐用、维修方便等一系列优点而得到广泛应用，但它主要的缺点是（　　）。

A. 性能差　　B. 功率因数低　　C. 体积大　　D. 过载能力差

5. 对基建工地、农田水利、市政建设等非永久性用电，可供给（　　）电源。

A. 备用　　B. 常用　　C. 临时　　D. 保安

6. 用电计量装置原则上应装在供电设备的产权（　　）。

A. 地点　　B. 附近　　C. 区域内　　D. 分界处

7. 对同一电网内的同一电压等级同一用电类别的客户执行相同的（　　）。

A. 电价标准　B. 电价分类　C. 电价电费　D. 电价指标

8. 电费计算和审核工作应在抄表的（　）进行。

A. 当日　B. 隔三日　C. 第五天　D. 一星期

9. 电力销售收入是指（　）。

A. 应收电费　B. 实收电价　C. 临时电价　D. 实收电费和税金

10. 无论采用何种计量方式，均应将照明、动力（　）计量。

A. 串接　B. 并接　C. 分表分线　D. 分时

11. 供电公司应在客户每一个受电点内按不同电价类别分别安装用电（　）。

A. 负荷装置　B. 考核装置　C. 受电装置　D. 计量装置

12. 以变压器容量计算基本电费的客户，其备用的变压器（含高压电动机），属冷备用状态并经供电公司加封的，可（　）基本电费。

A. 免收　B. 按 1/2 收取　C. 按 1/3 收取　D. 2/3 收取

13. 以变压器容量计算基本电费的客户其备用的变压器（含高压电动机）属热备用状态的或未加封的，如果未用，应收基本电费（　）。

A. 100％　B. 75％　C. 50％　D. 免收

14. 正确核算电费是用电营业部门进行（　）的重要工作环节。

A. 差错分析　B. 质量检查　C. 电力销售　D. 收费措施

15. 供电公司应当按照国家核准的电价和用电计量装置的记录，向客户（　）。

A. 计收电费　B. 计算电量　C. 计核电价　D. 集约抄表

16. 抄表、核算、收费和上缴电费这四道工序的统称为（　）。

A. 营业管理　B. 用电管理　C. 电费管理　D. 账务管理

17. 凡高供低量计收铜、铁损的客户，为合理负担，应按（　）分担损耗。

A. 用电类别　B. 用电容量　C. 供电电压　D. 用电负荷

18. 电费计算是一个比较繁杂的过程，将产生大量的数据，以构成整个（　）工作的最基本的数据来源。

A. 台账管理　B. 电费管理　C. 信息管理　D. 系统管理

19. 凡实行功率因数调整电费的客户应装设带有防倒装置的或双向（　）。

A. 单相电能表　B. 三相电能表　C. 有功电能表　D. 无功表

20. 按照规定：电价实行统一政策、统一定价原则分级管理就是要求电价管理应（　）。

A. 市政府统一　B. 省政府统一　C. 地区统一　D. 国家集中统一

21. 基建工地所有的（　），不得用于生产，试生产和生活照明用电。

A. 正式用电　B. 高压用电　C. 临时用电　D. 低压用电

22. 建立客户（　）工作是实现计算电费管理的第一步基础工作。

A. 档案　B. 台账　C. 资料　D. 数据

23. 电费的结算正确及时，对于供电公司和各用电单位的成本核算，国家资金的及时回收上缴入库都有（　）关系。

A. 特别　B. 间接　C. 直接　D. 明确

24. 用电单位功率因数的算术平均值也称为月平均功率因数，是作为功率因数（　）电费的依据。

A. 调整　　B. 增加　　C. 减少　　D. 线损

25. 电价是由电力部门的成本、税收和利润三个方面组成由（　　）统一制定。

A. 国家　　B. 省市　　C. 县级　　D. 地区

26. 电力部门对下属供电公司一般是以售电量、供电损失及供电单位成本作为主要（　　）进行考核的。

A. 电费回收率　　B. 经济指标　　C. 线损率　　D. 售电单价

27. 电价政策是国家物价政策的组成部分，也是国家制订和管理电价的（　　）。

A. 行为准则　　B. 经济原则　　C. 利益关系　　D. 产业政策

28. 对售电量、售电收入、售电平均单价完成情况的分析称（　　）。

A. 经济分析　　B. 电费管理分析　　C. 营销分析　　D. 计量分析

三、判断题

1. 供电量就是售电量。（　　）

2. 两部制电价中基本电价最大需量的计算是以客户在15分钟内月平均最大负荷为依据。（　　）

3. 某非工业客户，装设10kV、100kVA专用变压器用电，其计量装置在二次侧变损电量应免收。（　　）

4. 分时电价时段每昼夜中是由用电负荷高峰、非峰谷、低谷三时段组成。（　　）

5. 工厂、企业、机关、学校、商业等照明用电不得与居民合用电能表，以便正确执行分类电价。（　　）

6. 供电公司通过电能计量装置测定并记录的各类电力客户消耗使用的电能量的总和及窃电追回电量称为售电量。（　　）

7. 线损电量包括电网输送损失电量和其他损失电量。（　　）

8. 线路、变压器损耗电量不参加“功率因数调整电费办法”。（　　）

9. 以变压器容量计算基本电费的客户，属热备用状态的或未经加封的变压器，不论使用与否都计收基本电费。（　　）

10. 供电公司考核客户功率因数不用瞬时值，而是用加权平均值。（　　）

11. 供电公司对于应加收变压器损失电量的客户，变损电量只加入总表计费，不参加分表比例分摊。（　　）

12. 供电方式应当按照安全、可靠、经济、合理和便于管理的原则，由供电公司确定。（　　）

13. 某非工业客户装见容量120kVA专用变压器用电，功率因数奖罚应按0.90标准计算。（　　）

14. 功率因数计算公式为 $\cos\varphi=\dfrac{P}{\sqrt{P^2+Q^2}}$。（　　）

15. 电价按照生产流通环节划分可分为直供电价、趸售电价、互供电价。（　　）

四、问答题

1. 制定电价的基本原则是什么？

2. 两部制电价的优越性是什么？

3. 功率因数的考核标准及适用范围是什么？

4. 什么是梯极电价制度?

5. 影响企业功率因数的主要原因是什么?

6. 什么是有功功率、无功功率和视在功率?

7. 客户受电点内难以按电价类别分别装设用电计量装置时，应如何对客户计量计价?

8. 电费管理工作的主要内容是什么?

9. 在客户的电费结算中，为什么要实行功率因数调整电费的办法?

10. 大工业客户的电费如何计算?

五、作图题

1. 试画出本地现行（已开征城市公用事业附加的地区）大工业销售电价表，并标明数额。

2. 试画出并联电容器提高功率因数示意图。

六、计算题

1. 有一电气设备厂 10kV 供电，S7 型变压器，容量为 315kVA。低压侧计量，10 月抄表，动力总表峰段起止码为 000042～000051，谷段起止码为 000024～000026，平段起止码为 000064～000077，无功起止码为 000087～000091，倍率为 400；分表用于办公照明，起止码为 01511～01743，倍率 15。试计算本月应交的全部电费。

2. 某工业客户，变压器容量为 500kVA，装有有功电能表和双向无功电能表各一块，已知某月该户有功电能表抄见电量为 40 000kW·h，无功电能抄见电量为正向 25 000kvar·h，反向 5000kvar·h，试求该户当月力率调整电费为多少? [假设工业客户电价为 0.50 元/(kW·h)，基本电费电价为 26（元/kVA)/月]

3. 某工厂原有一台 315kVA 变压器和一台 250kVA 变压器，按容量计收基本电费。2009 年 4 月 13 日，因检修，经电力部门检查同意，暂停 315kVA 变压器一台，4 月 26 日检修完毕恢复送电，供电部门对该厂的抄表日期是每月月末，基本电价为 26（元/kVA)/月，试计算该厂 4 月份应交纳基本电费是多少?

4. 某棉纺厂，因市场形势好转，生产规模扩大，原来 400kVA 受电变压器不能满足生产需要。经批准，从 6 月 8 日起，增投一台 200kVA 变压器，其受电器总容量达到 600kVA。若约定电费结算日期每月 28 日，则该客户 6 月份基本电费是多少? [基本电价 26（元/kVA)月]

第三部分 实训任务

实训任务 1 典型大客户的电价构成及分析

一、实训目的

通过实训，使学生能到现场进行典型大客户的电价构成调查，并对典型大客户的电价构成进行分析。

二、任务描述

典型大客户的电价构成及分析训练主要是通过收集典型大客户的电价构成信息，正确分析判断各类客户执行的电价标准，对现场不同大客户的电价构成、各类大客户的电价对供电公司销售均价的影响等进行分析，从而提高分析问题的能力。

三、典型大客户的电价构成及分析实训任务单

典型大客户的电价构成及分析实训任务单

专业领域：市场营销（电力市场方向）
学习领域：用电营业管理　　学习情境二：核算管理
实训任务：收集调查典型大客户的电价构成并进行分析　　课时：4学时

前提条件	教学载体	营销生产系统、计算机
	教学环境	一体化教室或供电公司营业厅
	教师素质	精通电价政策并能言传身教
	学生素质	具有团队合作精神，互教互学能力 实施专业：市场营销（电力市场方向）、发电厂及电力系统、供用电技术
实训任务	任务描述	(1) 收集典型大客户的电价构成信息 (2) 对收集的大客户电价构成进行分类统计 (3) 分析各类大客户的电价对供电公司销售均价的影响
	拓展任务	通过各类大客户的电价分析，对供电公司销售均价进行预测
能力目标	学习能力	(1) 学生具有领会任务要求的能力 (2) 学生具有制定任务实施步骤和工作计划的能力 (3) 学生具有执行任务实施步骤和工作计划的能力 (4) 学生具有自主检查和提出优化工作过程的能力
	职业能力	(1) 能正确判断各种制定电价的类别和力调标准 (2) 能正确分析判断供电公司销售均价的影响因素
	社会能力	(1) 团队协作能力、沟通能力 (2) 职业道德和工作责任感 (3) 团队分析问题、解决问题能力 (4) 团队组织和实施能力

续表

	教学步骤	时间	主要内容	教学方法	媒介
任务实施步骤	导入任务 明确要求	10分钟	布置任务、引导学生查找资料和制定新装受理操作方案，调动和激发学生的积极性和主动性	讲述法	PPT
	分组讨论	10分钟	组织学生团队讨论工作任务，使每一位学生都能理解任务要求，在清楚任务之后，发挥学生的思维和想象力，针对工作任务提出自己的新装受理操作方案思路	分组讨论法	实训指导书
	团队定操作方案	10分钟	经过团队的讨论选择，定出完成工作任务的最佳新装受理操作方案	分组讨论法	实训指导书
	操作方案实施	45分钟	根据团队定出的方案实施操作任务要求团队每位成员都会操作		营销生产 系统、计算机
	过程检查	60分钟 全过程	教师在讨论实施方案过程中对工作完成情况进行检查，作为教师评分依据		
	小结、评价	15分钟	教师在各团队任务全部完成后，对各团队的完成情况进行总结评价，也可通过团队之间交流、点评的方式进行总结评价 学生团队根据个人表现进行自评、互评	汇报交流法 过程点评法	
实训成果	实训报告	（1）实训目的、要求、任务 （2）实训操作方案 （3）实训实施过程 （4）实训能力目标实现与否感想			

四、实训报告

《用电营业管理》课程实训任务报告单

<table>
<tr><td>学习情境</td><td colspan="3"></td></tr>
<tr><td>任务名称</td><td colspan="3"></td></tr>
<tr><td>时间期限</td><td></td><td>实施地点</td><td></td></tr>
<tr><td colspan="4">任 务 目 的</td></tr>
<tr><td colspan="4"></td></tr>
<tr><td colspan="4">任 务 内 容</td></tr>
<tr><td colspan="4"></td></tr>
<tr><td colspan="4">所 需 工 具 及 仪 器</td></tr>
<tr><td colspan="4"></td></tr>
<tr><td colspan="4">调 查 分 析 结 果</td></tr>
<tr><td colspan="4"></td></tr>
<tr><td>调查分析归纳</td><td colspan="3"></td></tr>
</table>

小组成员签字： 日期：

教师签字： 日期：

实训任务2　各类客户的电费计算

一、实训目的

通过实训使学生学会各类客户的电费计算方法。

二、任务描述

各类客户的电费计算主要是根据给出各类客户电量的基本信息，对执行单一制电价制度的客户和执行两部制电价制度的客户电费进行计算，通过对各类大客户的电费计算，掌握各类客户电费计算的能力。

三、各类客户的电费计算实训任务单

各类客户的电费计算实训任务单

专业领域：市场营销（电力市场方向）

学习领域：用电营业管理　　　　学习情境二：核算管理

实训任务：各类客户的电费计算　　　　课时：6学时

前提条件	教学载体	营销生产系统、计算机
	教学环境	一体化教室或供电公司营业所
	教师素质	精通各类客户的电费计算并能言传身教
	学生素质	具有团队合作精神，互教互学能力 实施专业：市场营销（电力市场方向）、发电厂及电力系统、供用电技术
实训任务	任务描述	（1）执行单一制电价制度的客户电费计算 （2）执行两部制电价制度的客户电费计算
	拓展任务	通过各类大客户的电费计算，掌握综合客户的电费计算
能力目标	学习能力	（1）学生具有领会任务要求的能力 （2）学生具有制定任务实施步骤和工作计划的能力 （3）学生具有执行任务实施步骤和工作计划的能力 （4）学生具有自主检查和提出优化工作过程的能力
	职业能力	（1）能正确对各类客户的电费进行计算 （2）能正确判断各类客户的电费计算正确性
	社会能力	（1）团队协作能力、沟通能力 （2）职业道德和工作责任感 （3）团队分析问题、解决问题能力 （4）团队组织和实施能力

续表

	教学步骤	时间	主　要　内　容	教学方法	媒介
任务实施步骤	导入任务 明确要求	10分钟	布置任务、引导学生查找资料和制定各类客户电费计算操作方案，调动和激发学生的积极性和主动性	讲述法	PPT
	分组讨论	10分钟	组织学生团队讨论工作任务，使每一位学生都能理解任务要求，在清楚任务之后，发挥学生的思维和想象力，针对工作任务提出自己对各类客户电费计算操作方案和思路	分组讨论法	实训指导书
	团队定操作方案	10分钟	经过团队的讨论选择，制定完成工作任务的最佳各类客户电费计算操作方案	分组讨论法	实训指导书
	操作方案实施	45×5 分钟	根据团队制定的方案实施操作任务，要求团队每位成员都会操作		营销生产 系统、计算机
	过程检查	全过程	教师在讨论实施方案过程中对工作完成情况进行检查，作为教师评分依据		
	小结、评价	15分钟	教师在各团队任务全部完成后，对各团队的任务完成情况进行总结评价，也可通过团队之间交流、点评的方式进行总结评价 学生团队根据个人表现进行自评、互评	汇报交流法 过程点评法	
实训成果	实训报告	(1) 实训目的、要求、任务 (2) 实训操作方案 (3) 实训实施过程 (4) 实训能力目标实现与否感想			

下面分别给出执行一般单一制电价制度和两部制电价制度的客户电费计算的抄表卡信息实例。

（1）一般单一制电价制度的客户电费计算。其抄表卡信息见实训表 2 - 1。

实训表 2 - 1　　居民客户抄表卡信息

<table>
<tr><td colspan="4">客户名称：××</td><td>用电地址：
××路××号</td><td></td><td colspan="2">客户编号：0024106253</td></tr>
<tr><td colspan="2">电费年月：200901</td><td colspan="2">电压等级：220V</td><td colspan="2">用电性质：居民</td><td colspan="2">表号：972031</td></tr>
<tr><td colspan="5">抄 见 信 息</td><td colspan="3">定量定比信息</td></tr>
<tr><td>上期表码</td><td>本期表码</td><td>综合倍率</td><td>抄见电量</td><td>备　注</td><td>定量
定比类型</td><td>定比
用电性质</td><td>定量定比值</td></tr>
<tr><td>99652</td><td></td><td>1</td><td></td><td></td><td>定比</td><td>商业</td><td>60%</td></tr>
<tr><td>居民电费及
代征款项目</td><td>计费电量
（kW·h）</td><td>单价
（元）</td><td>电费
（元）</td><td>商业定比电费及
代征款项目</td><td>计费电量
（kW·h）</td><td>单价
（元）</td><td>电费
（元）</td></tr>
<tr><td>电度电费</td><td rowspan="6"></td><td></td><td></td><td>电度电费</td><td rowspan="6"></td><td></td><td></td></tr>
<tr><td>农网低压维护费</td><td></td><td></td><td>农网低压维护费</td><td></td><td></td></tr>
<tr><td>水库移民后期
扶持资金</td><td></td><td></td><td>水库移民后期
扶持资金</td><td></td><td></td></tr>
<tr><td>可再生能源</td><td></td><td></td><td>可再生能源</td><td></td><td></td></tr>
<tr><td>农网改造
还贷基金</td><td></td><td></td><td>农网改造
还贷基金</td><td></td><td></td></tr>
<tr><td>城镇附加</td><td></td><td></td><td>城镇附加</td><td></td><td></td></tr>
<tr><td colspan="4">电费小计（元）：</td><td colspan="4">电费小计（元）：</td></tr>
<tr><td colspan="8">应收电费合计（小写）：　　　元　（注：用现金交费）</td></tr>
</table>

抄表：　　　　　　　　　　　　　　　　　　核算：

（2）执行两部制电价制度的客户电费计算。其抄表卡信息见实训表 2-2。

实训表 2-2　　某大工业客户抄表卡信息

<table>
<tr><td colspan="5">客户名称：××机械动力设备制造厂</td><td>用电地址：
××路××号</td><td></td><td colspan="2">客户编号：0904422040</td></tr>
<tr><td colspan="2">电费年月：200901</td><td colspan="2">电压等级：10kV</td><td colspan="2">计量方式：高供低量</td><td colspan="3">表号：046815</td></tr>
<tr><td colspan="3">变压器容量：315kVA</td><td colspan="3">变压器型号：S8 型三相油浸式</td><td colspan="3">立约容量：315kVA</td></tr>
<tr><td rowspan="2">总分关系</td><td colspan="6">抄　见　信　息</td><td colspan="2">变损信息</td></tr>
<tr><td>类型</td><td>上期表码</td><td>本期表码</td><td>综合倍率</td><td colspan="2">抄见电量
（kW·h）</td><td>类型</td><td>变损电量
（kW·h）</td></tr>
<tr><td rowspan="16">总　表</td><td>峰</td><td>000909.67</td><td></td><td rowspan="5">100</td><td colspan="2"></td><td>峰</td><td></td></tr>
<tr><td>谷</td><td>000862.90</td><td></td><td colspan="2"></td><td>谷</td><td></td></tr>
<tr><td>平</td><td>001024.61</td><td></td><td colspan="2"></td><td>平</td><td></td></tr>
<tr><td>总</td><td>002797.18</td><td></td><td colspan="2"></td><td>总</td><td></td></tr>
<tr><td>无功</td><td>000764.55</td><td></td><td colspan="2"></td><td>无功</td><td></td></tr>
<tr><td colspan="3">电价执行类别：</td><td colspan="2">计费容量（kVA）：</td><td colspan="3">单价（元/kVA）：</td></tr>
<tr><td>功率因数标准：</td><td colspan="4">比值（TAN）：</td><td colspan="3">电费调整（%）：</td></tr>
<tr><td>电费项目</td><td>计费电量
（kW·h）</td><td>电度单价
[元/(kW·h)]</td><td>电度电费
（元）</td><td>代征款项目</td><td>计费电量
（kW·h）</td><td>单价
[元/(kW·h)]</td><td>代征电费
（元）</td></tr>
<tr><td>峰</td><td></td><td></td><td></td><td>农网低压
维护费</td><td rowspan="5"></td><td rowspan="5" colspan="2"></td></tr>
<tr><td>谷</td><td></td><td></td><td></td><td>水库移民后
期扶持资金</td></tr>
<tr><td>平</td><td></td><td></td><td></td><td>可再生能源</td></tr>
<tr><td>基本电费
（元）</td><td colspan="3"></td><td>农网改造
还贷基金</td></tr>
<tr><td>功率因数调
整电费（元）</td><td colspan="3"></td><td>城镇附加</td></tr>
<tr><td colspan="8">电费小计（元）：</td></tr>
</table>

续表

<table>
<tr><td rowspan="10">定比分片</td><td colspan="6">抄 见 信 息</td><td colspan="2">变损信息</td></tr>
<tr><td colspan="2">定量定比类型及性质</td><td colspan="2">定量定比值</td><td colspan="2">电量（kW·h）</td><td colspan="2">变损电量（kW·h）</td></tr>
<tr><td colspan="2">非居民照明定比</td><td colspan="2">10%</td><td colspan="2"></td><td colspan="2"></td></tr>
<tr><td>电费项目</td><td>计费电量
（kW·h）</td><td>电度单价
[元/(kW·h)]</td><td>电度电费
（元）</td><td>代征款项目</td><td>计费电量
（kW·h）</td><td>单价
[元/(kW·h)]</td><td>代征电费
（元）</td></tr>
<tr><td rowspan="5">非居民
照明定比</td><td rowspan="5"></td><td rowspan="5"></td><td rowspan="5"></td><td>农网低压
维护费</td><td rowspan="5"></td><td></td><td></td></tr>
<tr><td>水库移民后
期扶持资金</td><td></td><td></td></tr>
<tr><td>可再生能源</td><td></td><td></td></tr>
<tr><td>农网改造
还贷基金</td><td></td><td></td></tr>
<tr><td>城镇附加</td><td></td><td></td></tr>
<tr><td colspan="8">电费小计（元）：</td></tr>
<tr><td colspan="9">应收电费合计（小写）： 元 （注：用现金支票交费，由核算员填写现金支票）</td></tr>
<tr><td colspan="9">付款银行账户名称：××机械动力设备制造厂</td></tr>
<tr><td colspan="5">付款银行账号：4200124440908000156</td><td colspan="4">付款银行名称：建设银行</td></tr>
</table>

抄表： 核算：

四、实训报告

《用电营业管理》课程实训任务报告单

<table>
<tr><td>学习情境</td><td colspan="3"></td></tr>
<tr><td>任务名称</td><td colspan="3"></td></tr>
<tr><td>时间期限</td><td></td><td>实施地点</td><td></td></tr>
<tr><td colspan="4">任　务　目　的</td></tr>
<tr><td colspan="4"></td></tr>
<tr><td colspan="4">任　务　内　容</td></tr>
<tr><td colspan="4"></td></tr>
<tr><td colspan="4">所应用的计算规定及公式</td></tr>
<tr><td colspan="4"></td></tr>
<tr><td colspan="4">计 算 过 程 及 结 果</td></tr>
<tr><td colspan="4"></td></tr>
<tr><td>训练归纳</td><td colspan="3"></td></tr>
</table>

小组成员签字：　　　　　　　　　　　　　　日期：

教师签字：　　　　　　　　　　　　　　　　日期：

实训任务3 核 算 操 作

一、实训目的

通过核算操作实训，使学生学会在营销业务应用系统中进行电费核算、核算动态处理(典型动态)。

二、营销生产系统核算子系统介绍

核算工作流程图见实训图1-1。

(一) 电量电费计算

1. 功能说明

该组件提供电量电费计算时选择具体的计算方式及相关版本选择等电量电费计算的总体功能，包括电量电费计算模式选择、电价版本选择、异常及变更处理、计算日志查询等功能。启动电量电费计算组件，计算指定抄表计划的抄表数据产生的电费，返回计算结果。点击【发送】按钮，发送完成，提示发送成功能计算结果发送到下一环节，即电费审核环节；不成功则提示可能异常原因。

2. 操作说明

(1) 登录系统，单击“工作任务≫待办工作单”，选择工单（当前状态为电量电费计算)，双击或者选中后单击【处理】按钮，显示如实训图2-1所示页面。

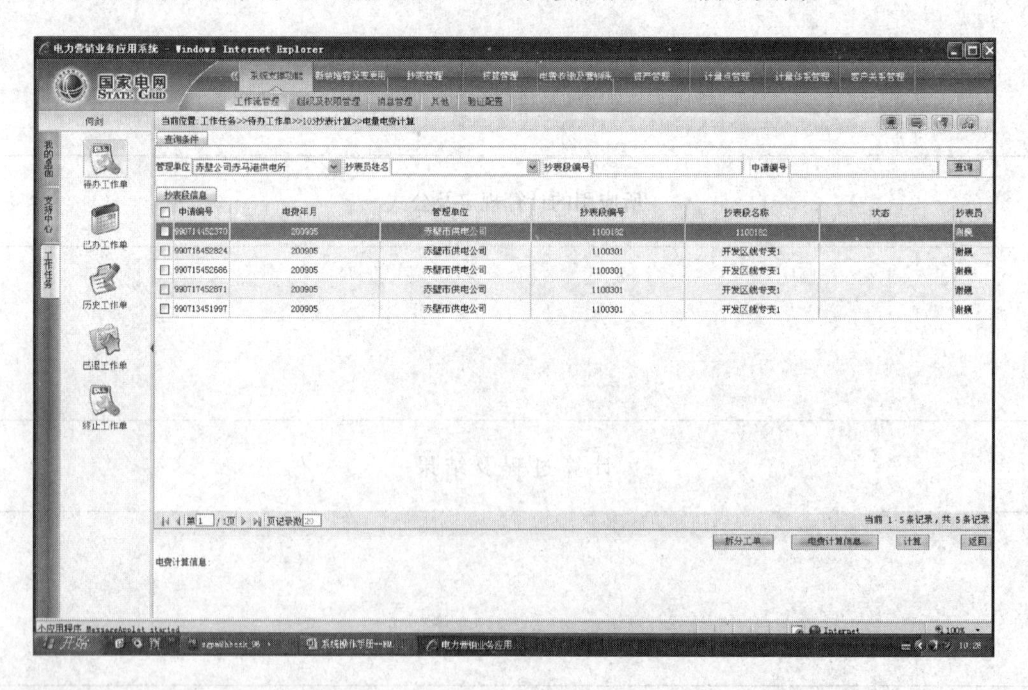

实训图2-1 电量电费计算页面（一）

(2) 在实训图2-2所示页面中，勾选抄表段信息，单击【计算】按钮。

(3) 单击【计算】按钮后，将出现提示发送到电量电费审核环节的对话框，如实训图2-3所示。

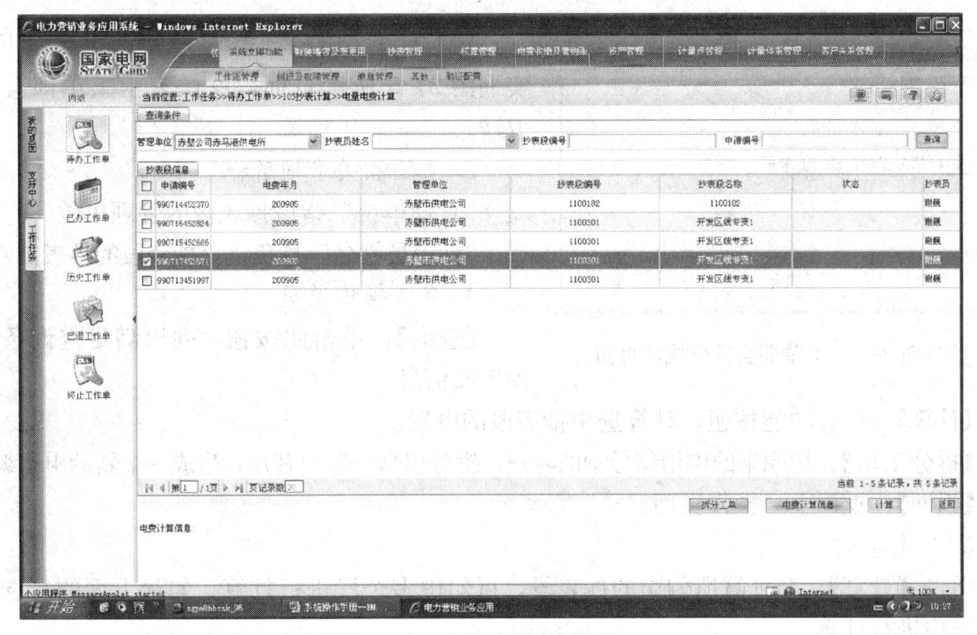

实训图 2-2　电量电费计算页面（二）

（4）工单如果计算失败，暂时没办法处理，又急于生成电费，此时的处理方法是拆分工作单。在实训图 2-2 所示页面中，勾中计算失败的抄表段的工单编号，点击右下角的 拆分工单 按钮，在出现的实训图 2-4 所示页面中，找出计算失败提示信息中，报错客户的编号，点击最后一列中的【加入】的按钮，客户的信息会被加入到拆分信息中去。

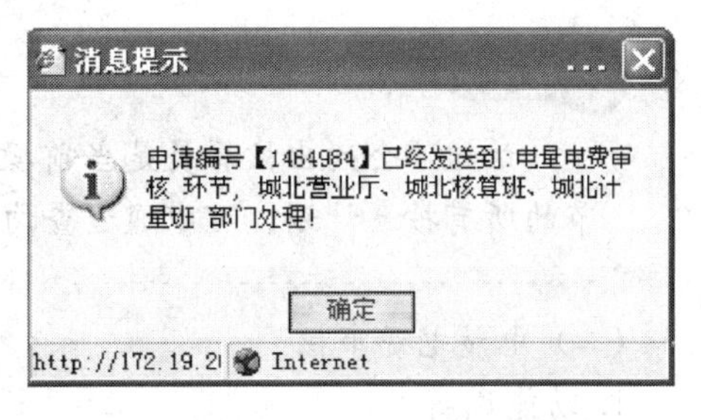

实训图 2-3　发送成功提示消息

实训图 2-4　拆分工单页面

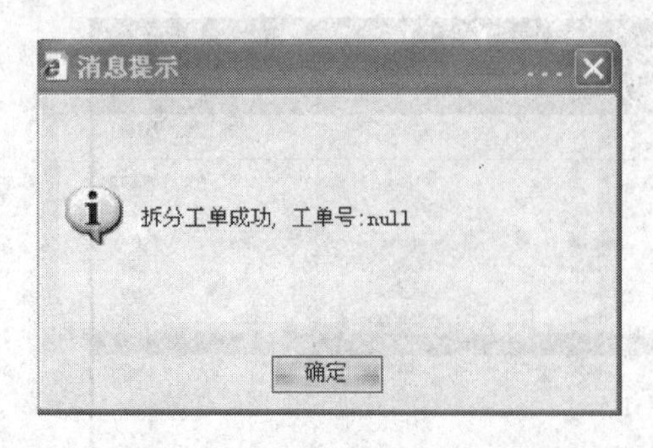

实训图 2-5　工单即会拆分成功页面

（5）点击 拆分工单 按钮即出现提示，如实训图 2-5 所示页面，这样表示工单即会拆分成功。

3. 页面相关名词解释

“管理单位”指该抄表段的管理单位。

“抄表员姓名”指负责该抄表段的抄表员姓名。

4. 参考操作说明

【查询】：单击此按钮，列出满足查询条件的抄表段信息。

【计算】：计算功能按钮，计算选中抄表段的电费。

【拆分工单】：把原来的申请编号中的客户，拆分出来一部户客户，生成一个新的申请编号。

【返回】：返回上一操作页面。

5. 注意事项

单击【计算】，会计算所勾中的抄表段，可勾中多个段进行计算，勾最上面的复选框会全部选中进行计算。

小技巧

该组件会列出核算员是当前操作员的，且抄表核算走到“电量电费计算”环节的所有抄表计划。可以通过查询条件和复选框选择要处理的抄表计划。

（二）电量电费审核

1. 功能说明

该组件提供对电量电费的计算结果进行校核确认，根据审核规则对电量电费突增突减等异常情况进行异常判定的功能。具体包括审核规则维护、人工审核、自动审核、批量审核、异常处理完成客户审核等功能。操作员选择一条或多条“客户档案信息”进行审核，如有错误，选中后点击【错误】按钮，审核结果为“错误”，系统传入电费计算标识数据集和审核结果，调用“电量电费审核/人工电费审核”，完成电费审核。审核完成后点击【发行】按钮，成功则提示发送成功，抄表核算流程结束，产生应收电费；不成功则提示可能错误原因，供进一步处理作参考。

2. 操作说明

（1）登录系统，单击“工作任务≫待办工作单”，选择工单，双击或者选中后单击【处理】按钮，将显示如实训图 2-6 所示页面。

（2）选中此段中的一户，双击用户名称处，弹出实训图 2-7 所示页面。

（3）计量关系审核。在“计量点树图”中审核计量点关系，如实训图 2-8 所示。

（4）电量审核。在实训图 2-7 左下页面的【抄表数据】、【计量点电量】中审核电量信息，如实训图 2-9 所示。

（5）电费审核。在实训图 2-6 所示右下页面的【目录电费】、【基本电费】、【功率因数调整电费】、【代征电费】中审核电费信息，如实训图 2-10 所示。

（6）审核不通过，单击【返回】按钮；审核通过，则单击【发行】按钮，发行电费。

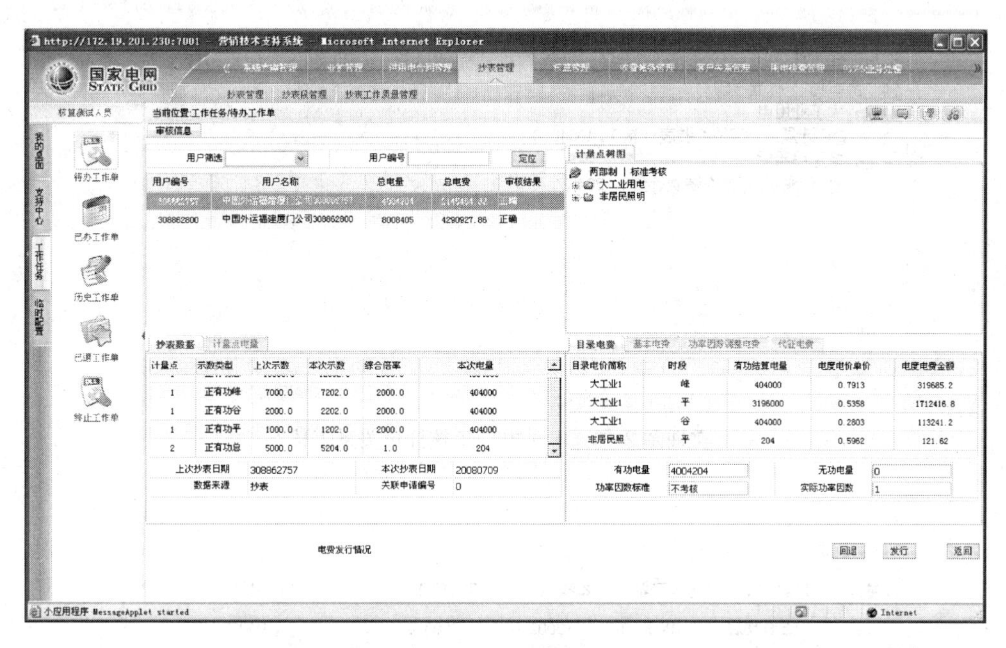

实训图 2-6　电量电费审核页面

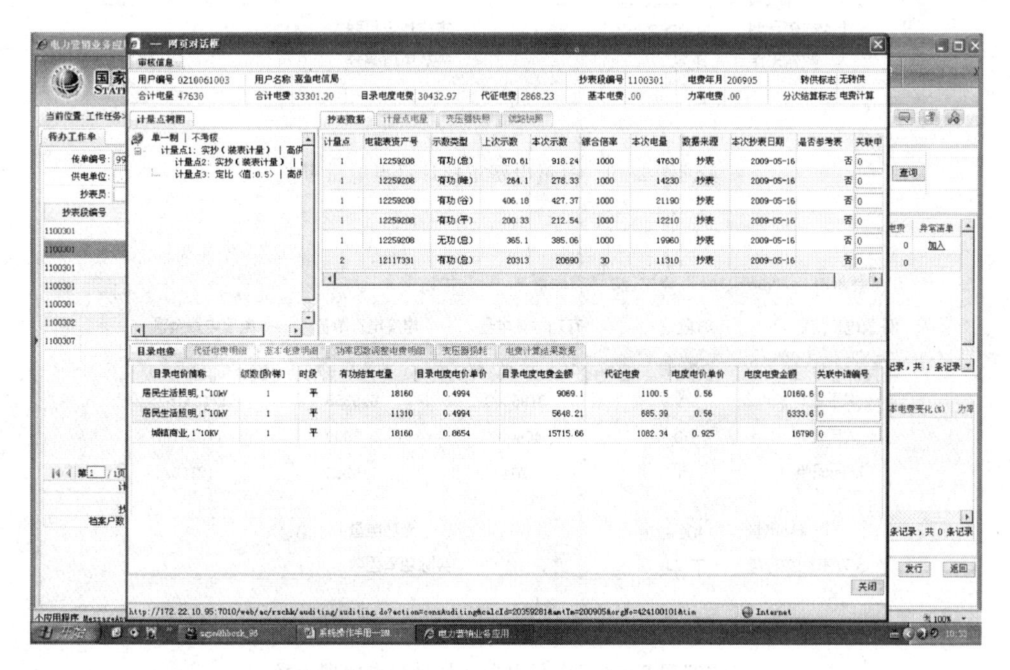

实训图 2-7　页面对话框

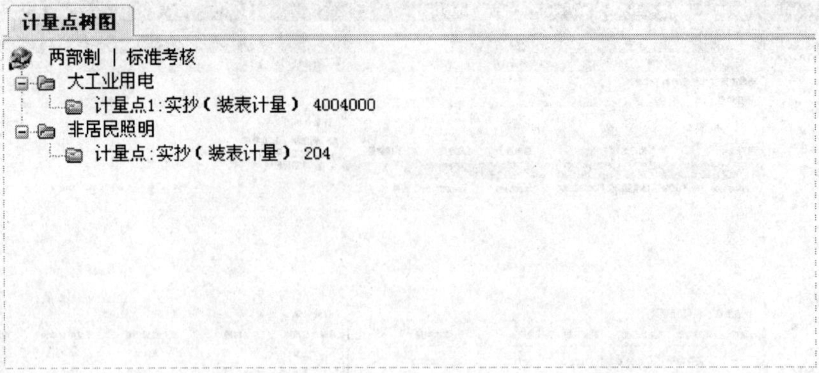

计量点树图

两部制 | 标准考核
大工业用电
计量点1:实抄(装表计量) 4004000
非居民照明
计量点:实抄(装表计量) 204

实训图 2-8 电量电费审核计量关系审核

抄表数据 计量点电量

计量点	示数类型	上次示数	本次示数	综合倍率	本次电量
1	正有功总	10000.0	12002.0	2000.0	4004000
1	正有功峰	7000.0	7202.0	2000.0	404000
1	正有功谷	2000.0	2202.0	2000.0	404000
1	正有功平	1000.0	1202.0	2000.0	404000

上次抄表日期	308862757	本次抄表日期	20080709
数据来源	抄表	关联申请编号	0

实训图 2-9 电量电费审核计量点电量审核

目录电费 基本电费 功率因数调整电费 代征电费

目录电价简称	时段	有功结算电量	电度电价单价	电度电费金额
大工业1	峰	404000	0.7913	319685.2
大工业1	平	3196000	0.5358	1712416.8
大工业1	谷	404000	0.2803	113241.2
非居民照	平	204	0.5962	121.62

有功电量	4004204	无功电量	0
功率因数标准	不考核	实际功率因数	1

实训图 2-10 电量电费审核计量点电费审核

在弹出的如实训图 2-6 所示窗口左侧页面上方处，单击户号位置即可查看客户的档案信息，在未弹出窗口页面，单击户号处，显示超链接图标也可查看客户的档案信息。

（三）退补核算审核

退补核算审核流程图如实训图 2-11 所示。

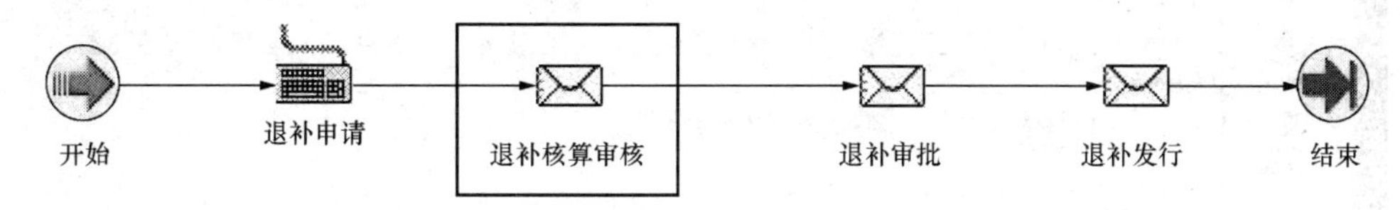

实训图 2-11　退补核算审核流程图

1. 功能说明

该组件提供对非政策性电量电费退补申请的审核功能。按照申请的电量电费参数计算退补电量电费，审核不通过退回重新进行退补申请。

进入该功能环节，输入责任人、退补处理分类标志信息，如果选择不处理，发送后流程结束；如果选择处理则需要输入调整电量，保存后发送到下一环节，即退补审批环节。

2. 操作说明

（1）登录系统，点击“工作任务≫待办工作单”，选择工单“当前标签页为退补核算审核”，双击或者选中后单击【处理】按钮，将显示实训图 2-12 所示页面。

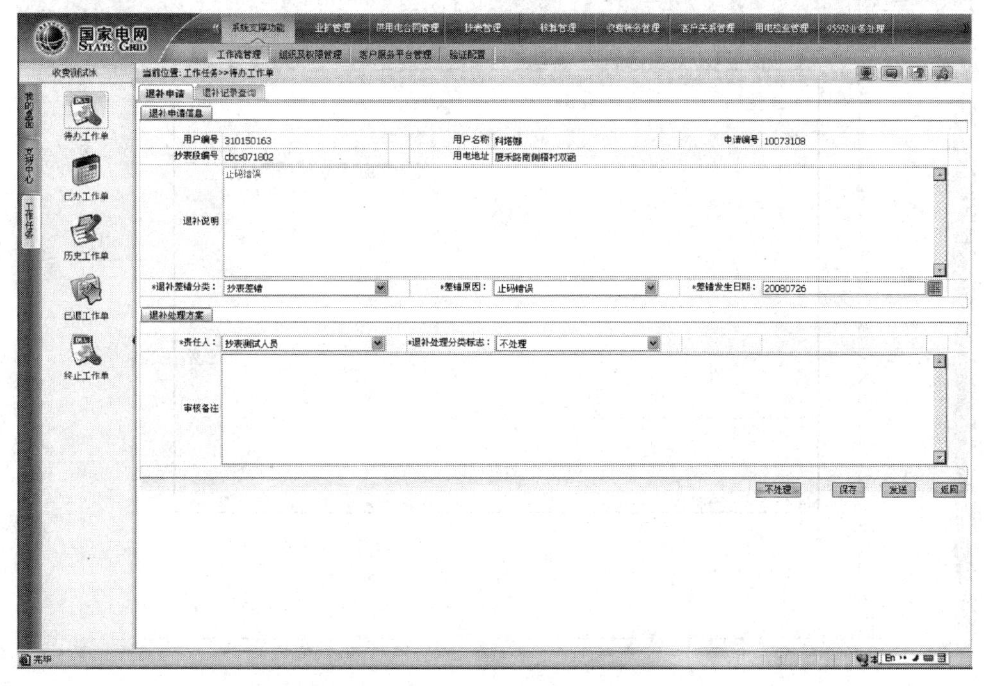

实训图 2-12　退补核算审核页面

（2）在“退补处理方案”标签页选择“责任人”、“退补处理分类标志”等必填信息，输入“审核备注”信息，点击【保存】按钮，如实训图 2－13 所示，信息保存成功。

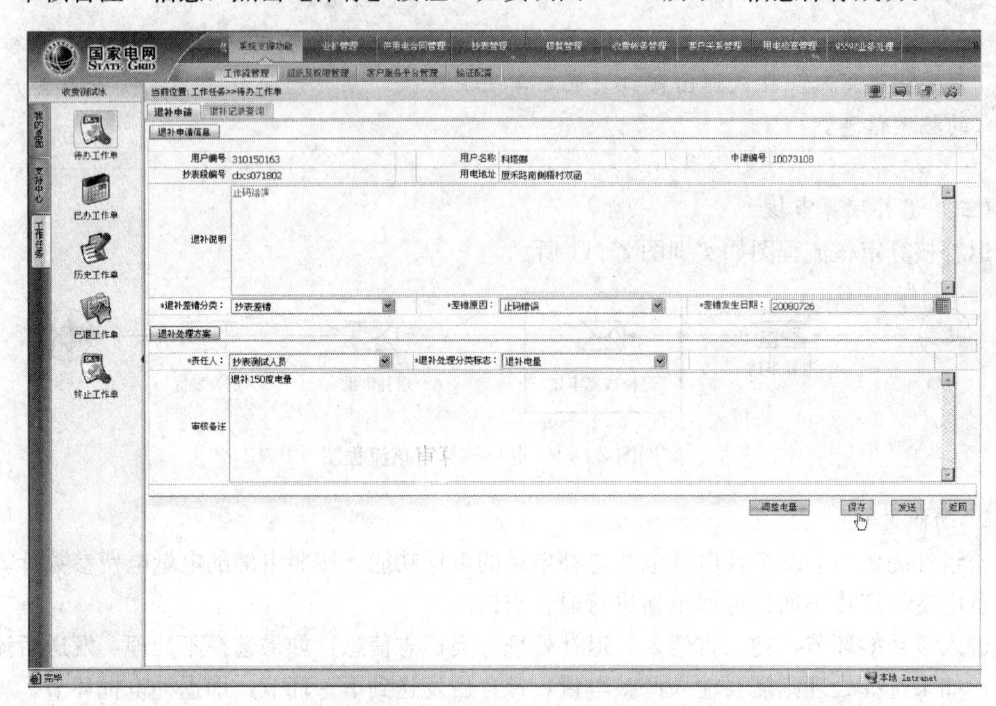

实训图 2－13　保存退补处理方案

（3）点击【调整电量】按钮，弹出“退补电量录入”页面，如实训图 2－14 所示。

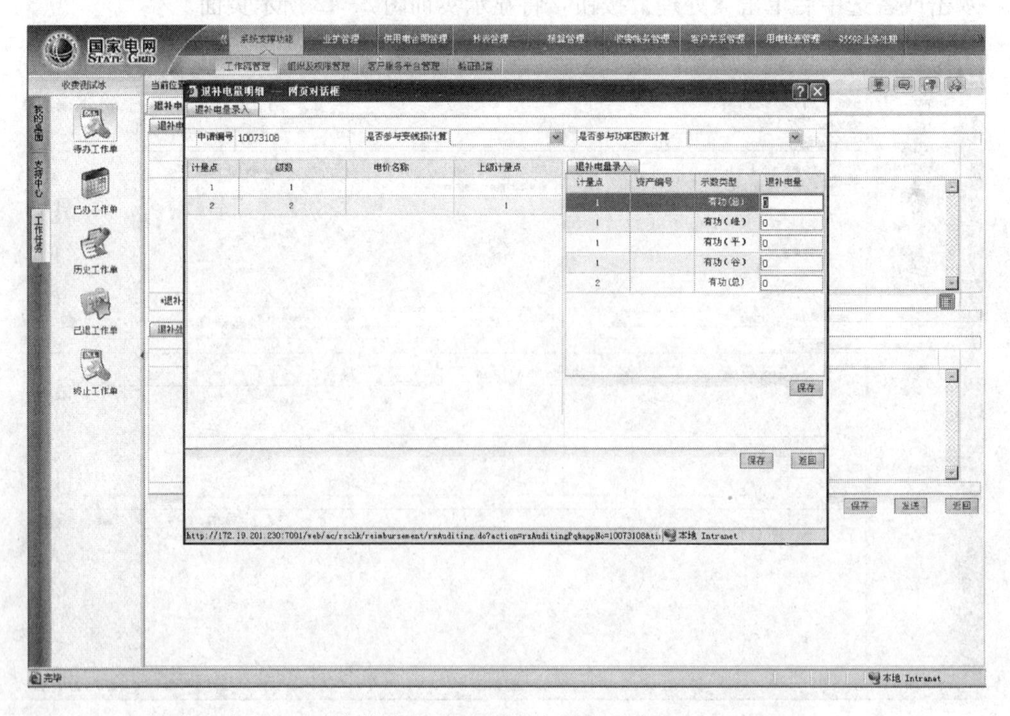

实训图 2－14　退补电量录入页面

（4）输入“是否参与变损计算”、“是否参与功率因数计算”，以及“退补电量录入”等，点击实训图 2 - 14 中“退补电量录入”界面的【保存】按钮，将显示如实训图 2 - 15 所示页面。保存“退补电量录入”页面录入的参数，并返回到“退补核算审核”页面，将显示实训图 2 - 16 所示页面。

实训图 2 - 15　退补电量录入页面

（5）点击实训图 2 - 16 中【发送】按钮，提示保存成功，发送到下一环节，即退补审批。

3. 页面相关名词解释

“责任人”是电量电费差错的相应责任人。

“退补处理分类标志”是电量电费退补的具体处理方式，包括“不处理”、“退补电量”、“退补电费”、“全减另发”。

“审核备注”审核人员的处理意见。

4. 参考操作说明

【调整电量】：调出调整退补电量录入的页面，输入具体的调整办法。

【保存】：保存选填的信息。

【发送】：用于发送到下一环节，即审核处理结果环节。

【返回】：用于返回到上一操作页面。

5. 注意事项

在做全减另发的时候需要注意以下几点：

（1）指定客户没有已发行的电费信息，无法全减另发；

（2）指定客户存在在途电费工单，无法全减另发；

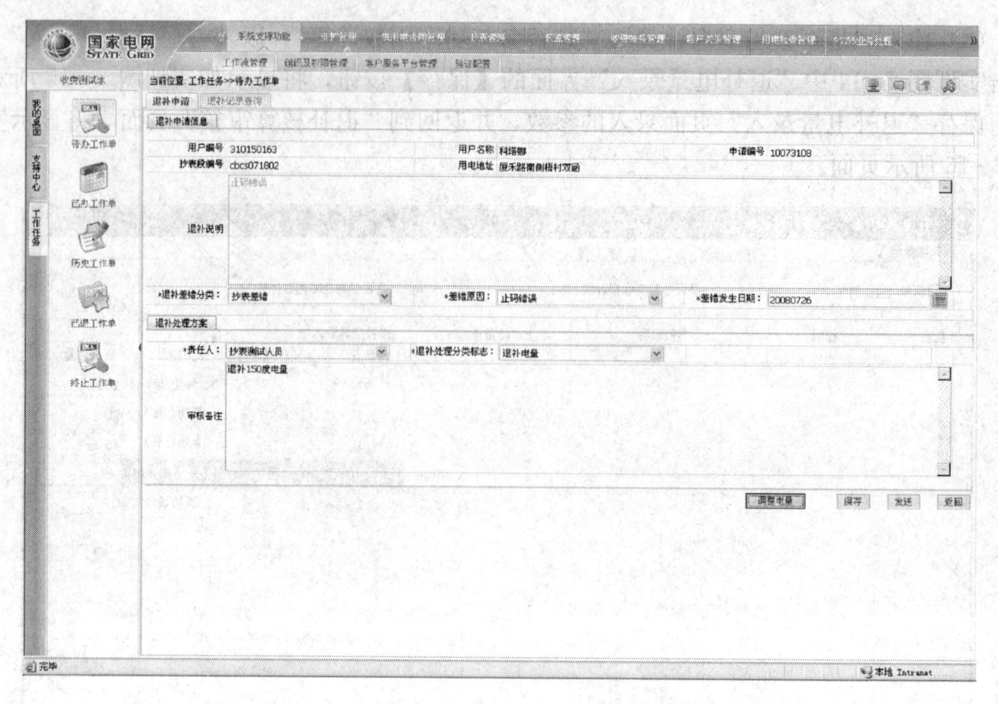

实训图 2-16　退补核算审核完成

(3) 该客户档案中的电能表示数和发行的数据不同，可能是在发行后做过业务工单，不能进行单户重算；

(4) 不是正常电费（如退补），不能进行全减另发。

点击【退补记录查询】标签页，可以对该客户的退补历史记录进行查询。

三、电费核算操作实训任务单

电费核算操作实训任务单

专业领域：市场营销（电力市场方向）

学习领域：用电营业管理　　　　学习情境二：核算管理

实训任务：电费核算操作　　　　课时：2学时

前提条件	教学载体	营销生产系统、计算机
	教学环境	一体化教室或供电公司营业所
	教师素质	精通电费核算操作并能言传身教
	学生素质	具有团队合作精神，互教互学能力 实施专业：市场营销（电力市场方向）、发电厂及电力系统、供用电技术
实训任务	任务描述	(1) 电量电费计算操作 (2) 电量电费审核操作 (3) 退补电量电费操作
	拓展任务	通过各项核算流程操作训练，熟悉供电公司核算工作流程并提出优化方案

续表

<table>
<tr><td rowspan="3">能力目标</td><td>学习能力</td><td colspan="4">（1）学生具有领会任务要求的能力
（2）学生具有制定任务实施步骤和工作计划的能力
（3）学生具有执行任务实施步骤和工作计划的能力
（4）学生具有自主检查和提出优化工作过程的能力</td></tr>
<tr><td>职业能力</td><td colspan="4">（1）能正确进入营销生产系统中核算管理
（2）能正确在系统中进行电量电费计算操作
（3）能正确在系统中进行电量电费审核操作
（4）能正确在系统中进行退补电量电费操作</td></tr>
<tr><td>社会能力</td><td colspan="4">（1）团队协作能力、沟通能力
（2）职业道德和工作责任感
（3）团队分析问题、解决问题能力
（4）团队组织和实施能力</td></tr>
<tr><td rowspan="7">任务
实施步骤</td><td>教学步骤</td><td>时间</td><td>主 要 内 容</td><td>教学方法</td><td>媒介</td></tr>
<tr><td>导入任务
明确要求</td><td>10分钟</td><td>布置任务、引导学生查找资料和制定电费核算操作方案，调动和激发学生的积极性和主动性</td><td>讲述法</td><td>PPT</td></tr>
<tr><td>分组讨论</td><td>10分钟</td><td>组织学生团队讨论工作任务，使每一位学生都能理解任务要求，在清楚任务之后，发挥学生的思维和想象力，针对工作任务提出自己的电费核算操作方案思路</td><td>分组讨论法</td><td>实训指导书</td></tr>
<tr><td>团队定操作方案</td><td>10分钟</td><td>经过团队的讨论选择，制定完成工作任务的最佳电费核算操作方案</td><td>分组讨论法</td><td>实训指导书</td></tr>
<tr><td>操作方案实施</td><td>45分钟</td><td>根据团队制定的方案实施操作任务，要求团队每位成员都会操作</td><td></td><td>营销生产
系统、计算机</td></tr>
<tr><td>过程检查</td><td>60分钟
全过程</td><td>教师在讨论实施方案过程中对工作完成情况进行检查，作为教师评分依据</td><td></td><td></td></tr>
<tr><td>小结、评价</td><td>15分钟</td><td>教师在各团队任务全部完成后，对各团队的完成情况进行总结评价，也可通过团队之间交流、点评的方式进行总结评价
学生团队根据个人表现进行自评、互评</td><td>汇报交流法
过程点评法</td><td></td></tr>
<tr><td>实训成果</td><td>实训报告</td><td colspan="4">（1）实训目的、要求、任务
（2）实训操作方案
（3）实训实施过程
（4）实训能力目标实现与否感想</td></tr>
</table>

四、实训报告

《用电营业管理》课程实训任务报告单

<table>
<tr><td>学习情境</td><td colspan="3"></td></tr>
<tr><td>任务名称</td><td colspan="3"></td></tr>
<tr><td>时间期限</td><td></td><td>实施地点</td><td></td></tr>
<tr><td colspan="4">任　务　目　的</td></tr>
<tr><td colspan="4"></td></tr>
<tr><td colspan="4">任　务　内　容</td></tr>
<tr><td colspan="4"></td></tr>
<tr><td colspan="4">使　用　设　备</td></tr>
<tr><td colspan="4"></td></tr>
<tr><td colspan="4">操　作　步　骤</td></tr>
<tr><td colspan="4"></td></tr>
<tr><td>训练归纳</td><td colspan="3"></td></tr>
</table>

小组成员签字：　　　　　　　　　　日期：

教师签字：　　　　　　　　　　日期：

学习情境三　电费收缴及账务管理

第一部分　知　识　模　块

知识目标

（1）掌握收费的方式及意义。

（2）掌握电费结算合同的有关概念。

（3）掌握账务管理的内容及要求。

能力目标

（1）能在营销业务应用系统中进行应收、实收账务管理。

（2）能在营销业务应用系统中进行欠费账务管理。

模块一　收　　费

【模块描述】该模块对按期回收电费的意义、收费方式和电费结算合同的基本概念作了总体的介绍。通过学习，掌握按期回收电费的意义、收费方式、电费结算合同及托收的基本概念，熟悉电费结算方式等内容。

电费回收工作是电业营业管理中抄、核、收工作环节中最后一个环节，也是供电公司资金周转的一个重要环节。收费时间拖长会直接影响收费的完成率，会造成客户占有供电公司的资金，影响资金的周转速度。因此，收费人员应努力做好各项工作，争得客户的支持，及时全部地收回应收电费。

一、按期回收电费的意义

电费是电力企业生产、经营活动中唯一的产品销售收入。供电公司从销售电能到收回电费的全过程，表现在资金运转上就是流动资金周转到最后阶段收回货币资金的全过程。回收的电费既反映了供电公司所生产的电力商品的价值，也是供电公司经营成果的货币表现。电力企业如不能及时、足额地回收电费，将导致供电公司流动资金周转缓慢或停滞，使发电企业生产受阻而影响安全发、供电的正常进行。同时，供电公司还要为客户垫付一大笔流动资金的贷款利息，最终使发电企业的生产经营成果受到很大损失。因此，及时足额回收电费，加速资金周转，是电费管理部门的重要考核指标，也是电力企业的一项重要的经济指标。其意义如下：

（1）可保证电力企业的上缴资金和利润，保证国家的财政收入。因电力企业是国家的重要企业之一，企业应按规定向国家交纳税金和利润。如果电力企业不能按期回收电费则无法向国家按期交纳税金和利润，这就必然影响国家的财政收入，影响国家的国民经济发展所需要的资金。

（2）可维持电力企业再生产及补偿生产资料耗费等开支所需的资金，促进电力企业更好地完成发、供电任务，满足国民经济发展和人民生活的需要。同时，也可为电力企业扩大再生产提供必要的建设资金。

(3) 按期回收电费是维护国家利益、维护电力企业和客户利益的需要。欠交的电费如不能按期收回，有可能形成呆账（逾期已久，处于呆滞状态，但尚未确定为坏账的应收款，俗称呆账）。欠交电费不仅减少电力企业生产资金，使电力企业经营活力降低，给电力企业和各行各业的生产带来不应有的损失；还会导致能源浪费，甚至给挪用和贪污电费以可乘之机。所以按期回收电费不但维护了国家的利益，也维护了电力企业和客户的利益。为此，供电营业部门应该使客户占用电力企业货币资金的时间缩短，及时、足额地回收电费，加速资金的周转。

二、收费方式

供电营业部门提供客户缴纳的电费的方式有走收、坐收、代收、代扣、特约委托、充值卡缴费、卡表购电、客户自助交费等。

1. 走收

走收是指收费员带着打印好的电费发票到客户现场或在设置的收费点收取电费的收费方式。收费人员应在收费前一日领取已经审核的电费账据，并清点张数及金额与走收电费移送单载明数字是否相符，了解客户所在地点及有关情况，以便次日收费。在收费终了后，除清点实收电费现金外，还应编制实收电费日报表。当实收电费收据存根联的金额与实收现金相符，再连同未收的电费收据中的金额与走收电费移送单上的数字相符合后，一并移交综合人员审核、汇总、上交，不得将电费存放家中或隔日上缴。如有不符应及时查找，直至查清。对未能收到电费的客户，应留下通知书，通知客户到指定地点交款或改期再来收费。这种传统的收费方式过去被广泛应用于居民及小电力客户的收费，今后将逐步淘汰。

2. 坐收

坐收是指收费人员在设置的收费柜台使用本单位收费系统以现金、POS 刷卡、支票、汇票等结算方式，完成对客户电费、违约使用电费或预缴电费的收缴，并出具收费凭证的一种收费方式。坐收人员所收取的电费是由综合人员（收费整理人员）把所有走收人员在收费当日未收到电费的收据，以坐收电费移送单交来，客户持交费通知单（无通知单的，口头说明户名、地址），由坐收人员核对无误后，按电费收据所载金额收取现金或支票。目前，在我国各省、市、地区都采用持磁卡到营业站交费的方式，客户可通过划卡得知本月应交电费，收费员则从客户磁卡上得出应交电费金额向客户收取电费。当天坐收人员除清点全部收入现金和支票外，还应将当日所收全部电费收据存根联分类统计，编制实收电费日报表。所发生的各项业务收入也均应分别编制相应的收入日报表。在电费及各项业务收入日报表内的数字和与电费及各项业务收据存根联全部收入金额数字之和相符后，将现金和支票存入银行，再将全部单据（包括银行存款进账单）移交给电费管理员逐一审核、分别汇总。

3. 代收

代收是指金融机构和非金融机构代为收取电费的一种收费方式。抄表人员在每月抄表时应根据客户使用电量计算出客户应付的电费，并当时填写“电费收据”三联单交给客户，客户可持三联单到银行交款。

银行凭三联单所列金额收款，三联单中的一联为收据交给客户，二联银行留存，三联汇总后，填写当日代收电费送款簿一并送交供电公司，电费即存入其账户。

电费管理人员根据每月电费付单办理收账手续，次日将银行辅助账户的电费开出付款委托书上缴入库。

现在许多供电公司都实行了委托银行代收电费的方式，其优点是资金周转快，减少了流通环节。目前已开通的代收银行有农业银行、工商银行、招商银行、邮政储蓄、交通银行、中国银行、建设银行等十三家银行。居民和小电力客户可以就近到供电公司委托的银行交纳电费。

4. 代扣

代扣是指收费方式为银行代扣未缴电费数据生成代扣文件，传送至银行，由银行从客户的账户上进行扣款，扣款之后形成扣款结果文件返回进行销账的收费方式。

该方式可以方便客户交纳电费，保证收费的安全，提高现代化管理水平，其中通城通兑储蓄方式可以方便客户就近储蓄。对供电公司可保证电费资金的及时、足额回收，保证了资金安全、可靠地运转；对客户可以减少交费时间，方便地交付电费。

5. 特约委托

特约委托收费是指根据客户、银行签定的电费结算协议，管理单位委托开户银行从客户的银行账户上扣除电费的缴费方式。该方式适用于机关、企业、商店、工厂、军队等单位，优点手续简便、资金周转快、便利客户、账务清楚。供电公司的电费收入有90%左右是通过银行托收入账的。

特约委托收费简称银行托收，供电公司的电费收入有90%左右是通过银行托收入账的。银行托收分“托收承付”和“托收无承付”两种方法。

“托收无承付”就是由收款单位将托收无承付结算凭证交给银行，不经过付款单位同意，而由银行直接拨人收款单位的账户。

“托收承付”就是将托收承付结算凭证送交银行，由银行通知付款单位，经付款单位同意后，再由银行拨人收款单位的账户。由于托收手续涉及到收款单位、付款单位和银行三个部门，并涉及到财经制度，因此，供电公司必须建立相应的管理办法及必要的联系制度。

6. 充值卡缴费

充值卡缴费是指用电客户购买一定面值的充值卡后，通过电话、短信、网站、柜台等渠道，凭用电客户编号、充值卡卡号、密码缴纳电费的一种收费方式。

7. 卡表购电

卡表购电是指使用卡表的客户持卡在营业网点或具备购电条件的银行网点购电，通过读写卡器将客户购买的电量或电费等信息写入电卡的缴费方式。客户用电时将购电卡插入电能表，其电源开关就自动合上，即可用电；如卡中电量用完则自动断电。电费发票是预收电费凭证。

8. 客户自助交费

客户通过电话、计算机等网络通信终端设备按语音提示完成的交费方式。

三、电费结算合同

电费结算合同，是营业管理部门与客户通过国家银行经转账结算方式，清算由于电能供应所发生的债权债务的一种契约书。采用银行转账结算，不仅可以减少现金使用，而且有利于国家银行对电力企业和客户的生产、流通发挥监督作用，以促使供用电双方改善经营和加速资金周转。

凡每月用电所需交付的电费，在国家现金管理规定的限额以上，且在银行开有固定存款账户的单位，经用电营业管理部门与客户双方协商一致，均可签订电费结算合同、协议或在供用电合同中为电费结算方式专门设置单独条款。

电费结算合同应与客户分别签订，也可按客户的管理系统统一签订。例如，某银行分行与电力企业某营业管理部门签订电费结算合同时，可将同一电业营业管理部门售电的下属支行、储蓄所等分支机构应交的电费，统一纳入银行分行与电业营业管理部门共同签订的电费结算合同中。

1. 电费结算合同内容

（1）客户（即付款单位）名称、用电地址、用电分户账（即抄表卡片）户号、开户银行名称、存款户账号、供电管理部门（即收款单位）名称、开户银行名称、存款户账号等。

（2）电费结算方式。

（3）每月转账次数。

（4）付款要求等。

2. 电费结算方式

（1）营业管理部门与客户同在一个城市，其电费可以特约委托的方式通过银行进行转账结算。也就是原来所实行过的托收，即收款单位给特约的银行开具委托收款单，向付款单位收取电费，但需经付款单位逐笔核对承认后，再由特约银行办理委托转账手续。

（2）营业管理部门与客户不在同一个城市，常用的电费结算方式是采取在客户逐笔核对承认应付电费款后，由客户开具支票，委托银行按期电汇或信汇的方式进行电费结算。也就是营业管理部门在开出电费收据后，由异地客户及时核对，并由付款单位委托某开户银行用电报通知收款单位开户银行办理转账结算。也有由异地客户委托其开户银行，将汇款以信汇方式寄收款单位开户银行办理转账结算的。还有采取“信汇自带”的方式，即由异地客户开户银行将汇款单办妥并密封后，交由收款单位开户银行办理。为了避免转账中的各个环节延误转账付款的时间（即避免相互占用资金），目前有的付款单位采取以支票在某开户银行换取“银行本票”（银行本票是用以代替现金的，其按票面是否载明受款单位或受款人姓名，可分记名本票和不记名本票；按票面有无到期日期，又可分为定期本票和即期本票），自带给收款单位向银行“进账”。“本票”是银行发出的不得退票的一种票据。

3. 每月转账次数

营业管理部门对一般客户均只在每月抄表后办理一次委托特约银行转账收款的手续。对大客户，为了互不占用资金，在结算合同中明确每月预收电费的转账次数（一般连同抄表后的结算，每月不超过3次；对特大客户，有的为6次），每月预收转账的日期和所预收的电费为上月实付电费的百分数一般在50%～90%，以使客户做好资金准备。

4. 对付款要求

电费结算合同中对付款的要求一般按银行的有关规定约定，如委托收款的结算凭证到达银行后，因付款单位存款账户余额不足而延期转账时，则需由付款单位另交滞纳金等。

5. 电费结算合同的管理

营业管理部门与客户签订电费结算合同后，应建立委托收款户卡片进行管理。卡片内容一般包括客户户名（指付款单位在银行开户的户名）、开户银行及账号、联系电话、合同规定委托银行转账结算电费的户名（指用电客户的户名）、客户编号及用电地址、每月电费转账结算的日期记载，以及变更事项摘记等栏目。

电费结算合同及委托收款卡片均需统一编号（名称、委托号），并将委托号分别记入相对应的抄表卡片上，便于按月办理委托收取电费事宜。所有卡片应按顺序装订成册，电费结算合同及日常发生异动情况的有关函件或记录均应按户存入客户户务档案备查。

四、电费滞纳违约金

客户在供电公司规定的期限内未交清电费时，应承担电费滞纳违约责任。客户不按期交付电费，将影响供电公司资金周转和用款计划的兑现，导致供电公司延期偿还债务而增付利息。供电公司经国家批准向逾期交付电费的客户加收电费违约金，目的是为了补偿供电公司增付的利息，也是一种维护供电公司和客户双方权益的经济措施。电费违约金从逾期之日起计算至交纳日止。每日电费滞纳违约金按下列规定计算：居民客户每日按欠费总额的1‰计；其他客户当年欠费部分每日按欠费总额的2‰计，跨年度欠费部分每日按欠费总额的3‰计。每次电费违约金计数收取办法如下：对于照明客户，不足0.5元时则按0.5元收取；对于电力客户，不足1.0元时则按1.0元收取；对于通过银行托收结算电费的客户，有关付款期限及延期付款的违约金的计算按银行的有关规定执行。

模块二　账务管理

【模块描述】该模块对应收、实收、电费管理考核指标及标准，以及账务管理的主要内容及要求作了总体的介绍。通过该模块的学习，掌握应收、实收、电费管理考核指标及标准，了解账务管理的主要内容及要求。

一、账务管理的基本概念

账务管理指抄核收业务之后所发生的电费资金及账务的审核管理，包括票据及账务资料的管理，并形成正式的报表、凭证和台账。

1. 应收

抄表审核完毕后对各项数据进行汇总统计，包括每个行业分类的计费电量、应收电费和代收电费等数据。按照抄表段，每天、每月进行汇总。应收日报是应收电费汇总凭证的原始依据，它既是电力企业经营成果的反映，也是抄表人员当天工作的记录。

电费发行也叫电费出账，是通过电费结算实现电力商品销售收入，同时产生电费应收的过程。

2. 实收

通过各种收费方式对客户进行收费后，对数据进行汇总统计。按每天、每种收费方式、每月进行汇总。形成实收日报，核对电费发票存根联和电费银行进账单金额数据一致，编制实收电费汇总凭证。

3. 欠费

已下达的应收电费而实际未收到的应收电费均成为未收。未收清单是编制欠费清单和欠费台账的依据。

二、电费管理考核时间、标准及计算

1. 月客户电费回收率

考核时间：考核月份的1日至次月6日。

考核标准：100%。

$$月客户电费回收率 = \frac{考核期内累计回收的客户电费总额}{考核期内累计应收客户电费总额} \times 100\%$$

2. 年度客户电费回收率

考核时间：考核年度的1月1日至次年1月6日。

考核标准：100%。

$$年度客户电费回收率 = \frac{考核期内累计回收的客户电费总额}{考核期内累计应收客户电费总额} \times 100\%$$

3. 月末应收客户电费余额

考核时间：考核月份的1日至月末日24点。

考核标准：每月完成年度降幅额的1/12。

$$月末应收电费余额 = 上年末应收客户电费余额 \times \left(1 - \frac{下达的年度降幅百分数 \times 考核用份数}{12}\right)$$

4. 年末应收客户电费余额

考核时间：考核月份的年度的1月1日至12月31日24点。

考核标准：完成上级下达的应收客户电费余额指标。

$$年末应收客户电费余额 = 上年末应收客户电费余额 - 下达的年度降幅额$$

三、账务管理的主要内容及要求

1. 账务管理的主要内容

(1) 发票管理，即发票的领用、发放、登记、作废和清理。

(2) 台收、走收、托收账管理，即开设账本、登账、核账。

(3) 银行电费账户管理。

(4) 金融机构代收电费资料、数据准备/传送/接收。

(5) 金融机构代收电费对账。

(6) 账务报表，即各级在收费完成后应形成的清单和报表。

2. 账务管理的要求

(1) 遵循账务集中处理的模式。

(2) 遵循“收支两条线”的原则。

(3) 遵循严格管理电费账户、电费单据的原则。

(4) 遵循电费“日清月结”的原则。

第二部分 习 题

一、填空题

1. ________是指收费人员在设置的收费柜台使用本单位收费系统以现金、POS刷卡、支票、汇票等结算方式，完成对客户电费、违约使用电费或预缴电费的收缴，并出具收费凭证的一种收费方式。

2. 银行托收分________和________两种方法。

3. 电费结算合同，是营业管理部门与客户通过国家银行经________结算方式，清算由于电能供应所发生的债权债务的一种________。

4. 按期回收电费是维护________、维护电力企业和客户利益的需要。

5. 实收电费与应收电费之比的百分数称为________。

二、选择题

1. 应收日报是应收电费汇总凭证的原始依据，它既是电力企业经营成果的反映，也是（　　）当日工作的记录。

A. 抄表人员　　B. 核算人员　　C. 收费人员　　D. 统计人员

2. 走收是指收费员带着打印好的电费发票到（　　）或在设置的收费点收取电费的收费方式。

A. 居委会　　B. 街道办事处　　C. 客户现场　　D. 银行

3. 电费回收完成情况表是（　　）应收实收电费的回收率及欠费的报表。

A. 统计　　B. 反映　　C. 汇总　　D. 分析

4. 客户电费违约金的计算中，除居民外其他客户跨年度欠费部分每日按欠费总额的（　　）计算。

A. 1‰　　B. 2‰　　C. 3‰　　D. 4‰

5. 当月应收但未收到的电费应（　　）。

A. 从应收电费报表中扣除

B. 在营业收支汇总表的欠费项目中反映

C. 不在营业收支汇总表中反映，另作报表上报

D. 不在用电部门的报表反映，只在财务部门挂账处理

6. 电费回收工作是电业营业管理中抄、核、收工作环节中最后一个环节，也是供电公司（　　）的一个重要环节。

A. 生产发展　　B. 正确管理　　C. 资金周转　　D. 利润指标

7. 回收的电费既反映了供电公司所生产的电力商品的价值，也是供电公司经营成果的（　　）表现。

A. 等价交换　　B. 货币　　C. 价格　　D. 价值

8. 营业管理部门对一般客户均只在每月抄表后办理（　　）委托特约银行转账收款的手续。

A. 1 次　　B. 2 次　　C. 3 次　　D. 6 次

三、判断题

1. 电费违约金从逾期之日起计算至交纳日止。（　　）

2. 电费回收是电力企业生产全过程的最终环节，也是电力企业生产成果的最终体现。（　　）

3. 电费储蓄收费方式适用于机关、企业、商业事业单位。（　　）

4. 托收无承付就是收款单位持同城托收无承付凭证，经付款单位同意后，由银行拨入收款单位的账户。（　　）

四、问答题

1. 什么是电费违约金?

2. 电费收取的方式主要有哪些?

3. 电费违约金的收取标准是什么?

4. 账务管理要遵循的原则是什么?
5. 账务管理的注意内容有哪些?
6. 卡表购电的定义和流程是什么?
7. 电费结算合同的内容有哪些?
8. 月客户电费回收率的考核时间及标准、内容是什么?

第三部分 实 训 任 务

实训任务1 柜台收费、账务管理操作

一、实训目的

通过柜台收费、账务管理操作实训,使学生掌握在营销生产系统中进行应收、实收及账务管理技能,能在营销生产系统中进行欠费账务处理。

二、任务描述

柜台收费、账务管理操作主要是在营销生产系统中进行柜台收费操作,应收、实收账务处理及欠费账务管理训练,通过操作训练,使学生能掌握柜台收费、账务管理操作技能。

三、营销生产系统新装增容及变更用电子系统介绍

(一) 坐收收费

坐收收费工作流程图如实训图3-1所示。

1. 功能说明

坐收收费提供用电客户缴费、预收及打印票据的功能。冲正用于未解款前收费撤还。

2. 操作说明

(1) 登录系统,选择"电费收缴及营销账务管理≫客户缴费管理≫功能≫坐收收费",如实训图3-2所示。

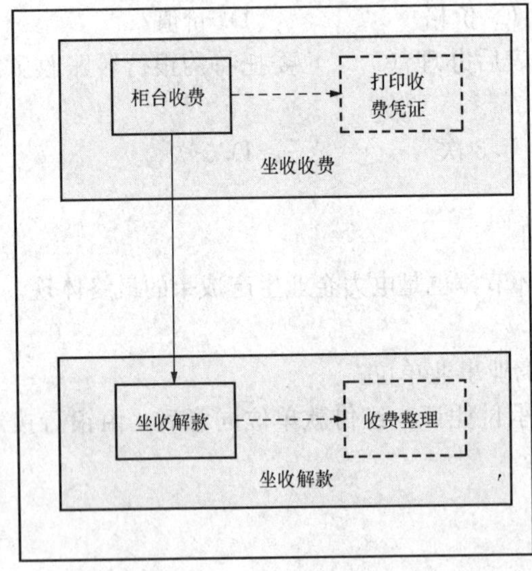

实训图3-1 坐收收费工作流程图

(2) 单击"票据号码"后的按钮,弹出如实训图3-3所示页面,选择"票据类型",点击【查询】按钮进行查询。在查询结果中选中一条记录,自动显示"票据号码",可根据实际情况对"票据号码"进行修改,确认无误后,点击【保存】按钮保存并返回。系统在"发票号码"处显示出当前票据号码,如实训图3-4所示。

(3) 按"客户编号"查询客户欠费信号,在"查询条件"处输入需收费客户的客户编号,按回车键或单击【查询】按钮,查询出该户欠费信息,如实训图3-5所示。

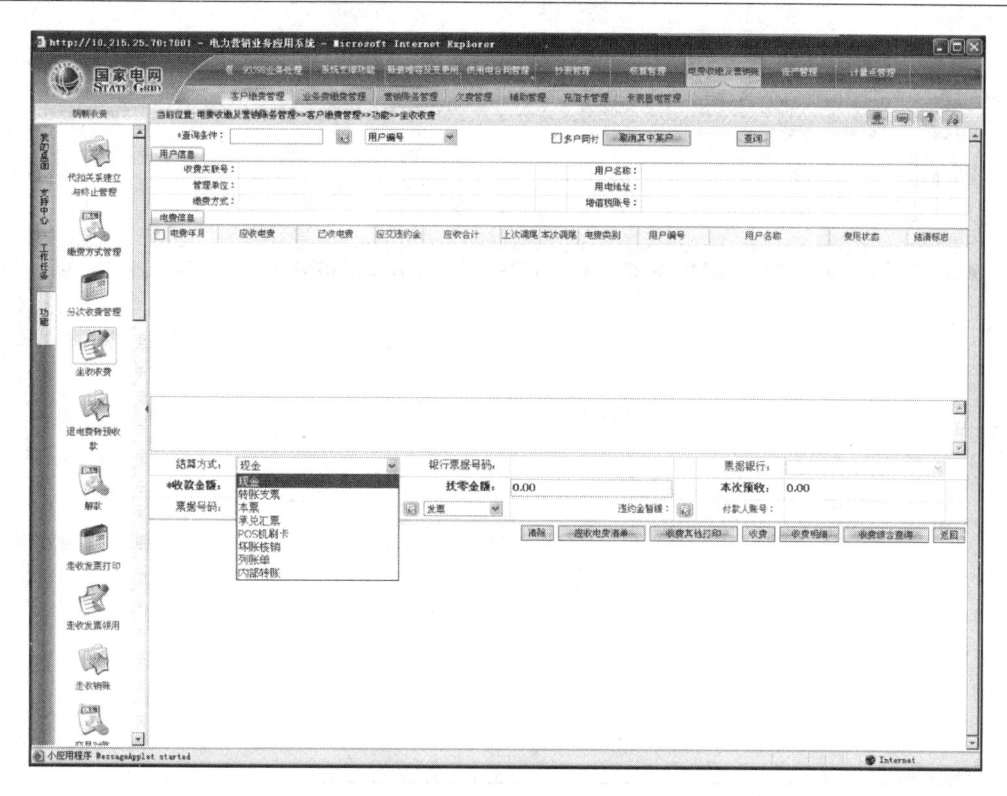

实训图 3-2　坐收收费页面

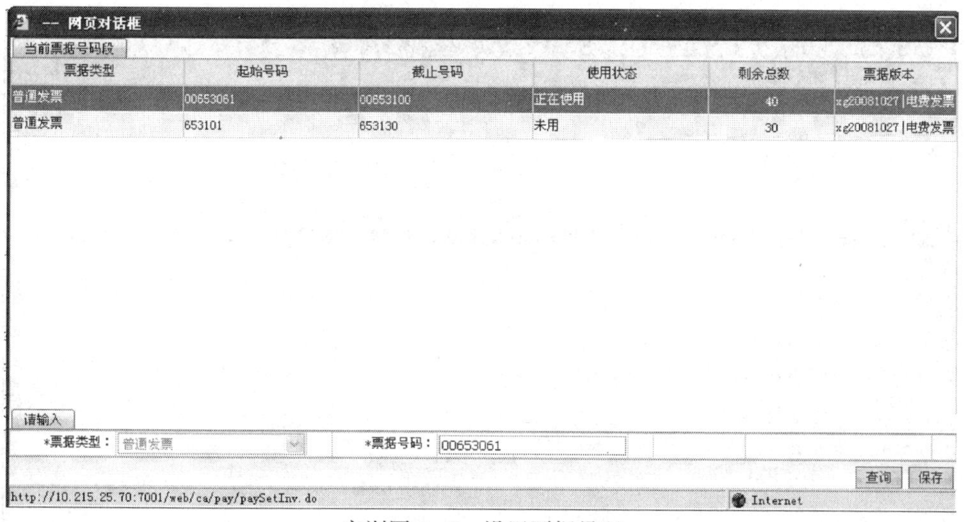

实训图 3-3　设置票据号码

（4）如实训图 3-6 所示，可根据实际情况选择“结算方式”。如果“结算方式”选择为“支票”或“汇票”等，则须输入“票据号码”并选择“票据银行”。

（5）输入“收款金额”，默认为经过取整处理后的合计总金额，如果“实收金额”大于合计总金额，则系统自动计算出应找金额。

（6）点击回车，系统操作对象自动跳转到“找零金额”，如果不想找零，可填入“0”，将剩余金额作为预收收取，系统自动算出预收金额。

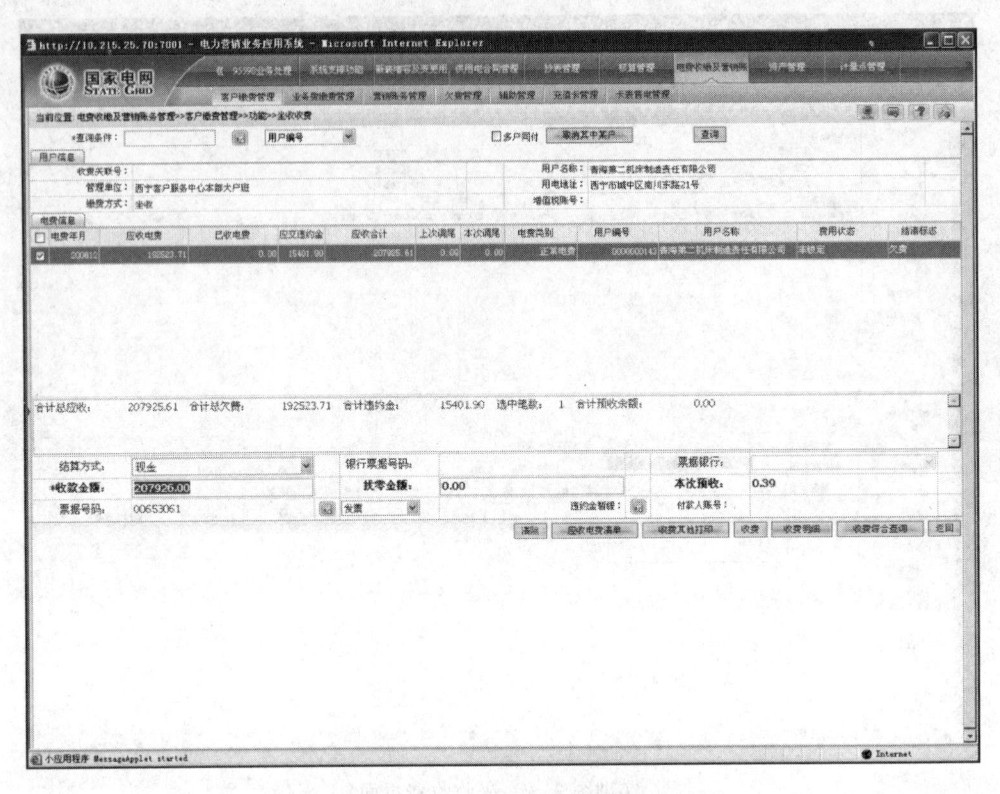

实训图 3-4 显示当前票据号码

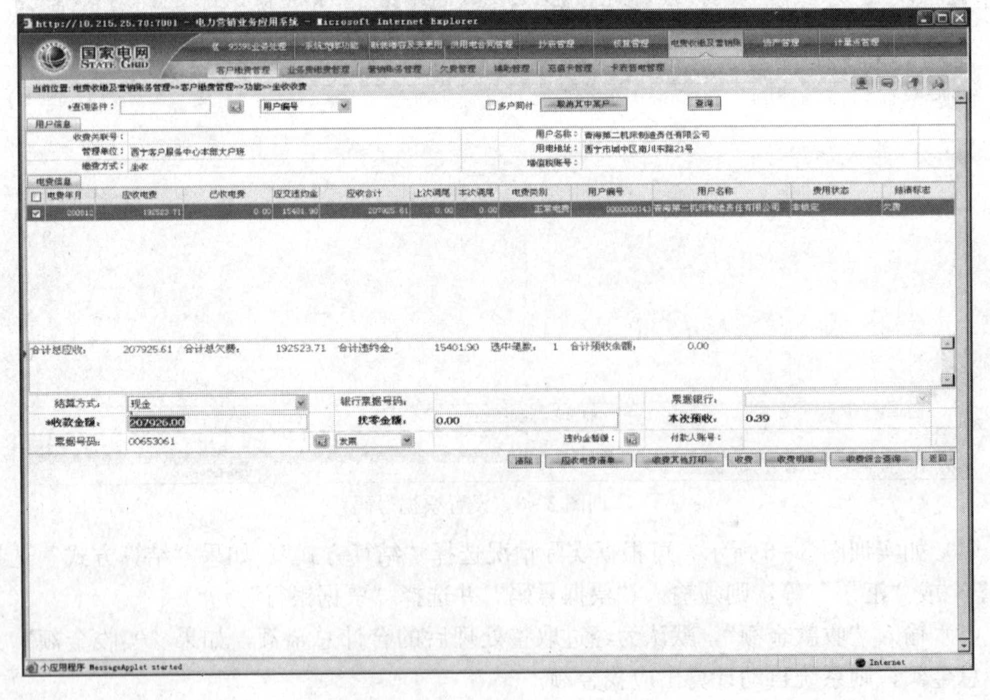

实训图 3-5 查询客户欠费信息

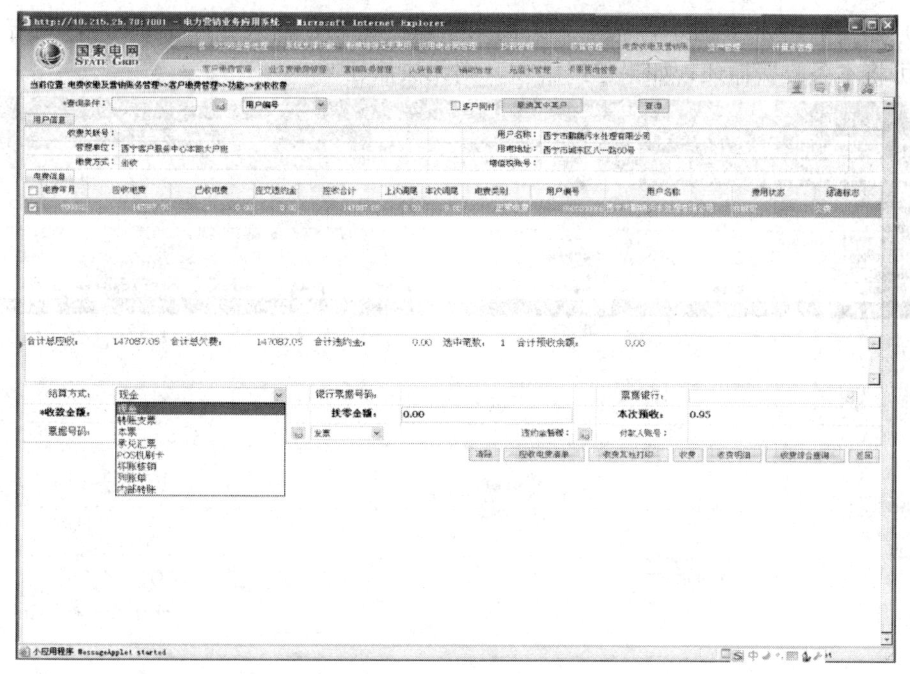

实训图 3 - 6　选择结算方式

（7）点击回车，系统操作对象自动跳转到【收费】按钮，确认无误后，点击回车或点击【收费】按钮进行收费。

（8）点击【收费明细】按钮，进入收费明细查询页面，如实训图 3 - 7 所示。选择“收费时间”和“结算方式”，点击【查询】按钮，可查询出本操作员的收费信息。

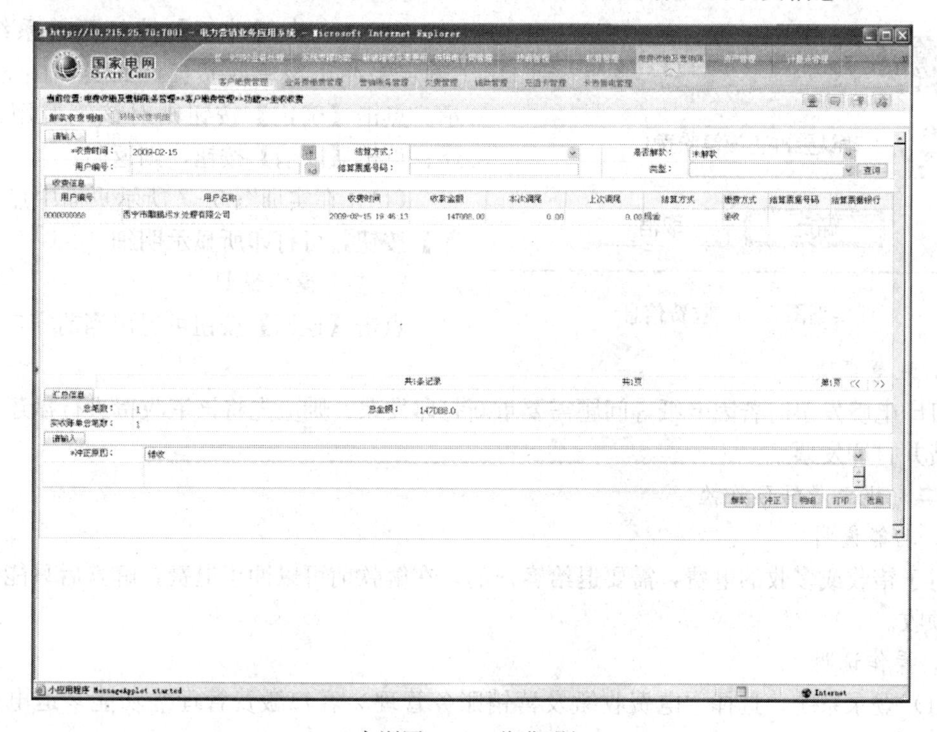

实训图 3 - 7　收费明细

(9) 如实训图 3-8 所示，选中一条尚未解款的记录，输入“冲正原因”，点击【冲正】按钮，可将本条收费撤还；如果已经解款，则无法撤还。

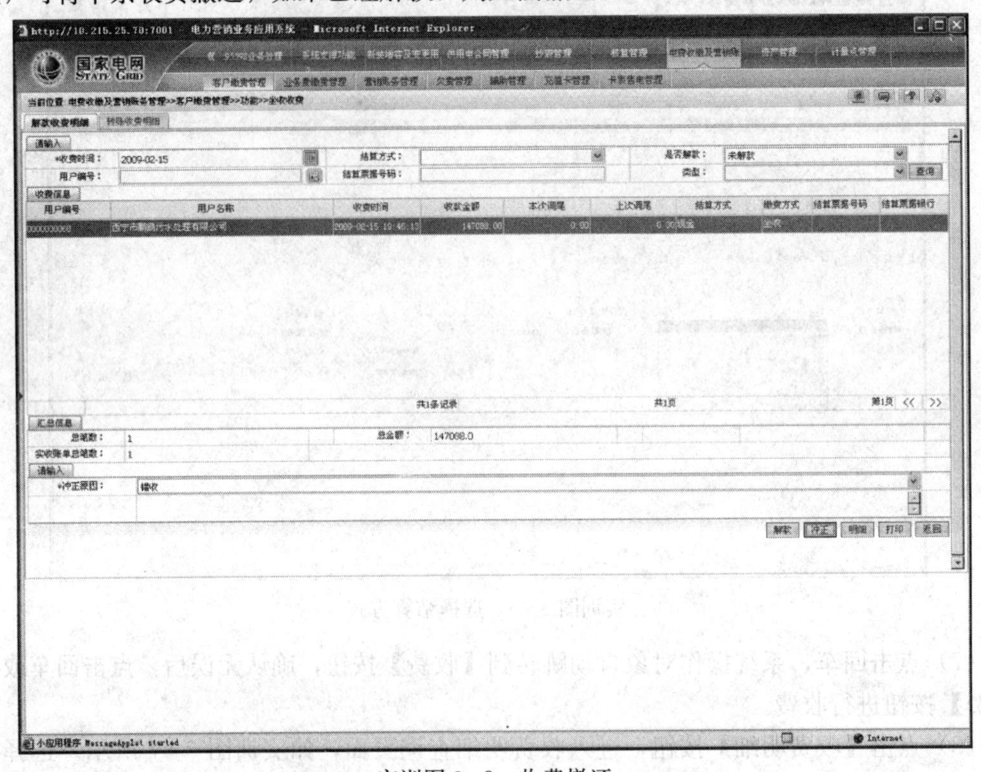

实训图 3-8　收费撤还

(10) 点击【冲正】按钮后，系统提示“确定要冲正该笔收费!”，如实训图 3-9 所示。点击【确定】按钮则对该笔费用进行撤还；点击【取消】按钮，则返回。

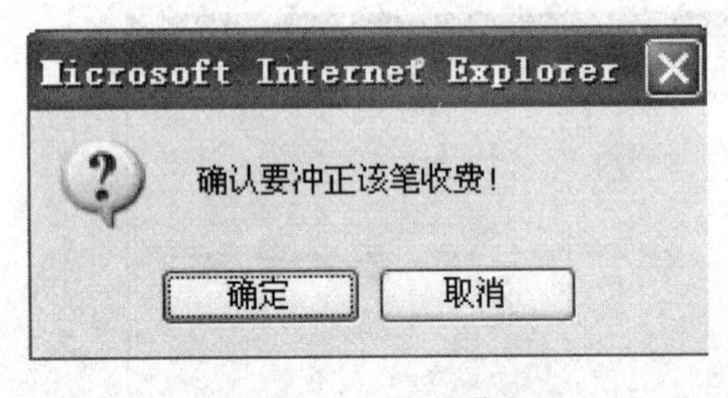

实训图 3-9　收费信息

(11) 在实训图 3-7 所示页面中点击【打印】按钮，可打印所显示明细。

3. 参考操作说明

点击【返回】按钮可退出当前窗口。

4. 注意事项

打印电费发票时若因卡纸等问题需要重新打印发票，则应先将该笔收费进行撤还，再重新收费并打印发票。

(二) 退电费转预收款

1. 功能说明

对于错收或多收的电费，需要退给客户的，在解款前可以冲正退费，解款后只能做退电费转预收。

2. 操作说明

(1) 登录系统，选择“电费收缴及营销账务管理≫客户缴费管理≫功能≫退电费转预收”，如实训图 3-10 所示。

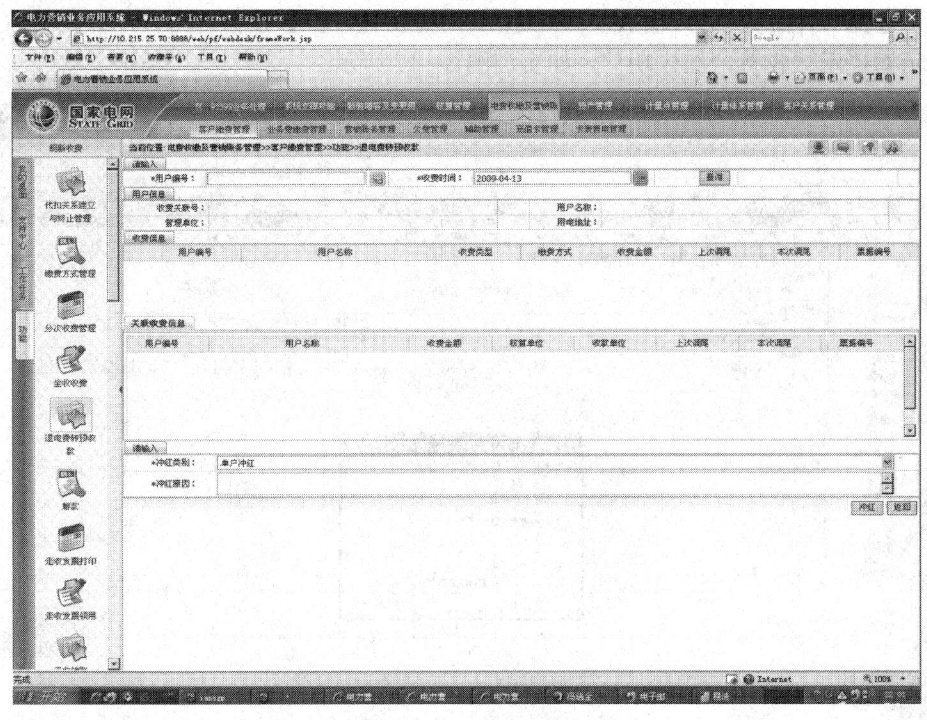

实训图 3－10　登录系统页面

(2) 在实训图 3－10 所示页面上方的“请输入”标签页中输入查询条件，选择“客户编号”和“收费时间”，点击【查询】按钮，查询出“客户的收费信息”，如实训图 3－11 所示。

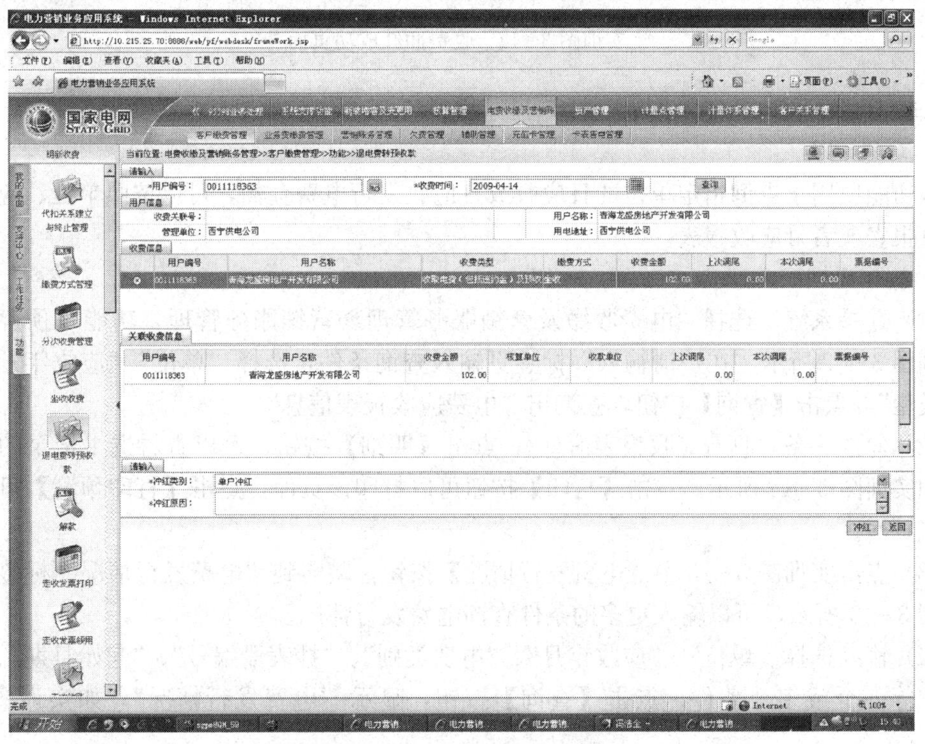

实训图 3－11　客户的收费信息页面

（3）选择“冲红类别”，输入“冲红原因”，点击【冲红】按钮即可，冲红成功后系统会弹出提示框提示“收费冲红成功!”，如实训图 3-12 所示。

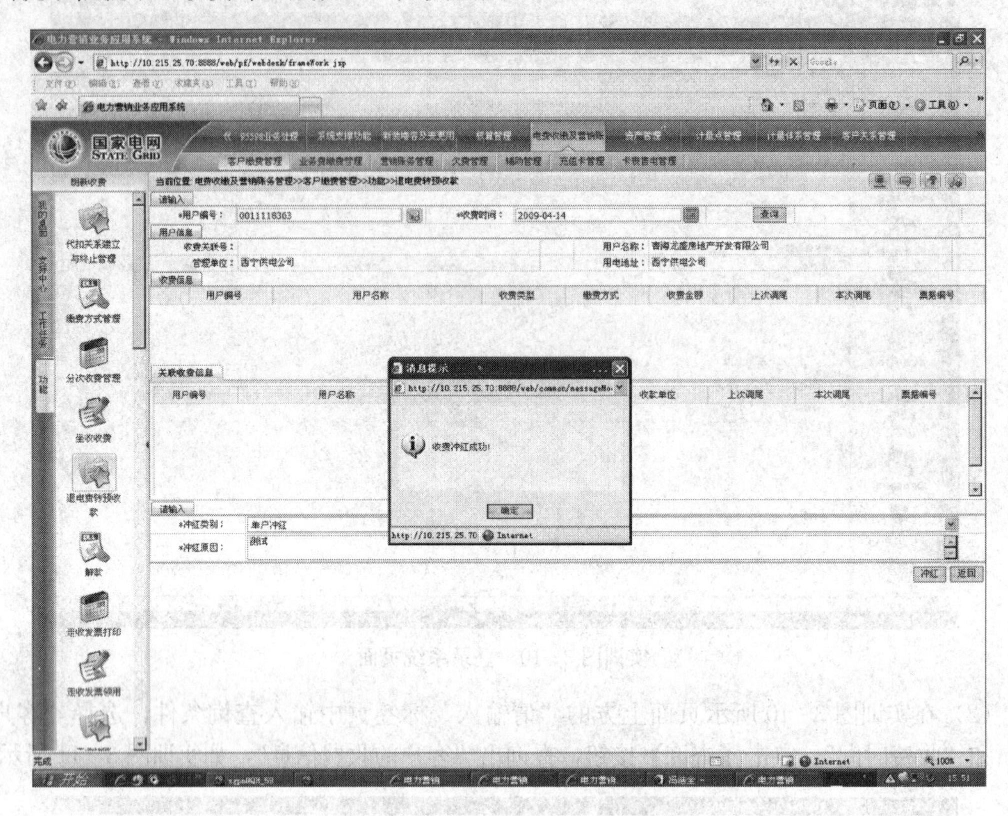

实训图 3-12　收费冲红成功页面

（三）应收管理

1. 功能说明

该功能项用于查询指定单位的日应收或月应收发行电费金额，可以按照单位、应收年月查询日报表或者月应收报表。

2. 操作说明

（1）登录系统，选择“电费收缴及营销账务管理≫营销账务管理≫功能≫预售管理”，如实训图 3-13 所示。在“请输入”标签页输入查询条件，选择“单位”“应收年月”及选择“类型”，点击【查询】按钮，查询出“电费应收报表信息”。

（2）勾选一条“收费应收报表信息”，点击【明细】按钮，可以查看选中记录的详细信息，如实训图 3-14 所示。点击【打印】按钮可以打印该页面，点击【打印预览】可以打印预览该页面。

（3）点击实训图 3-13 中【电费发行情况】按钮，跳转到“电费发行情况”标签页，如实训图 3-15 所示，可以输入更多的条件查询电费发行情况。

（4）输入选择“单位”、“应收年月”、“电费类别”、“抄表段编号”、“起始日期”、“截止日期”等一个或多个条件，点击【查询】按钮，显示“电费发行情况”，如实训图 3-16 所示。

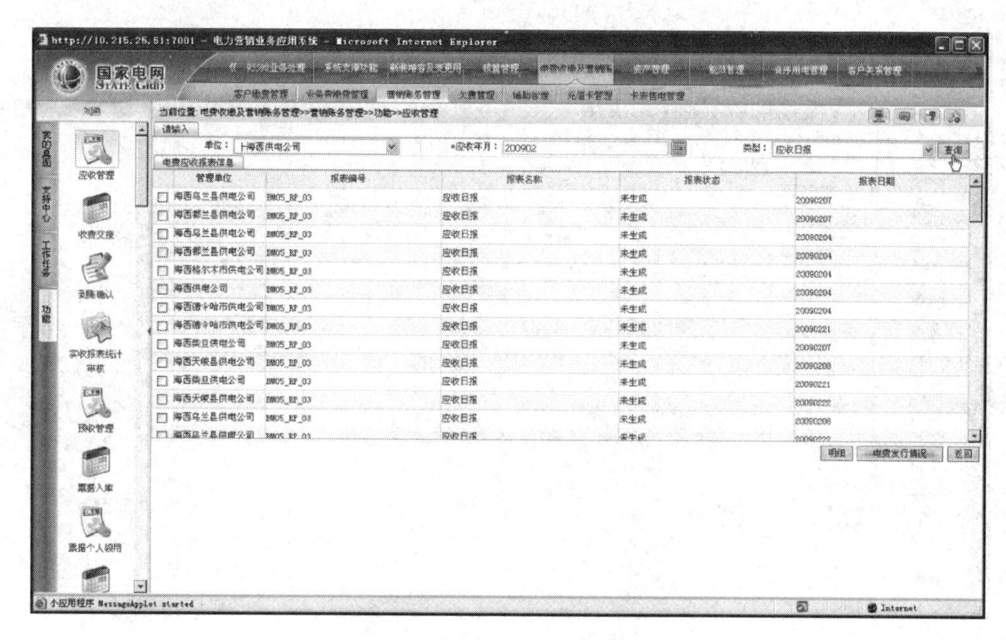

实训图 3 - 13　电费应收报表信息

http://10.215.25.51:7001/web/sp/rptmngr/util/rptMngr.do?action=showRpt&prtNo=BM05_RP_03&ym=2009 - Microsoft Internet Explorer

打印　页面设置　打印预览　关闭

应收日报

编报单位：海西乌兰县供电公司　　　　统计时段：2009年02月04日

项　　　目	本日			当月累计		
	售电量（千千瓦时）	到户单价（元/千千瓦时）	应收电费（元）	售电量（千千瓦时）	到户单价（元/千千瓦时）	应收电费（元）
一、大工业用电						
（一）优待电量						
1、煤炭生产						
1千伏至10千伏						
35千伏至110千伏						
110千伏至220千伏						
2、电石						
1千伏至10千伏						
35千伏至110千伏						
110千伏至220千伏						
3、化肥、农药*						
1千伏至10千伏						
35千伏至110千伏						
110千伏至220千伏						
4、氯碱						
1千伏至10千伏						
35千伏至110千伏						
110千伏至220千伏						
5、电解铝（35-110千伏）						
（二）丰水期优惠电量						
（三）能源替代用电						
（四）由电厂直接供电						
（五）代购代销*						
（六）其它单列电价★						
（七）除优、特电价外						

完毕　　Internet

实训图 3 - 14　应收日报

3. 参考操作说明

点击【返回】按钮可退出当前窗口。

（四）实收报表统计审核

1. 功能说明

该功能用于统计收费报表，并对收费报表进行审核。

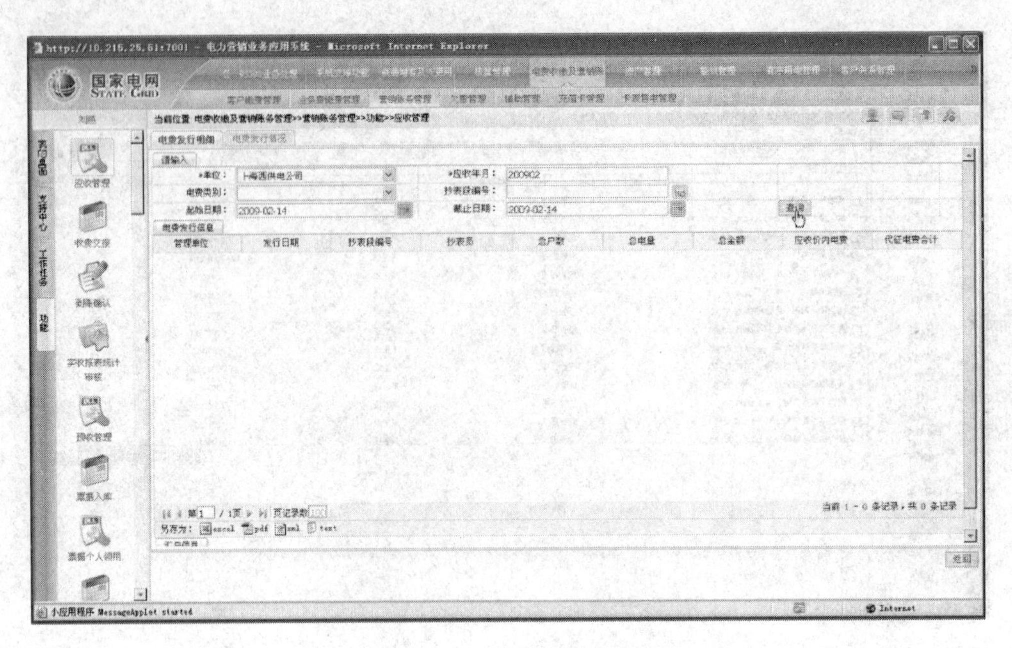

实训图 3-15 电费发行情况

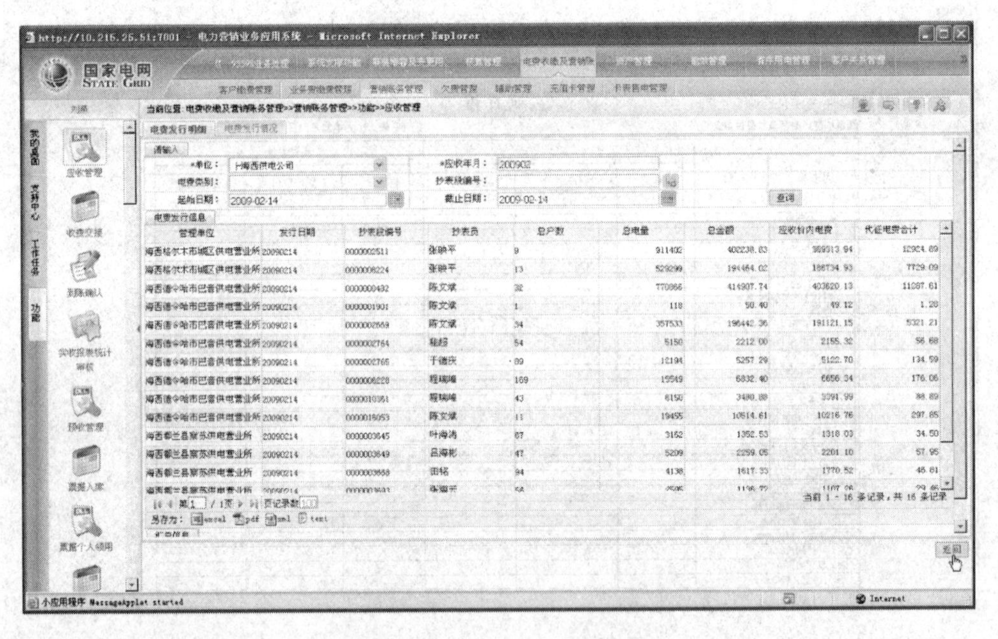

实训图 3-16 电费发行情况查询

2. 操作说明

(1) 登录系统，选择“电费收缴及营销账务管理≫营销账务管理≫功能≫实收报表统计审核”，首先选择“实收报表统计”标签页，如实训图 3-17 所示；然后选择“收费报表信息”中的一条，点击【统计】按钮，统计生成该项“收费报表信息”，如实训图 3-18 所示。

(2) 如实训图 3-19 所示，切换到“实收报表审核”标签页，选择“单位”、“类型”、“起始日期”、“截止日期”、“报表状态”等条件，点击【查询】按钮。

实训图 3 - 17　收费报表统计页面

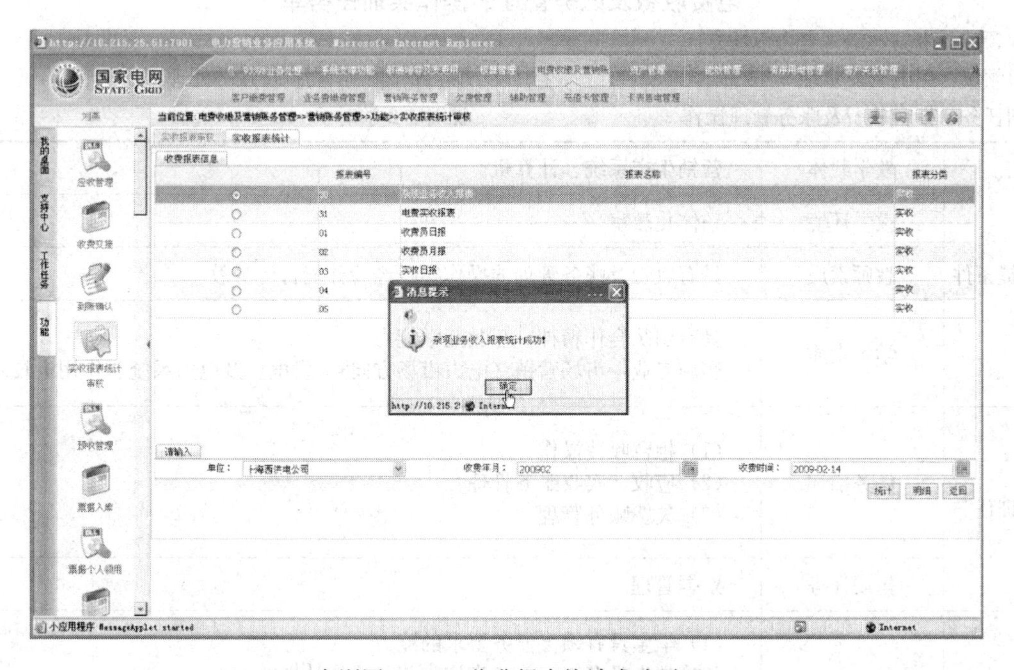

实训图 3 - 18　收费报表统计成功页面

（3）选择一条或者多条“收费报表信息”，点击【审核】按钮，审核选中的信息；点击【撤销】按钮，撤销审核；点击【明细】按钮，查看明细信息。

3. 参考操作说明

点击【返回】按钮可退出当前窗口。

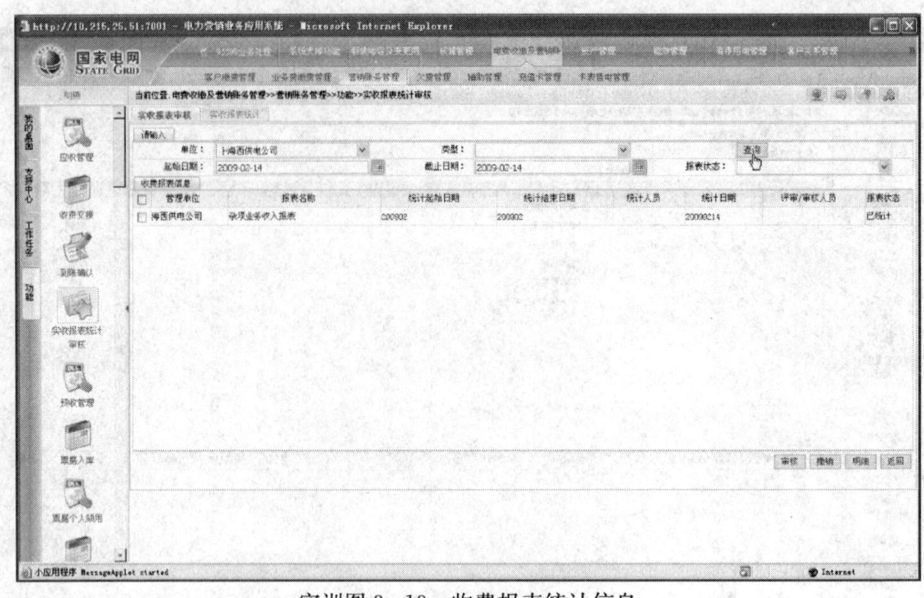

实训图 3-19　收费报表统计信息

四、电费收缴及账务管理的操作实训任务单

电费收缴及账务管理的操作实训任务单

专业领域：市场营销（电力市场方向）

学习领域：用电营业管理　　　　学习情境三：收费及账务处理

实训任务：柜台收费及账务管理操作　　　　课时：2学时

前提条件	教学载体	营销生产系统、计算机
	教学环境	一体化教室
	教师素质	具有收费及账务管理的操作实践经验并能言传身教
	学生素质	具有团队合作精神，互教互学能力 实施专业：市场营销（电力市场方向）、发电厂及电力系统、供用电技术
实训任务	任务描述	（1）柜台收费操作 （2）应收、实收账务管理 （3）欠费账务管理
	拓展任务	票据管理
能力目标	学习能力	（1）学生具有领会任务要求的能力 （2）学生具有制定任务实施步骤和工作计划的能力 （3）学生具有执行任务实施步骤和工作计划的能力 （4）学生具有自主检查和提出优化工作过程的能力
	职业能力	（1）能正确进入营销生产系统中的电费收缴及营销账务管理子系统 （2）能正确在系统中进行柜台收费管理 （3）能正确进行应收日报和实收日报的操作 （4）能正确进行欠费查询操作

续表

<table>
<tr><td>能力目标</td><td>社会能力</td><td colspan="4">（1）团队协作能力、沟通能力
（2）职业道德和工作责任感
（3）团队分析问题、解决问题能力
（4）团队组织和实施能力</td></tr>
<tr><td rowspan="7">任务
实施步骤</td><td>教学步骤</td><td>时间</td><td>主　要　内　容</td><td>教学方法</td><td>媒介</td></tr>
<tr><td>导入任务
明确要求</td><td>10 分钟</td><td>布置任务、引导学生查找资料和制定收费及账务管理的操作方案，调动和激发学生的积极性和主动性</td><td>讲述法</td><td>PPT</td></tr>
<tr><td>分组讨论</td><td>10 分钟</td><td>组织学生团队讨论工作任务，使每一位学生都能理解任务要求，在清楚任务之后，发挥学生的思维和想象力，针对工作任务提出自己的收费及账务管理的操作方案思路</td><td>分组讨论法</td><td>实训指导书</td></tr>
<tr><td>团队定操作方案</td><td>10 分钟</td><td>经过团队的讨论选择，定出完成工作任务的最佳收费及账务管理的操作方案</td><td>分组讨论法</td><td>实训指导书</td></tr>
<tr><td>操作方案实施</td><td>45 分钟</td><td>根据团队定出的方案实施操作任务
要求团队每位成员都会操作</td><td></td><td>营销生产系统、计算机</td></tr>
<tr><td>过程检查</td><td>60 分钟
全过程</td><td>教师在讨论实施方案过程中对工作完成情况进行检查，作为教师评分依据</td><td></td><td></td></tr>
<tr><td>小结、评价</td><td>15 分钟</td><td>教师在各团队任务全部完成后，对各团队的完成情况进行总结评价，也可通过团队之间交流、点评的方式进行总结评价
学生团队根据个人表现进行自评、互评</td><td>汇报交流法
过程点评法</td><td></td></tr>
<tr><td>实训成果</td><td>实训报告</td><td colspan="4">（1）实训目的、要求、任务
（2）实训操作方案
（3）实训实施过程
（4）实训能力目标实现与否感想</td></tr>
</table>

五、实训报告

《用电营业管理》课程实训任务报告单

<table>
<tr><td>学习情境</td><td colspan="3"></td></tr>
<tr><td>任务名称</td><td colspan="3"></td></tr>
<tr><td>时间期限</td><td></td><td>实施地点</td><td></td></tr>
<tr><td colspan="4">任　务　目　的</td></tr>
<tr><td colspan="4"></td></tr>
<tr><td colspan="4">任　务　内　容</td></tr>
<tr><td colspan="4"></td></tr>
<tr><td colspan="4">使　用　设　施</td></tr>
<tr><td colspan="4"></td></tr>
<tr><td colspan="4">操　作　步　骤</td></tr>
<tr><td colspan="4"></td></tr>
<tr><td>训练归纳</td><td colspan="3"></td></tr>
</table>

小组成员签字：　　　　　　　　　　　　　　日期：

教师签字：　　　　　　　　　　　　　　　　日期：

学习情境四　线　损　管　理

第一部分　知　识　模　块

知识目标

（1）清楚线损的定义及考核标准。

（2）清楚线损的分类。

（3）清楚造成线损升高的原因及降损措施。

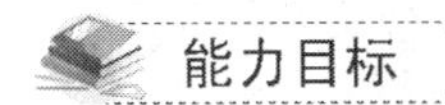

能力目标

掌握线损统计操作与计算。

模块一　线损的基本概念

【模块描述】本模块主要介绍线损的基本知识，通过知识讲解使学生掌握线损的含义、分类、线损考核指标及标准。

一、线损和线损率的定义

线损即线路损耗，是指电网在输送和分配电能过程中，各设备元件和线路所产生的电能损失。配电网络中输配电线路和变压器等的功率损耗，是考核供电公司的重要经济技术指标之一。线损管理是供电公司经营管理的重点，它直接关系到供电公司经营管理水平的高低以及经营成果和经济效益的好坏。实践表明，如最高负荷为100万kW的电力系统，线损率若降低1%，每年可多供的电量就为3000万～4000万kW·h，经济效益十分可观。因此，降低线损对供电公司来说意义非常重大。

线路损失电量占供电量的百分比称为线路损失率，简称线损率。其计算公式为

$$线损率\% = \frac{线路损失电量}{购电量} \times 100\% = \frac{购电量 - 售电量}{购电量} \times 100\%$$

其中，购电量是指电网向发电厂购进的电量，售电量是指电力企业卖给用户的电量。

二、线损分类

（一）按损耗特点分类

按损耗的特点分类，线损可分为不变损耗、可变损耗和不明损耗。

1. 不变损耗

不变损耗是指电网内所有变压器、测控仪表、二次回路等的损耗。其中主要是变压器的固定损耗，即空载激磁损耗。这部分损耗与负荷无关，它与外加电压、设备容量和产品质量有关，只要变压器带电，损耗就会出现。如电网中的变压器铁损，电缆和电容的介质损失，其他各种电器设备和仪器仪表线圈的铁损及绝缘子的损失等都属于固定损耗。影响不变损耗的最大因素是变压器中的磁滞损耗和涡流损耗，即变压器的空载损耗，简称铁损。

2. 可变损耗

可变损耗是指电网中的电气设备和线路的电能损失，这些损耗随负荷电流的变化而变化。即电网线路和变压器等与电流变化有关的损耗，如变压器的铜损、设备线圈的铜损和输配电线路的可变损失。因为线路中存在着电阻和电抗，当它们通过电流时，就会产生一定的有功损耗和无功损耗。同样，变压器中随电流变化的短路损耗和漏磁损耗也会造成一部分有功损耗和无功损耗。

3. 不明损耗

在电网实际运行中还有各种不明损耗。不明损耗是指理论计算损失电量与实际损失电量的差值，包括漏电及窃电损失电量在内。例如由于客户电能表有误差使电能表读数偏少，对客户电能表的读数漏抄、错抄，带电设备绝缘不良而漏电，以及无表用电和窃电等所损失的电量。

(二) 按损耗性质分类

按损耗的性质分类，线损可分为技术损耗和管理损耗。

1. 技术损耗

技术损耗又称理论损耗，它是电网各元件电能损耗的总称，主要包括不变损耗和可变损耗。技术损耗可通过理论计算来预测，采用技术措施可降低这部分损耗。

2. 管理损耗

管理损耗是指在供用电过程中，由于管理不善所造成的损失。如计量设备及仪表是否合理运行、电能表的计量误差是否准确、互感器的误差是否合格、电压互感器二次回路降压是否符合要求、计量方式是否合理，抄表差错、偷窃电问题及用电管理缺陷等都会造成管理损耗。

三、线损考核

(一) 线损指标的测算方法

线损理论计算统计以台区、10 (6) kV 线路为统计单位；年度销电量统计以台区、10 (6) kV 线路为统计单位；年度用电结构分类统计以台区、10 (6) kV 线路为统计单位；历欠电费明细以台区、10 (6) kV 线路为统计单位；上一年度营销指标完成情况以台区、10 (6) kV 线路为统计单位；线路线损实测值统计以台区、10 (6) kV 线路为统计单位。

台区、10 (6) kV 线路线损率计算的总体原则：一是按照上级下达的线损率计划；二是以理论线损及实测值为依据；三是结合上一年度各台区、10 (6) kV 线路实际完成情况；四是考虑计量改造、防窃电改造及管理降损等因素。

1. 台区线损率计算方法

台区线损率的计算公式为

$$台区线损率 = 上一年度实际完成值 + 增长电量的损失率$$

低压网，不含变损，城镇配变线损率不大于 10%，农村配变线损率不大于 12%，公用配变变损 18kW·h/(kVA·月)。

2. 10 (6) kV 线路的综合线损率计算方法

10 (6) kV 线路的综合线损率计算公式为

$$10(6)\text{kV}线路的综合线损率 = (综合供电量 - 综合售电量)/综合供电量 \times 100\%$$

$$低压供电量 = 低压售电量/(1 - 低压线损率)$$

$$高压供电量 = (综合售电量 + 低压供电量 - 低压售电量)/(1 - 高压损失率)$$

高压损失率 = 历年理论计算值的平均值

综合供电量 = 高压供电量

高压线损率不大于6%。

（二）线损计算

在供电量一定的情况下，减少损失电量就是增加了售电量，这是供电公司降低供电成本、增加收入的有效途径。

1. 架空线路损耗

当电流通过三相供电架空线路时，在线路导线电阻上的功率损耗为

$$\Delta P = 3I^2R \times 10^{-3} \tag{4-1}$$

式中　ΔP——线路电阻功率损耗，kW；

I——线路的相电流，A；

R——线路每相导线的电阻，Ω。

若通过线路的电流是恒定不变的，式（4-1）的功率损耗乘以通电时间就是电能损耗（损耗电量）。由于通过线路的电流是变化的，要计算某一时间段（一个代表日）内线路电阻的损耗电量，必须掌握电流随时间变化的规律。通常近似认为每小时内电流不变，则代表一日内24h的电流分别为I_1、I_2、…、I_{24}，全日线路损耗电量为

$$\Delta W = 3(I_1^2 + I_2^2 + \cdots + I_{24}^2)R \times 10^{-3} = 3I_{jf}^2R \times 24 \times 10^{-3} \tag{4-2}$$

式中　ΔW——全天线路损耗电量，kW·h；

I_{jf}——线路日均方根电流，$I_{jf}=\sqrt{\dfrac{I_1^2+I_2^2+\cdots+I_{24}^2}{24}}$，A。

如果测定的负荷数据是有功功率和无功功率，则因为

$$3I^2 = \frac{P^2 + Q^2}{U^2}$$

所以

$$3I_{jf}^2 = \frac{1}{24}\sum_{i=1}^{24}\frac{P_i^2 + Q_i^2}{U_i^2} \tag{4-3}$$

式中　P_i——第i小时的有功功率，kW；

Q_i——第i小时的无功功率，kvar；

U_i——第i小时的电压值，kV。

2. 电力电缆线路的损耗

电力电缆线路的电能损耗主要包括导体电阻损耗、介质损耗、铅包损耗和钢铠损耗四部分。

电缆的钢带、铅包及钢铠中的涡流损耗、电缆的敷设方法、土壤或水底温度以及集肤效应和邻近效应等对电缆的可变电能损耗都有影响，故计算电缆线路的电能损耗是很复杂的。一般情况下，介质损耗约为导体电阻损耗的1%～3%；铅包损耗约为1.5%；钢铠损耗在三芯电缆中，如导线截面不大于185mm²，可忽略不计。电力电缆线路的损耗一般根据产品目录提供的交流电阻数据进行计算，即

$$\Delta W = 3I_{jf}^2 r_0 l \times 24 \times 10^{-3} \tag{4-4}$$

式中　r_0——电力电缆线路每相导体单位长度的电阻值，Ω/km；

l——电力电缆线路长度，km。

3. 电力电容器损耗

电力电容器的损耗主要是介质损耗，可根据制造厂提供的绝缘介质损失角 δ 的正切值来计算电能损耗，即

$$\Delta W = Q_C \tan\delta \times 24 \tag{4-5}$$

式中 Q_C——电力电容器的容量，kvar；

δ——绝缘介质损失角，国产电力电容器 $\tan\delta$ 可取 0.004。

（三）线损常用计算方法

目前，线损的常用计算方法主要有损失因数法、均方根电流法、最大负荷损耗小时数法等。

1. 损失因数法

损失因数法又称最大电流法，是利用日负荷曲线的最大值与均方值之间的等效关系进行线损计算的方法。

（1）损失因数 F。损失因数 F 等于线损计算时段内的平均功率损失 ΔP_{au} 与最大负荷功率损失 ΔP_{max} 之比，即

$$F = \frac{\Delta P_{au}}{\Delta P_{max}} \tag{4-6}$$

损失因数的大小随电网结构、电能损失种类、负荷分布及负荷曲线形状不同而异。它与负荷率的关系最密切，根据负荷率可近似推算损失因数值。

对一般电网，有

$$F = 0.3f + 0.7f^2 \tag{4-7}$$

$$f = \frac{P_{au}}{P_{max}}$$

对供电输电网，有

$$F = 0.083f + 1.036f^2 - 0.12f^3 \tag{4-8}$$

式中 f——负荷率；

P_{au}——平均负荷；

P_{max}——最大负荷。

（2）T 时段的线损值。通过损失因数，可采用最大负荷时的功率损失计算时段 T 内的线损值，计算公式为

$$\Delta W = \Delta P_{mzn} F T \tag{4-9}$$

【例 4-1】 如图 4-1 所示，某 10kV 配电线路，若 b、c 点负荷的功率因数为 0.8，负荷率 f 为 0.5，求年电能损失。

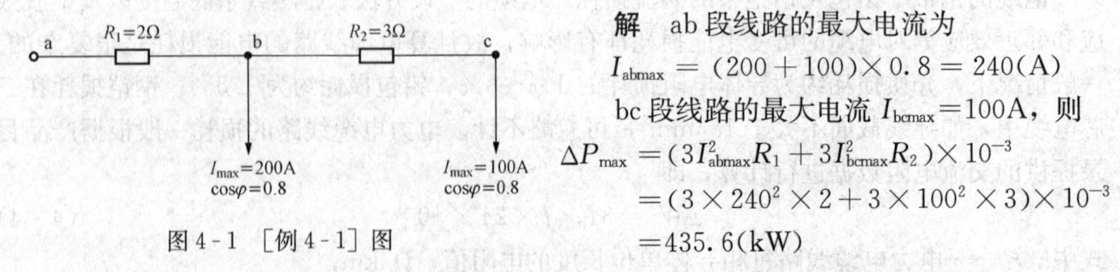

图 4-1 ［例 4-1］图

解 ab 段线路的最大电流为

$$I_{abmax} = (200 + 100) \times 0.8 = 240(\text{A})$$

bc 段线路的最大电流 $I_{bcmax} = 100\text{A}$，则

$$\begin{aligned}\Delta P_{max} &= (3I_{abmax}^2 R_1 + 3I_{bcmax}^2 R_2) \times 10^{-3} \\ &= (3 \times 240^2 \times 2 + 3 \times 100^2 \times 3) \times 10^{-3} \\ &= 435.6(\text{kW})\end{aligned}$$

若取 $F=0.3f+0.7f^2$，则有

$$F=0.3\times0.5+0.7\times0.5^2=0.325$$

$$\Delta W=\Delta P_{max}FT=435.6\times0.325\times8760=1\ 240\ 153.2(\text{kW}\cdot\text{h})$$

所以，该线路年电能损失为 1 240 153.2kW·h。

2. 均方根电流法

均方根电流法是指线路中流过均方根电流所消耗的电能，相当于实际负荷在同一时期内消耗的电能。

当电阻为 R 的元件日负荷电流实测值为 I_1、I_2、I_3、…、I_{24}，其日线损电量为

$$\Delta W=3I_{ms}^2R\times24\times10^{-3} \tag{4-10}$$

式中 ΔW——全天线路损耗电量，kW·h；

I_{ms}——线路代表日均方根电流，$I_{ms}=\sqrt{\dfrac{I_1^2+I_2^2+\cdots+I_{24}^2}{24}}$，A。

如果测定的负荷数据是有功功率和无功功率，则因为

$$3I^2=\frac{P^2+Q^2}{U^2}$$

所以

$$3I_{ms}^2=\frac{1}{24}\sum_{i=1}^{24}\frac{P_i^2+Q_i^2}{U_i^2}$$

$$I_{ms}=\frac{1}{6}\sqrt{\frac{1}{2}\sum_{i=1}^{24}\frac{P_i^2+Q_i^2}{U_i^2}} \tag{4-11}$$

式中 P_i——第 i 小时的有功功率，kW；

Q_i——第 i 小时的无功功率，kvar；

U_i——第 i 小时的电压值，kV。

当实测点是每小时有功电能 A_{at}(kW·h)、无功电能 A_{rt}(kvar)，测量点平均线电压 U_{av}(kV) 时，均方根电流为

$$I_{ms}=\frac{1}{6}\sqrt{\frac{1}{2}\sum_{i=1}^{24}\frac{A_{at}^2+A_{rt}^2}{U_{au}^2}}$$

均方根电流法适用于供用电较为均衡、日负荷曲线较为平坦（峰谷差较小）的电网的理论线损计算。

3. 最大负荷损耗小时数法

最大负荷损耗小时数法是指在 t 时段内，若客户始终保持最大负荷 P_{max} 不变，则电网电阻元件引起的电能损失等于一年中实际负荷在该电阻中引起的电能损失。即

$$\Delta W=\Delta P_{max}t=3I_{max}^2Rt\times10^{-3}(\text{kW}\cdot\text{h}) \tag{4-12}$$

式中 ΔP_{max}——最大负荷时电阻元件中的功率损失，kW；

t——最大负荷损失时间，h；

I_{max}——最大负荷电流，A。

利用最大负荷损失时间求电能损失的方法准确度不高，因此它仅适用于电网的规划设计。用最大负荷损失时间求电能损失的方法误差太大，而线损指标是电网技术状况和运行合理性的重要指标，对计算的准确度要求很高，因此该方法不允许用于计算实际已运行的电网

线损；否则，将有可能造成错误的结论。例如，为了降低线损，有时可采取一些技术改造措施，对此需要进行方案比较，如果降损节电数据计算不准，就可能得出不合理的方案。

模块二 线 损 管 理

【模块描述】本模块介绍线损管理的有关知识，通过知识讲解掌握线损的四分管理技术、影响线损的主要因素、降低线损的技术措施和管理措施。

一、线损的四分管理技术

（一）线损四分管理的基本概念

线损四分管理是对管辖电网采用分压管理、分区管理、分线（变）管理和分电器元件管理的综合管理方式。目前，很多大、中型电力公司对线损管理采取了四分管理技术（即分供电区、分电压等级、分线路、分电器元件）开展线损的统计分析工作。

（1）分供电区管理。分供电区管理是指对所管辖电网按供电区域划分为若干个行政管理单位进行线损统计考核的管理方式。一般将供电区按四级划分，如图 4-2 所示，在各自供电区域分界点，设置关口电能计量装置，公变低压侧应安装电能计量装置。

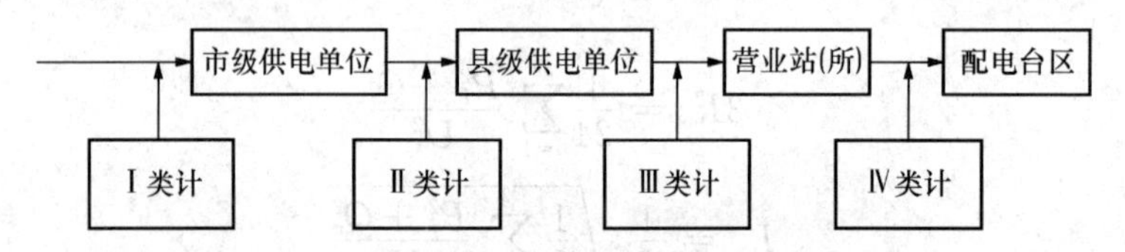

图 4-2 供电区四级划分及计量装置安装点示意图

（2）分电压等级管理。分电压等级管理是指对所管辖电网按电压等级分别进行统计考核的管理方式。网损、地区线损均应按电压等级进行统计、分析。在电压的分界点（即变压器的高、中、低压侧）设置电能计量装置。电能计量装置的配置标准如图 4-3 所示。其中各计量装置的电压互感器二次压降都不超过二次侧额定电压的 0.5%。

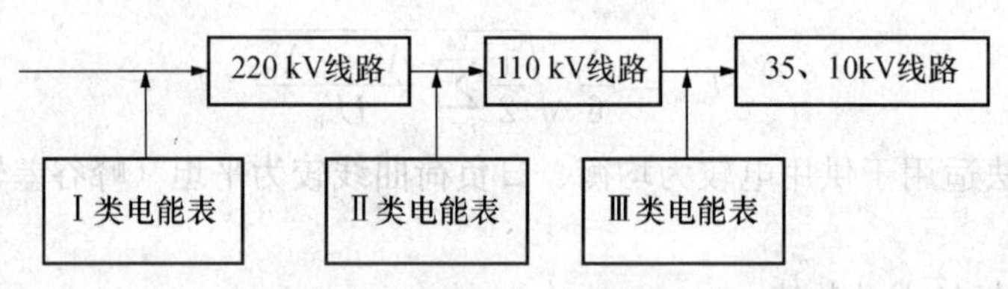

图 4-3 电网电压等级划分及计量装置安装点示意图

（3）分线路。分线管理是指对所管辖电网中各电压等级主设备（线路、变压器）的电能损耗进行单个元件统计分析的管理方式。网损、地区线损中的输变电损耗及配电损耗均应按每条线路进行统计、分析。110kV 及以上的线路在线路两端设置电能计量装置；35kV（含 66kV）、10（6）kV 配电线路在线路首端及变压器低压侧安装电能计量装置；对有功率交换的输配电线路，应安装双向有功、无功电能表。电能计量装置各部分准确度原则上按图 4-2 所示标准配置。

（4）分电器元件。在各市级供电单位线损分析中，还应开展按电力网中元件分类进行线损的统计和分析工作。也就是按电网升、降压变压器，母线，调相机，无功补偿电容器组等主要元件的技术参数，通过统计、分析、计算，掌握这些元件的总损耗及其在线损中所占的比重。在变压器损耗统计分析中，要在变压器的两侧安装电能计量装置。用于统计、分析分元件损耗的计量装置的配置与图 4-2 所示标准相同。

采取四分管理技术的线损计算主要是计算线路和台区的线损，然后计算整个营业所的线损。

线路线损计算公式为

统计线损 =关口表(此条线路的供电量)-(此条线路中所有专变的抄录电量+此条线路中所有公用变压器的抄录电量)

管理线损 = 统计线损 - 理论线损

台区线损计算公式为

台区统计线损(公用变压器)= 变压器关口表 - $\sum$ 客户的用电量台区管理线损

= 台区统计线损 - 台区理论线损

（二）四分管理工作的主要实施办法

(1) 建立四分管理工作架构。成立线损四分管理小组，负责管理各项考核指标体系的建立，包括从变电所主变压器低压侧总表、10kV 出线关口表、各 10kV 专用变压器客户计量表、公用变压器总表和低压客户计量表计等各种管理级别的电量统计分析。按四分管理要求建立区域线损分析报告和 10kV 线损率（综合线损率）、计费线损率、各低压台区线损率报表，并定期召开线损管理分析会，查找线损异常原因及降损的措施。各考核体系内相关责任人对所属考核范围的线损异常进行分析及查找原因，同时对所有抄表人员建立抄表回收率、差错率、实抄率等考核指标。

(2) 完善四分管理的各级表计对应关系，保证四分管理建立在一个数据对应正确、统计准确的平台上。

对 10kV 线路的负荷要及时在调整范围内进行客户电量的统计分析和调整，各公用变压器线路也同样进行调整负荷电量的分析统计，避免出现正、负线损偏差的现象。对原来在 0.4kV 的低压客户，若总分表对应关系混乱造成台区电量统计不清的要核对对应关系，予以全面清理。

(3) 营销管理系统在四分管理基础上，对系统功能进行完善，并按“四分”要求，在供电线路分压、分线进行电量统计，并及时对统计口径的正确性及各级表计电量的一一对应关系进行调整。

(4) 为切实保证各级考核线损统计的准确性，有必要对变电所母线电量不平衡率加以统计，考核变电所 10kV 出线关口表的计量准确性，以保证 10kV 线损考核统计结果的真实准确。同时也有必要对一些比较特殊的公用变压器台区（如供电设备及线路条件较好的商住小区等）区别制定不同的低压线损指标，以保证线损考核的公平和公正。

(5) 建立与完善各线路、台区网络参数的基础资料，每年进行理论线损计算。建立包括高压供电半径、网络线路规格型号、专用及公用变压器容量、客户数量、用电结构、各线路和台区负荷率等供电网络参数的基础资料，进行理论线损计算，从而科学制定线损考核办法及各级线损管理考核指标。

(6) 针对线损考核统计指标出现异常的线路，锁定相关重点区域及重点客户进行用电检查，打击和查处偷、漏电及违章违约用电行为，保证线损管理的成效。

（7）按照四分管理要求，有目的地进行网络优化工作，建立网络结构合理、供电设施损耗小、无功补偿平衡的节能型供电网络。

（8）建立、健全计量装置的技术档案，定期轮换淘汰超期服役、准确度不够的表计，加强计量装置改造，大力推广高压计量、客户终端负荷控制和监察系统等新的管理技术手段。

（9）建立稳定的抄表制度，在加强对抄表线路计划性管理的同时，编排精确的总表与分表同步抄表制度，把因抄表时间不同步导致的线损误差降到最低，使分线、分台区的线损分析考核处于一个数据准确、同步的平台。

（10）认真执行营业管理制度，减少内部差错，开展经常性的营业普查和内部稽查，及时发现和降低因管理不善导致的电量损失，降低管理线损。

（11）建立、健全线损考核责任制。除考核抄表人员外，还应把相关考核指标分解到计量和用电检查人员，同抄表人员一起落实到相关区域或线路，实行捆绑考核，强化计量和用电检查人员的线损管理责任。

二、影响线损的主要因数

（1）电流。电流增大则损耗增大，电流减小则损耗降低。任何一个电气设备都有一个经济电流范围，当实际电流保持在这个范围内时，就可以使损耗接近最小值。

（2）电压。供电电压高，线损中的可变损失减少，但不变线损却随着电压升高而增加。总的线损随着电压的升高是降低还是升高，视线损中的不变损失铁损在总线损中所占的比重而定。

（3）功率因数。功率因数提高，线损降低；功率因数降低，线损升高。

（4）负荷波动幅度。负荷的大小对线损影响不是很大，但同一时期负荷曲线波动幅度（即峰谷差）大的，线损越大；负荷曲线趋于平坦的，线损小。

（5）运行方式。选择合理、经济的运行方式，会大大降低线路和设备的功率损耗，从而降低线损率。

（6）设备运行损耗。其包括变电所的直流充电装置和控制及保护、发送信号、通风冷却等设备以及调相机辅机的耗电量，此外带电设备绝缘不良引起的泄露损失等。

（7）计量装置。计量装置本身的综合误差或计量装置故障引起的损耗，如电压互感器熔断器熔断和电能表停转、空转、接线错误。计量是测定实际线损的唯一途径，更换淘汰型电能表，减少计量损失，积极采用误差小、准确度高、起动电流小的电子电能表，提高计量装置的准确度、灵敏性，能更准确地分析掌握影响线损变化的因素。

（8）管理因数。营业工作中的漏抄、错抄、错算及倍率错误等；客户的违约用电、窃电，如使用表外接线、分流等手段使电能表不计或少计电量；不及时办理用电手续，如临时用电协定电量客户到期不拆除用电，高压客户停用后不停台变；供售电量抄表结算时间（周期）不对应等。

三、降低线损的技术措施和管理措施

根据线损产生的原因和线损管理中存在的主要问题，降低线损主要包括技术和管理两个方面的措施。

（一）加强线损精细化管理的技术措施

1. 科学规划和改造电网的布局和结构

电网建设和改造应当按照供电安全可靠、运行经济灵活、网架结构合理、电能质量合格和便于维护管理的原则规划、设计，坚持统一标准、讲求实效、先易后难、分步实施，这样才能保证技术降损工作有良好的基础。

从降损节能的角度考虑电网布局，关键是合理选择供电半径和控制最长供电距离，供电半径应根据负荷分布并按电压降进行选择。尽量达到短半径、多布点、小容量、多供少损、电压合格的要求，10kV 配电线路半径控制在 15km 以内，0.4kV 的线路半径控制在 0.5km 以内。

加快高耗能变压器及计量装置的更新改造，是降损节能工作的关键。一是大力度选用 S9 系列变压器或非晶合金变压器，加快现有高耗能变压器的技术改造，淘汰 JB500-64 系列变压器，降低变压器本身的损耗。二是强化计量装置的技术改造，用电计量装置应安装在供电设施的产权分界处，应提高计量装置的准确度，高供低计的客户选用 S 级的电流互感器，电能表选用 86 系列宽量限的电能表；高供高计的客户选用 S 级多线圈互感器，选用多功能全电子式电能表，减少因计量装置造成的损耗。

2. 合理选型，保证供配电设备的经济运行

合理配置设备、降低设备损耗主要包括变压器的经济运行和线路的经济运行。

（1）变压器的经济运行。所谓变压器的经济运行是指其在运行中所带的负荷通过调整后达到合理或基本合理值，此时，变压器的电功率损耗率达到最低值，效率达到最高值。这一运行状态（变压器负载率为 40%～60%）就是变压器的最佳经济运行区。这是降低变压器和电网电能损耗的重要措施之一。为提高供电可靠性和适应农电网络季节性强、负载波动大的特点，35kV 变电所应两台同容量主变压器并列运行，两台主变压器的投切根据临界负荷而确定，主变压器强调经济运行以减少主变压器损耗。当变化的负荷（二次侧负荷）小于临界负荷（负载）S_{cr}时，切除一台主变压器运行较为经济，而大于临界负荷时则两台主变压器运行较为经济。10kV 配电变压器的损耗占配电网损的比例很大，配电变压器运行不经济的主要原因是容量的选择不尽合理，安装位置又不恰当，尤其是农村用电负荷存在季节性强、峰谷差大、年利用小时低、全年轻载甚至空载时间较长等因素，加之管理不善等因素造成农网损耗过高。因此，合理选型和调整配变容量、提高配变平均负荷率，是农电网络降损节能工作中的一项重要内容。配电变压器其运行的实际铜损等于铁损时，工作效率最高，负载率为最佳负载率。排灌等季节性负荷专用配电变压器，在不用时要退出运行。对照明动力混合负荷最好采用母子变压器方式运行，即当变压器二次侧负荷为小负荷，即 $S<S_{cr}$（第一临界负荷）时，投运一台子变压器；当变压器二次侧负荷为中负荷，即 $S_{cr1}<S<S_{cr2}$（第二临界负荷）时，投运一台母变压器；当变压器二次侧负荷 $S>S_{cr2}$时，投运母子两台变压器。采用这种分步运行方式，其功率损耗（或电能损耗）最小，最为经济合理。

（2）输配电线路导线截面的选择。导线截面应选择合理，应考虑远期负荷增长的需要。导线在通过正常最大负荷电流时产生的电压损耗，正常运行时高压配电线路电压降不宜超过 5%，而低压降不宜超过 4%；电流密度不超过 1.65；每回出线输送功率一般不应超过 2000～3000kVA，若过大，则应考虑增加出线数或新增电源布点。配电线路的电能损耗绝大部分在主干线段，降低干线段上的电能损耗是线路降损节能的一个主攻方向；减少干线段的电压还能提高全线路的电压质量。对于干线段的技术降损可采取多种方法，比如增大导线截面、提前分流、转移负荷等。

（3）加强高损耗电网的无功补偿。在负荷有功功率不变的条件下，提高负荷功率因数可

减少负荷的无功功率，从而减少无功功率在线路和变压器中引起的有功损耗，降低线损。提高线路功率因数、减少无功功率的输送，不仅对提高配电网电能质量，而且对降低线损具有重要的意义。

无功补偿可按分级补偿、就地平衡的原则，采取集中、分散和随机补偿相结合的方案进行。具体包括以下几种方案：一是在设有安装集中补偿装置的变电所10kV母线上加装补偿电容器，使无功得到平衡；二是在线路长、负荷大的10kV线路上安装并联电容器进行分散补偿，但补偿的原则应服从于无功补偿总体规划和尽可能提高补偿经济当量，每一条线路的补偿容量取配电变压器空载无功总功率的1.1～1.3倍为宜；三是容量为30kVA及以上的10kV配电变压器应随机就地补偿，使配电变压器自身无功损耗得到就地平衡；四是在7.5kW及以上、年运行时数在1000h以上的电动机上进行随机补偿，实践效果较佳；五是在10/0.4kV配电变压器中广泛采用低压侧集中补偿的无功补偿方式，可大大降低有功损耗和电压损耗，又可以满足负荷变动时最低补偿的需要，避免了轻载时的过补偿。

（二）加强线损精细化管理的管理措施

1. 加强供电公司内部管理

加强供电公司内部管理是供电公司精细化管理的重要环节之一，线损管理是否到位、线损的高低，不仅直接影响着企业的经济效益，而且也在一定程度上说明了一个供电公司的管理水平。抓住线损管理不放松，深挖内部潜力，向管理要效益，向线损要效益，这是供电公司必须长期坚持的战略定位，也是提高企业经济效益的根本途径。加强供电公司内部管理降低线损的措施主要包括建立健全线损考核奖惩制度、建立线损分析月度例会制度、配置设备的经济运行和建立营销普查常态工作机制等。

（1）建立健全线损考核奖惩制度。建立健全线损考核奖惩制度首先要制定严格科学的考核标准，这种激励机制是线损精细化管理中的一项重要措施。完善激励措施必须建立一个严格的电网线损管理体系，实行线损分级管理，责任到人，指标分解，各负其责。通过层层落实责任制，严格考核兑现，从而使人人肩上有担子，个个身上有压力。对降低线损率的人员给予奖励，对线损率居高不下者进行处罚。完善激励机制有利于增强在岗人员责任感，达到降低电网线损的预期目标。对于激励机制也可以进一步适用于客户。为此，可以加强宣传使用电力的力度，广泛宣传电能是商品。同时依靠和发动群众积极举报，对举报人给予相应的奖励。如发现窃电客户，根据《中华人民共和国电力法》进行认真严肃处理。

（2）建立线损分析例会制度。线损分析例会制度就是供电所每月要定期召开一次线损分析会，对逐条线路的线损进行认真研究分析，及时掌握全所的线损情况，定期开展理论线损的计算工作。根据现有电网接线方式及负荷水平，可对各元件电能损耗进行计算，以便为电网改造和考核线损提供科学的理论依据；不断收集整理理论线损计算资料，经常分析线损变化情况及原因，为制定降损方案和年、季、月度线损计划指标提供依据。在召开线损分析会时，可采用“头脑风暴法”让大家各抒己见，共同探讨。对于线损高的要认真查找原因，对症下药，提出下一步解决的办法；对于线路运行良好，线损稳中有降的线路，积极总结经验加以推广，以达到相互学习、相互促进之目的。

（3）加强系统和设备的运行管理。加强系统和设备的运行管理，使供电设备长期处于经济运行状态，是降低线损的又一有效手段。经济运行是指设备的最佳运行状态，即在这种运行状态下能够产生最佳的经济效益，也就是说要设法尽可能地减少有功、无功损失。加强供电设备的经济运行管理包括以下几个主要环节：

一是加强电力调度管理。调度要以保障效益，降低线损为基本原则，准确掌握负荷的变化情况，制定科学经济的电力运行方案。

二是加强设备运行管理。变电所的变电运行人员，要及时掌握变电设备和线路的负荷变化以及功率因数高低情况，合理投切电容器，尽量使设备处于经济运行状态。对用电负荷大的低压客户宣传并合理配备低压补偿电容，减少无功电流，提高供电线路的负荷承载能力。

三是加强设备的巡查工作。供电所的管理人员要对每个配电台区经常进行巡查，特别是对那些野外抗旱变压器，一旦抗旱结束要立即停运，防止空载运行。

(4) 建立营销普查常态工作机制。营销普查是降低线损过程中的一种最直接、最简单，也最易生效的办法。结合实际情况，可开展大规模普查与个别检查相结合，定期普查与日常检查相结合，专项检查与全面普查相结合，查总表与查分表、客户表相结合的普查方式。采取多种技术手段、多种形式相结合，开展营业普查工作。营销部及基层供电所的管理者，必须对自己所管辖的台区和客户情况有一个最真实的了解，对每个台区每个客户的用电负荷都要了如指掌、胸中有数。一旦线损升高，就可以通过每个客户的月度电量的增减幅度，对问题的出现有一个较为准确的判断，从而进一步深入细致地对客户进行营销普查，能够有效地控制个别欺骗瞒报截留电现象。同时，电力营销普查常态工作机制将增强用电检查力度，电力工作人员可利用举报、频繁性突击检查等各种方式来杜绝违章用电。

2. 加强线损管理人员队伍的建设

电网管理人员的队伍建设是降低线损的基础。要降低管理线损，提高管理人员自身素质是不可忽视的。在现实中，一些人遇到问题往往归罪于电网技术环境，不从自身素质找原因，过分强调电网改造在降低线损中的作用，而忽视自身素质的提高。因此，在加强线损管理人员队伍建设中，可采用以下措施：

(1) 选择合适的人到合适的岗位。依据岗位任职标准，选择有管理能力和降损技术知识及经验丰富的人担当线损专责，选择能力强、素质高、责任心强的农电工到供电量大的台区工作，选择组织能力强、业务素质高的人担任班长。使得人尽其才，才尽其能。

(2) 不断加强业务知识培训和经验交流。对于新知识和新技术，要及时在业务培训会和线损分析会中进行学习。管理专责要及时树立管理好的台区作为标杆，使大家更好地、更直接地、更有目的地学习经验，找出差距，准确地找到薄弱环节。利用农电工岗位知识及技能竞赛和年终的技术比武等活动，激发职工的学习兴趣。

(3) 做好责、权、利的结合。放手用人，使相关人员敢管，管了能管好，管好了能得到相应的报酬，使每个人感到成就感和价值回报感，使线损管理链条上的每个人自觉地去管理，提高其管理的自觉性和主动性。

3. 加强电能计量监督管理

电能计量是线损管理的核心部位，计量表就好像在商品买卖交换过程中的秤，应该保证准确无误。对于供电公司来讲，如果计量表失去准确性，或者是窃电者蓄意在计量表上做手脚，都会给企业带来巨大损失，也就会导致线损的升高。加强电能计量监督管理就要按照有关计量管理制度的规定，严格把好电能表的安装关、校验关、轮换关。电能计量要对公司所属范围内的考核用电能表、公网变低压客户计费表、专用变压器计费表、农村低压台区计费表的准确性和计量装置的完好性负责。建立完整的电能表台账，按照规定的周期对计费电能表进行统一校验，对不合格的电能表，要按照产权归属分别处理，对于公网变、农网变低压客户计费电能表以及专用变压器计费电能表和由用电客户购买合格表计，经校验合格后予以安装（更换）。不定期对现有计量封钳、封印进行清理核查，销毁已淘汰的封钳、封印，并严格封钳、封印的领用、保管和使用登记手续，实行责任追究制。

4. 加大用电稽查力度，确保精细化管理的效果

加大用电稽查力度，可达到减少电量损失的目的，将确保线损精细化管理的效果。线损精细化管理要求供电公司全面开展对高线损线路和台区客户的用电检查及其清理工作，针对在线损分析中发现的线损较高的线路和台区状况，把组织对高线损线路和台区客户的用电普查作为日常性工作来抓，对客户的用电情况定期检查和不定期抽查，建立常态的用电稽查管理机制。如在拆迁区域要尽快拆除空截线路，经常不定期组织夜间反窃电检查，特别在季节性用电时更要加大力度。另外要经常检查计量设备的铅封情况，对于发现没有铅封的表计要及时铅封，不能让不法分子有机可乘。针对私人企业，如砖厂和轧钢厂等高能耗性企业白天停产、晚上生产的特点，有组织地开展“零点普查行动”。在企业进行生产时，对其进行用电检查，核实企业的用电负荷及生产经营状况。在对外的用电稽查中，与公安部门的通力协作，组织对责任区内的场所进行地毯式的摸排清理，重拳出击，查处窃电及违约用电的客户，并就相关政策及法律条文对这些客户进行耐心的教育，既可挽回了损失，又能产生较好的社会效应。

第二部分　习　　题

一、填空题

1. 按损耗的特点分类，线损可分为不变损耗、________和________。

2. 按损耗的性质分类，线损可分为________和管理损耗。

3. 计算线路损耗常用的计算方法主要有________、________、最大负荷损耗小时数法等。

4. 影响不变损失最大的因素是变压器中的磁滞损耗和涡流损耗，即变压器的________损耗。

5. 电缆线路的电能损耗主要包括导体电阻损耗、________、________和钢铠损耗四部分。

6. 在供电量一定的情况下，减少损失电量，就是________售电量，是供电公司降低供电成本、________收入的有效途径。

7. 损失因数等于线损计算时段内的平均功率损失与________之比。

8. 线损四分管理是对管辖电网采用分压管理、________、分线（变）管理和________的综合管理方式。

9. 分压管理是指电网按________划分为若干个行政管理单位进行线损统计考核的管理方式。

10. 分区管理是指电网按供电区域划分为若干个________进行线损统计考核的管理方式。

11. 功率因数提高，线损________；功率因数降低，线损________。

12. 无功补偿可按________的原则，采取集中、分散和随机补偿相结合的方案。

13. 加强供电公司内部管理降低线损的措施主要包括建立健全线损考核奖惩制度、建立

线损分析月度例会制度、________和建立营销普查常态工作机制等。

14. 线损分析例会制度要求供电所要定期按________召开一次线损分析会，对逐条线路的线损进行认真研究分析，及时掌握全所的线损情况，定期开展理论线损的计算工作。

二、选择题

1. 线损是指电网在输送和分配电能过程中，各设备、元件和线路所产生的电能损失。

A. 电量　　B. 电能　　C. 电压　　D. 电流

2. 可变损耗是指电网中的设备和线路的电能损失，这些损耗是随负荷（　　）的变化而变化。

A. 电流　　B. 电压　　C. 频率　　D. 谐波

3. 损失因数法又称最大电流法，它是利用日负荷曲线的（　　）与均方值之间的等效关系进行线损计算的方法。

A. 最小值　　B. 平均值　　C. 最大值　　D. 有效值

4. 均方根电流法是指线路中流过均方根电流所消耗的电能，相当于（　　）在同一时期内消耗的电能。

A. 平均负荷　　B、实际负荷　　C. 理论负荷　　D. 均方负荷

5. 采取四分管理技术的线损计算主要计算（　　）和（　　）的线损，然后，再计算整个营业所的线损。

A. 线路、台区　　B. 线路、设备　　C. 设备、台区　　D. 设备、电压

6. 任何一个电气设备，都有一个经济电流范围，当实际电流保持在这个范围内时，就可以使损耗接近（　　）。

A. 最大值　　B. 最小值　　C. 平均值　　D. 均方值

7. 所谓变压器的经济运行是指其在运行中所带的负荷通过调整后达到合理或基本合理值，此时，变压器的电功率损耗率达到（　　），效率达到（　　）。

A. 最低值、最高值　　B. 最高值、最高值

C. 最低值、最低值　　D. 最高值、最低值

8. 导线截面应选择合理，应考虑远期负荷增长的需要，导线在通过正常（　　）负荷电流时产生的电压损耗。

A. 均方　　B. 平均　　C. 最大　　D. 最小

9. 选择合理、经济的运行方式，会大大降低线路和设备的功率损耗，从而使线损率（　　）。

A. 快速增加　　B. 增加　　C. 不变　　D. 降低

三、判断题

1. 线损率是指线路损失电量占供电量的百分比。（　　）

2. 可变损耗是指电网中的设备和线路的电能损失，这些损耗是不随负荷电流的变化而变化。（　　）

3. 不明损耗是指理论计算损失电量与实际损失电量的差值，不包括漏电及窃电损失电量在内。（　　）

4. 电力电容器的损耗主要是电阻损耗。（　　）

5. 损失因数的大小随电网结构、电能损失种类、负荷分布及负荷曲线形状不同而异。

它与电阻率的关系最密切，根据电阻率可近似推算损失因数值。（ ）

6. 利用最大负荷损失时间求电能损失的方法仅适用于电网的规划设计。（ ）

7. 均方根电流法适用于供用电较为均衡、日负荷曲线较为平坦（峰谷差较小）的电网的理论线损计算。（ ）

8. 分线管理是指对所管辖电网中各电压等级主设备（线路、变压器）的电能损耗进行单个元件统计分析的管理方式。（ ）

9. 电流对线损的影响是电流增大则损耗增大，电流减小则损耗降低。（ ）

10. 负荷的大小对线损影响不是很大，但同一时期负荷曲线波动幅度（即峰谷差）大的，线损越大；负荷曲线趋于平坦，线损小。（ ）

11. 为保证电压的合格，10kV 配电线路半径控制在 15km 以内，0.4kV 的线路半径控制在 1km 以内。（ ）

12. 在负荷的有功功率不变的条件下，提高负荷的功率因素可减少负荷的无功功率，实现减少无功功率在线路和变压器中引起的有功损耗，降低线损。（ ）

13. 加强电能计量监督管理就要按照有关计量管理制度的规定，严格把好电能表的统计维护关。（ ）

14. 营销普查是降低线损过程中的一种最直接、最简单，也最易生效的办法。（ ）

四、问答题

1. 管理损耗是指什么？
2. 台区、10（6）kV 线路线损率计算的总体原则有哪些？
3. 什么叫分线管理？
4. 四分管理工作的主要实施办法有哪些？
5. 影响线损的主要因数有哪些？
6. 降低线损的技术措施有哪些？
7. 降低线损的管理措施有哪些？
8. 加强供电设备的经济运行管理的主要环节有哪些？

第三部分 实 训 任 务

实训任务1 线损统计操作及计算

一、实训目的

通过抄表机使用的实训，使学生学会在营销生产系统中进行线损统计的操作方法，掌握进行线损的计算的方法。

二、任务描述

线损统计操作及计算主要是在营销生产系统中，根据给出的一定条件，进行线损统计操作与计算的方法。通过操作训练，使学生掌握线损计算操作的基本职业技能。

三、营销生产系统新装增容及变更用电子系统介绍

1. 台区线损统计

操作说明：

（1）线损统计之前先要获得考核电量，进入到台区线损统计页面，如实训图 4－1 所示。

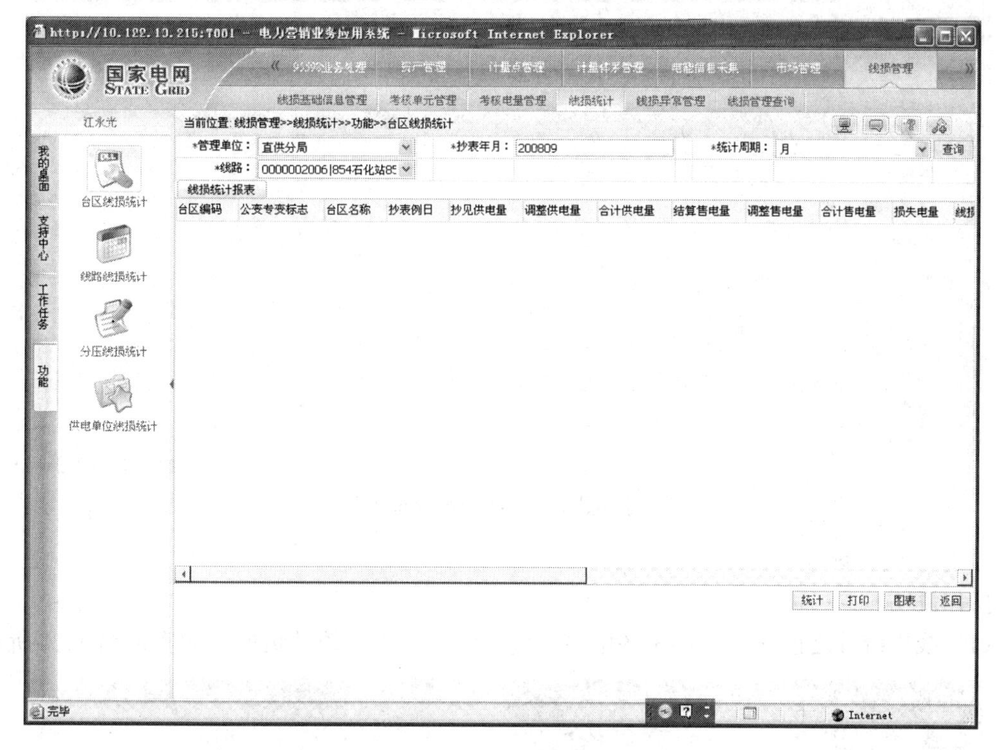

实训图 4－1　台区线损统计页面

（2）按实训图 4－1 所示，查询出要【统计】的相应的供电单位并选中，然后点【统计】得到对应月份的供电量。采用同样的操作方式可获得对应月份的售电量统计。供售电量统计完成后进入到线损统计模块报表，如实训图 4－2 所示。

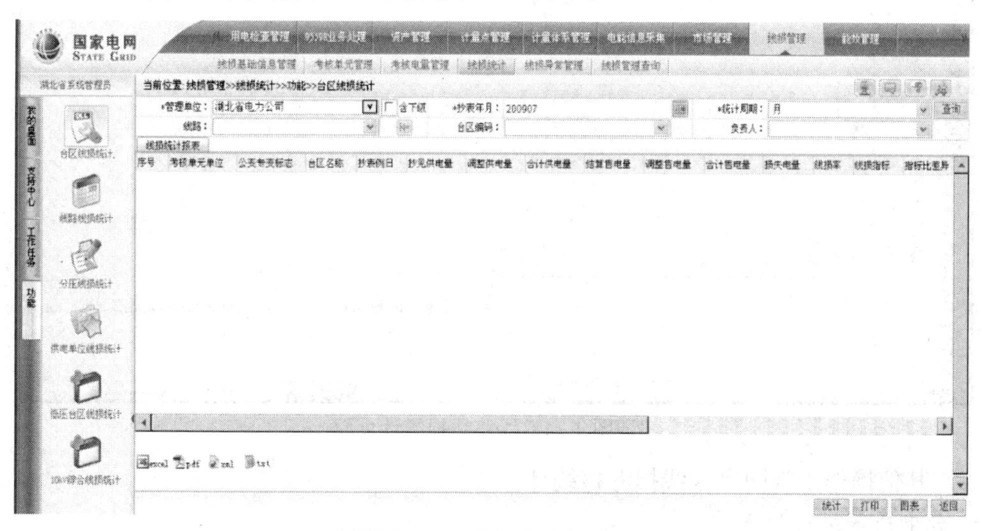

实训图 4－2　线损统计报表页面

（3）选择好对应的“管理单位”、“抄表年月”、“统计周期”，点右下角的【统计】可以得到线损统计报表，如实训图 4－3 所示。

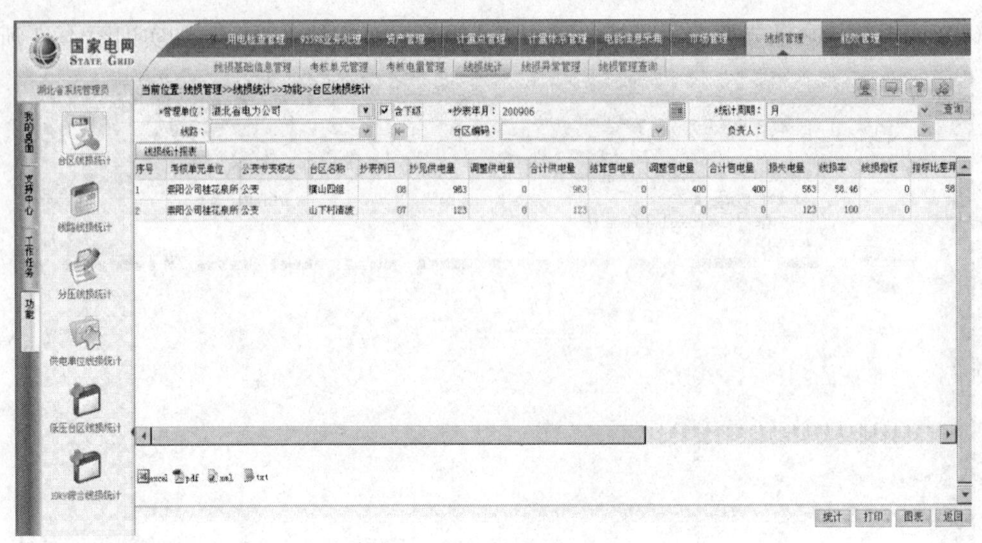

实训图 4-3　线损统计报表

2. 线路线损统计

操作说明：

(1) 线损统计之前先要获得考核电量，进入到线路线损统计页面，如实训图 4-4 所示。

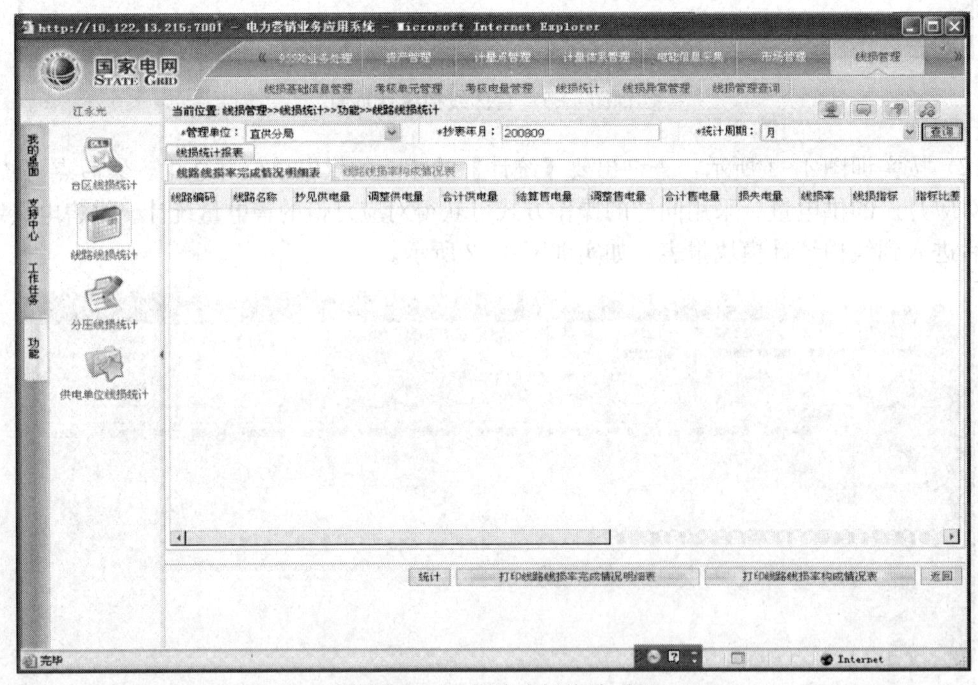

实训图 4-4　线路线损统计页面

(2) 其他操作步骤同台区线损考核统计。

3. 分电压等级线损统计

操作说明：

(1) 线损统计之前先要获得考核电量，进入到分电压等级线损统计页面，如实训图 4-5 所示。

(2) 其他操作步骤同台区线损考核统计。

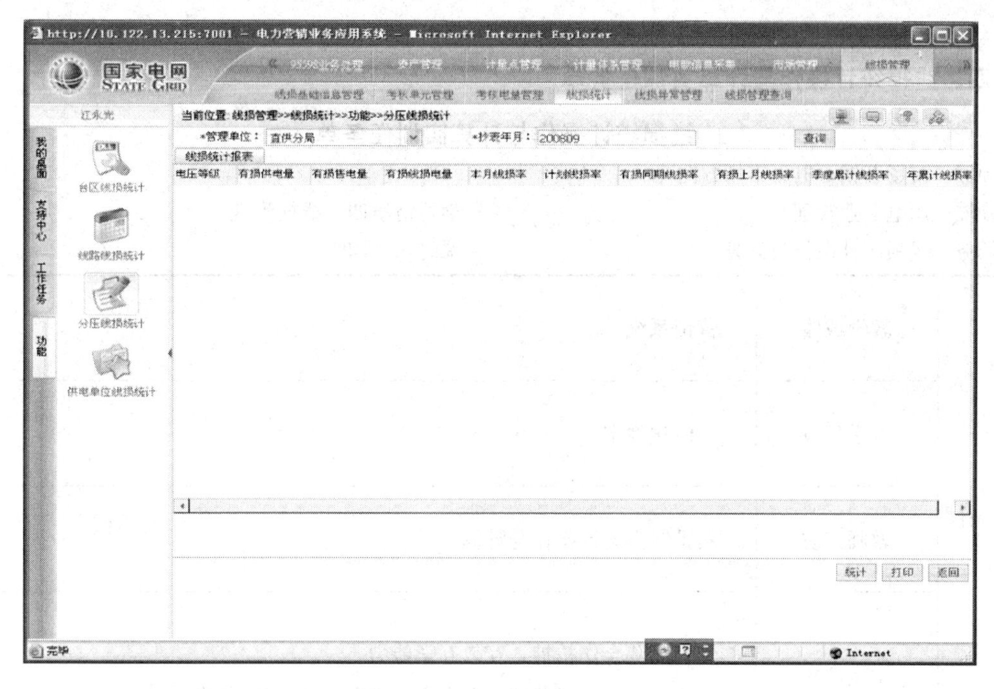

实训图 4-5　分电压等级线损统计页面

4. 分单位线损统计

操作说明：

(1) 线损统计之前先要获得考核电量，进入到供电单位线损统计页面，如实训图 4-6 所示。

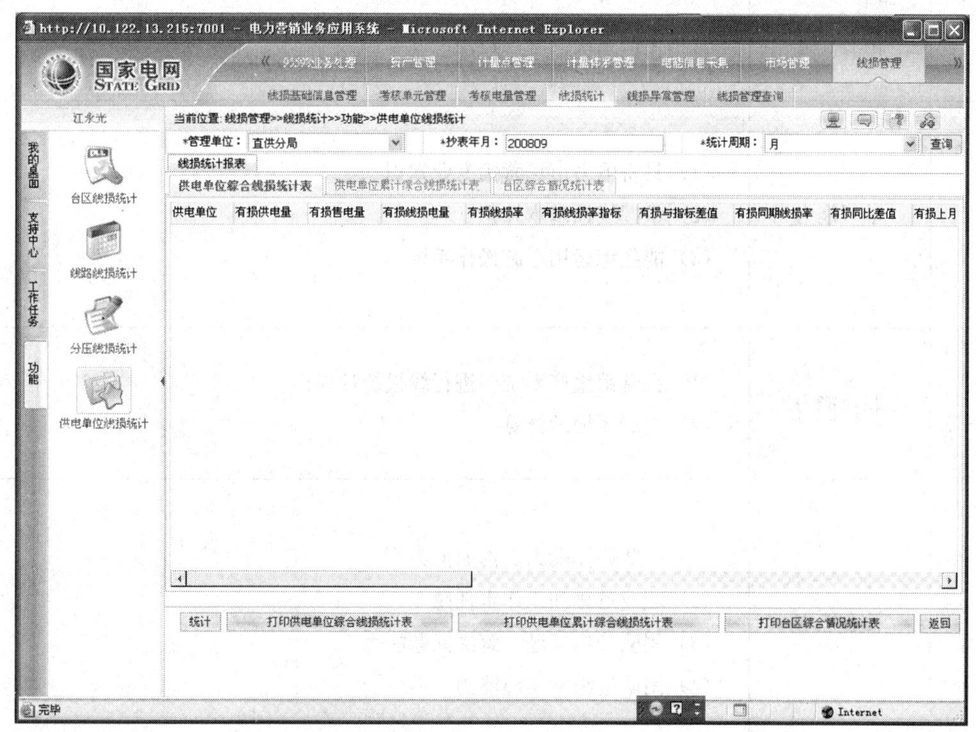

实训图 4-6　供电单位线损统计页面

（2）其他操作步骤同台区线损考核统计。

四、线损统计操作与计算实训任务单

线损统计操作与计算实训任务单

专业领域：市场营销（电力市场方向）

学习领域：用电营业管理　　学习情境四：线损管理

实训任务：线损统计操作与计算　　课时：2学时

前提条件	教学载体	营销系统
	教学环境	一体化教室
	教师素质	熟悉线损统计操作与计算
	学生素质	具有团队合作精神，互教互学能力 实施专业：市场营销（电力市场方向）、供用电技术
实训任务	任务描述	在营销生产系统中，给出一定条件，进行线损统计操作与计算
	拓展任务	营销生产系统的学习运用
能力目标	学习能力	（1）具备电力市场营销专业知识 （2）掌握线损基本知识 （3）能熟练运用电脑操作系统
	职业能力	（1）在营销生产系统中进行线损统计操作 （2）进行线损的计算
	社会能力	（1）团队协作能力、沟通能力 （2）职业道德和工作责任感 （3）团队分析问题、解决问题能力 （4）团队组织和实施能力

续表

	教学步骤	时间	主　要　内　容	教学方法	媒介
任务实施步骤	导入任务	15 分钟	学习营销生产系统中线损统计操作	讲述法及演示法	仪表
	分组讨论	15 分钟	组织学生团队讨论工作任务，使每一位学生都能理解任务要求，明确任务目标	分组讨论法	实训指导书
	团队定操作方案	10 分钟	经过团队的讨论选择，定出完成工作任务的最佳检查步骤	分组讨论法	实训指导书
	操作方案实施	20 分钟	根据团队定出的方案实施操作任务，要求团队每位成员都会操作	个别操作法	实训指导书
	过程检查	20 分钟 全过程	教师在学生操作过程中对完成情况进行检查，作为教师评分依据	巡视检查法	实训指导书
	小结、评价	10 分钟	教师在各团队任务都完成后，对各团队的完成情况进行总结评价，也可通过团队之间交流、点评的方式进行总结评价。学生团队根据个人表现进行自评、互评	汇报交流法 过程点评法	
实训成果	实训报告	（1）实训目的、要求、任务 （2）实训操作方案 （3）实训实施过程 （4）实训能力目标实现与否感想			

五、实训报告

《用电营业管理》课程实训任务报告单

<table>
<tr><td>学习情境</td><td colspan="3"></td></tr>
<tr><td>任务名称</td><td colspan="3"></td></tr>
<tr><td>时间期限</td><td></td><td>实施地点</td><td></td></tr>
<tr><td colspan="4">任　务　目　的</td></tr>
<tr><td colspan="4"></td></tr>
<tr><td colspan="4">任　务　内　容</td></tr>
<tr><td colspan="4"></td></tr>
<tr><td colspan="4">使　用　设　备</td></tr>
<tr><td colspan="4"></td></tr>
<tr><td colspan="4">操　作　步　骤</td></tr>
<tr><td colspan="4"></td></tr>
<tr><td>训练归纳</td><td colspan="3"></td></tr>
</table>

小组成员签字：　　　　　　　　　　　　日期：

教师签字：　　　　　　　　　　　　　　日期：

学习情境五　新装与增容

第一部分　知识模块

知识目标

（1）清楚业务扩充的内涵。
（2）清楚业务扩充的受理方式。
（3）了解典型业务扩充业务流程。
（4）清楚供用电方案制定的相关知识。
（5）清楚业扩工程的相关知识。

能力目标

（1）会用需用系数法求变压器容量。
（2）会在营销生产系统中进行业扩受理操作。

模块一　新装与增容的基本概念

【模块描述】本模块对业务扩充的含义、业务扩充的工作项目和工作内容作了总体的介绍。通过学习，使学生掌握业务扩充的含义、工作项目、主要工作内容。

一、业务扩充的含义

业务扩充是新装增容（包括临时用电）与变更用电的合称，也叫业扩报装，简称业扩，是从受理客户用电申请到向客户正式供电为止的全过程，是供电公司售前服务行为。

在办理业务扩充工作时，应坚持"首问负责制、一口对外、便捷高效、三不指定、办事公开"的原则，通过集约化、精细化管理，实现业务扩充工作程序标准化、业务流程规范化，供电服务优质化，简化业扩报装的手续，缩短业扩报装周期，提高服务质量和服务效率。

业务扩充工作项目包括客户申请确认、用电大项目前期咨询、客户新装用电、增容用电、临时用电、变更用电的工作处理。

（1）客户申请确认。客户申请确认指通过客户联络业务类的"服务接入"业务项所提供的需求信息或资料进行登记，明确客户需求，引导后续流程的业务项。其主要工作内容包括：

1）获取客户同一自然人或同一法人主体的其他用电地址的用电情况及客户服务历史信息。

2）获取客户是否失信信息。

3）获取客户信用信息，掌握客户信用度，判断供电的可行性。

4）登记客户的基本信息，主要包括客户编号、客户名称、地址、联系人、联系人固定电话、联系人手机、联系人通信地址、联系人电子邮箱等。

5）对于由于资料不全无法完成业务受理的，登记、保存客户已提供的资料，具体内容包括客户编号、客户名称、地址、资料名称、数量、签收人、签收日期等信息。向客户提供客户联系卡。

6）查阅通过客户联络业务类“服务接入”所提供的需求信息，分析客户需求，对不明确的需求信息，可以与客户进一步沟通，明确需求，并引导其办理相关的流程。

(2) 用电大项目前期咨询。用电大项目前期咨询业务指通过政府招商引资、批文或客户来函、来访等渠道收集的较大客户用电需求信息进行管理，并为客户提供报装前期的专业咨询服务业务。

用电大项目前期咨询业务包括业务受理、需求信息处理、现场勘查、答复前期咨询意见和归档等五个业务子项工作。

客户新装用电、增容用电、临时用电、变更用电等工作将在后面进行介绍。

二、新装增容的定义及工作项目

客户因用电需要，初次向供电公司申请报装用电的业务，即为新装用电（包括正式用电、临时用电）。

新装用电包括：①用电前期咨询；②低压居民新装；③低压非居民新装；④小区新装；⑤高压新装；⑥装表临时用电；⑦无表临时用电新装。

客户在供电点不变、用电地址不变、用电性质不变、用电主体不变这“四个不变”的前提下，仅增加用电设备或变压器容量并向供电公司申请增加用电容量或变压器容量的业务，即为增容用电。

增容用电包括：①低压居民增容；②低压非居民增容；③高压增容。

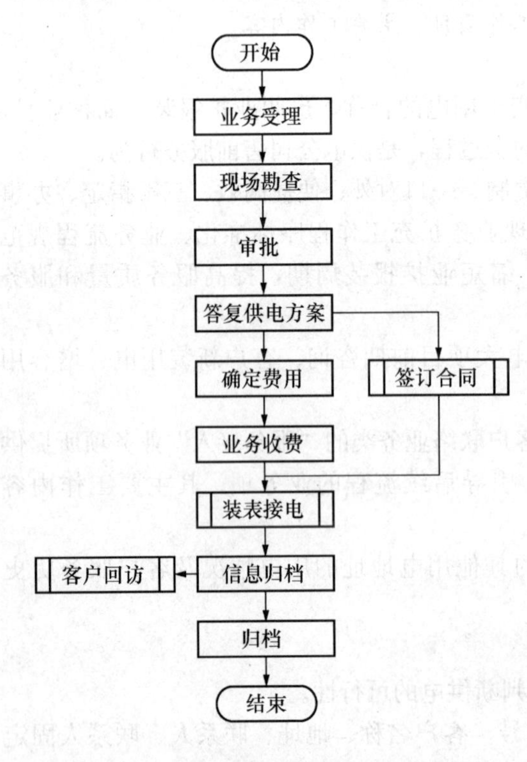

图 5-1 低压居民新装工作流程图

业务扩充是供电公司客户服务的第一个环节，此时，供电公司和客户之间电能的交易还未发生，因此业务扩充工作质量的好坏不仅影响着当前的客户，还会影响潜在的客户。用电报装各个环节工作岗位的工作人员，应认真履行职责，为满足社会经济发展和人民生活水平提高对电能的需求，积极筹措资金和物资，组织新建发电、输变电等电力设施，不断扩大供电范围，使电力系统的发、供电能力基本上能与用电需求水平相适应。

三、典型新装与增容客户的工作流程

(一) 低压居民新装

低压居民新装业务适用于电压等级为 220/380V 低压居民客户的新装用电。

低压居民新装业务包括业务受理、现场勘查、审批、答复供电方案、确定费用、业务收费、签订合同、装表接电、信息归档、客户回访、归档的全过程管理。

低压居民新装的工作流程图如图 5-1 所示。

1. 业务受理

业务受理作为低压居民用电新装业务的入口，接收并审查客户资料，了解客户同一自然人或同一法人主体的其他用电地址的用电情况及客户服务历史信息，接受客户的报装申请。

(1) 居民客户新装申请必备资料：

1) 履约人居民身份证原件或其他有效证件及复印件；

2) 用电申请书；

3) 如委托他人待办，则需提供代办人的居民身份证原件或其他有效证件及复印件。

(2) 居民客户新装业务受理的主要工作内容及工作要求：

1) 为客户提供信息宣传与咨询服务，指导客户依照供电公司规定的格式如实填写用电申请书及办理所需手续。查验客户材料是否齐全、申请单信息是否完整，判断证件是否有效。

2) 允许同一城市内居民报装业务异地受理。异地受理客户的用电报装，需准确记录客户联系方式。

3) 辖区接到异地受理的客户报装申请后，应及时与客户取得联系，办理后续工作。

4) 查询客户以往的服务记录，核查客户同一自然人或同一法人主体的其他用电地址的以往用电历史、欠费情况、信用情况并形成申请附加信息，如有欠费则向客户说明需缴清欠费后再予受理。

5) 了解客户相关的历史服务信息，是否被列入失信客户、信用情况，形成客户报装附加信息。

6) 记录客户的客户名称、用电地址、身份证号码、联系方式、用电类别、用电容量等申请信息。生成对应的新装工作单转入后续流程处理，向客户提供客户联系卡。

2. 现场勘查

现场勘查是报装外勤工作人员根据派工结果或事先确定的工作分配原则接受勘查任务，与客户沟通确认现场勘查时间，携带勘查单前往勘查，核实用电容量、用电类别等客户申请信息，确定供电方案的工作过程。现场勘查主要工作内容及工作要求有：

(1) 根据派工结果或事先确定的工作分配原则，接受现场勘查任务。

(2) 预先了解所要勘查地点的现场供电条件，提前与客户预约现场勘查的时间，携带业扩现场勘查工作单，准备好相应作业资料，准时到达现场进行勘查。

(3) 勘查时，仔细核对客户名称、地址等相关资料与勘查单的内容是否一致，审定客户用电类别、用电容量。

(4) 现场勘查基本结束时，应形成供电方案意见，包括线路杆号、配电变压器编号、表箱编号、计量方案等内容，并准确填入业扩现场勘查工作单。

(5) 如发现客户现场情况不具备供电条件时，应列入勘查意见并向客户做好解释，提出合理的整改措施或建议，取得客户的理解。

3. 审批

审批是根据管理工作标准的规定，对现场勘查结果进行审批。审批主要工作内容及工作要求有：

(1) 对供电方案进行审批，签署审批意见；对于审批不通过的，则要求重新勘查。

(2) 对勘查意见认为不具备供电条件的进行判定，如认定合理则通过审批，否则要求重新勘查。

(3) 在规定的时限内完成供电方案审批。

4. 答复供电方案

答复供电方案指业扩报装部门根据现场勘查的结果及审批结论，向客户书面答复供电方案。答复供电方案主要工作内容及工作要求有：

(1) 在规定的时限内回复客户供电方案情况，提供供电方案答复单并请客户签字确认，登记通知客户及客户确认的时间点。

(2) 居民客户新装供电方案的答复时限是：自受理之日起，不超过3个工作日。若不能如期确定供电方案时，应主动向客户说明原因。

5. 确定费用

确定费用是指供电公司按照国家有关规定及物价部门批准的收费标准，确定低压居民新装的相关费用，并通知客户缴费。确定费用的主要工作内容及工作要求有：

(1) 根据收费标准和客户申请新装的容量，计算客户的应收费用，经审批之后生成业务缴费通知单，通知客户缴纳费用。

(2) 根据业务需要，对需要退补客户的费用，确定应退金额。

(3) 供电公司应在用电营业场所公告办理各项用电业务的程序、制度和收费标准。

(4) 严格执行国家和当地政府的有关规定，严格遵守财经纪律，严禁自立业扩有关收费名目或擅自调整收费标准。

6. 业务收费

业务收费指按确定的收费项目和应收业务费信息，收取业务费，打印发票或收费凭证。业务收费的主要工作内容及工作要求有：

(1) 按确定的应收金额收取费用，建立客户的实收信息。根据财务规定正确开具相应票据。业务费用应严格按照相关收费政策的规定收取。

(2) 对缓收的费用，需经审批同意，同时记录操作人员、审批人员、时间及减免的费用信息等。

(3) 应对收取的支票进行登记，对退票进行及时处理。对需要退补客户的费用，按确定的金额退还并打印凭证。

(4) 遵守收费业务办理时限规定。

(5) 严格执行财务纪律，当天款项在规定时间解交银行，保险柜存放的现金符合财务、保卫部门的规定。应对当天的收取情况进行日结，并报送财务部门。

(6) 支持同城异地缴费，支持银行联网收费。

7. 签订合同

签订合同指供用电双方进行合同签订，并记录客户接收供用电合同的日期以供用电双方的签字、签章日期和签订地点。

(1) 签订合同的主要工作内容：

1) 将审批后的供用电合同文本送交客户签订。

2) 客户对供用电合同的内容进行审核，如无异议，则用电客户的签约人在供用电合同的文本上签字、签章；如有异议，在双方协商一致的前提下，重新修订合同条款。

3) 记录客户接收供用电合同的日期和客户签字、签章日期。

4）核对客户签订的合同文本与电子文本内容是否一致，如不一致，需根据审批后的电子文本重新打印，交客户签订。

5）供电公司的合同签约人在客户已签章及与电子文本内容审核一致的供用电合同的文本上签字、签章，并记录签字、签章日期。

（2）签订合同的主要工作要求：

1）供用电合同正式签署时，用电报装部门应核查有关附件资料是否齐备。

2）供用电合同必须由供用电双方法定代表人（或负责人）或其授权委托人签订。

3）供用电合同经双方法定代表人或授权委托人签章后，加盖“供用电合同专用章”和客户的“合同专用章”或公章后生效，系统应记录合同的生效日期、有效期。

4）供用电合同签订完成后业扩报装流程方可送电。

8. 装表接电

装表接电指完成计量装置配置、领用、安装等工作。

装表接电时，电能计量装置的安装应严格按通过审查的计量方案进行，严格遵守电力工程安装规程的有关规定。应及时完成计量装置的安装工作。计量装置完成后应反馈现场安装信息。

9. 信息归档

信息归档指建立客户信息档案，形成正式客户编号。

信息归档由系统自动处理，建立客户基本档案、电源档案，计费档案，计量档案和合同档案等形成正式客户编号。

信息归档时应保证其他相关部门能及时获取低压居民新装客户的立户信息，应能根据电能计量装置分类规则生成电能计量装置分类。

10. 客户回访

客户回访指在完成现场装表接电后向客户征询对供电公司服务态度、流程时间、装表质量等的意见。

要求95598客户服务热线工作人员在规定回访时限内按比例完成客户回访工作，并准确、规范记录回访结果。

11. 归档

归档指收集、整理并核对客户待归档信息和报装资料，建立客户档案。归档时主要工作及工作要求有：

（1）核对客户档案资料的完整性。低压居民新装完整的客户档案资料应包括：①用电申请书；②居民身份证复印件；③房产证复印件；④业扩现场勘查工作单；⑤装拆表工作单；⑥供用电合同。

（2）检查客户档案信息的完整性，根据业务规则审核档案信息的正确性。档案信息主要包括客户申请信息、基本信息、计费信息、计量信息等。如果存在档案信息错误或信息不完整，则发起相关流程纠错。

（3）为客户档案设置物理存放位置，形成并记录档案存放号。

（二）无表临时用电新装

无表临时用电新装适用于基建工地、农田水利、市政建设等非永久性用电的临时电源新装中的无表新装业务。

无表临时用电新装流程图如图5-2所示。

1. 业务受理

业务受理指根据客户提交的用电申请及相关资料，受理无表临时用电业务。业务受理的主要工作包括：

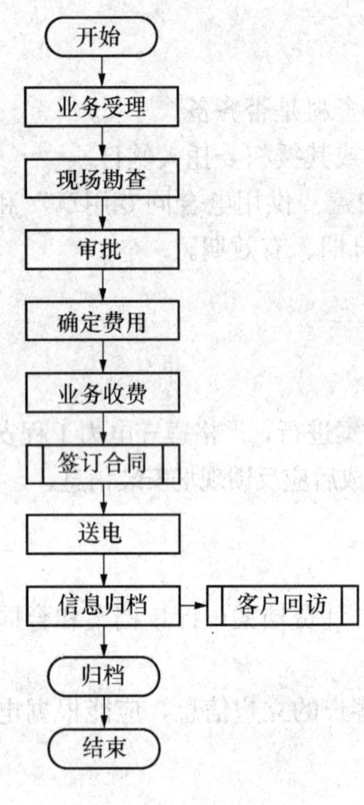

图 5-2 无表临时用电新装流程图

(1) 获取客户的申请信息，通知客户备妥资料到营业厅办理相关手续或提供主动上门服务。

(2) 为客户提供信息宣传与咨询服务，引导并协助客户填写用电申请书。

(3) 查询客户以往的服务记录，审核客户同一自然人或同一法人主体的其他用电地址以往用电历史、欠费情况、信用情况，并形成客户相关的附加信息，如有欠费则须缴清欠费后再予受理。

(4) 查验客户材料是否齐全、申请单信息是否完整，判断证件是否有效。

(5) 详细记录客户的客户名称、用电地址、身份证号码、联系人、联系方式、用电容量、用电设备等申请信息。

(6) 生成申请号和预留客户编号，生成对应的新装工作单转入后续流程处理，向客户提供客户联系卡。

2. 现场勘查

现场勘查指按照现场任务分配情况进行现场勘查，根据客户的无表临时用电申请信息到现场核实。根据客户的用电性质、用电规模及该区域电网结构，对供电可能性和合理性进行调查，并拟定提出供电、计费方案。现场勘查的主要工作包括：

(1) 根据勘查派工的结果或事先确定的工作分配原则，接受已分配的业扩现场勘查工作单（高压）或业扩现场勘查工作单（低压），预先了解和获取所要勘查地点的基本供电条件情况，提前和客户预约现场勘查的时间，确认勘查地点，准备好相应作业资料，在规定的期限内准时到达现场进行勘查。

(2) 现场勘查的主要内容包括审核客户的用电需求、确定客户用电容量、用电性质及负荷特性，初步确定供电电源、上一电压等级的电源位置、供电电压、供电线路等。

(3) 应形成勘查意见并准确填入业扩现场勘查工作单（高压或低压），内容主要包括客户受电系统的进线方式、受电装置容量、主接线、运行方式、产权及维护责任分界点、主要电气设备技术参数等信息。

(4) 如发现客户现场情况不具备供电条件时，也应形成相应的勘查意见，向客户解释并提出合理的整改措施或建议，取得客户的理解。

3. 确定费用

确定费用指对无表临时用电客户，按照用电容量、使用时间、规定的电价，计收电费及其他业务费用，并通知客户缴费。其主要工作包括：

(1) 计算客户的应收电费及其他费用，经审批之后通知客户缴纳。

(2) 根据业务需要，对需要退还客户的费用，确定应退金额。对于审批不通过的，重新确定电费，并重新审批。

4. 审批

审批指无表临时用电方案拟定后，提交相关部门审批，签署审批意见。其主要工作有：

（1）对电源接入方案进行审批，签署审批意见；对于审批不通过的，重新确定电源接入方案，并重新审批。

（2）对电费计费正确性及收取费用额度进行审批。

5. 业务收费

业务收费指对无表临时用电客户收取电费和相关业务费用，打印发票或收费凭证，建立客户的实收信息，更新欠费信息。其主要工作有：按确定的应收电费金额，收取客户的临时电费；按确定的应收业务费金额，收取客户的业务费；建立客户的实收信息。

6. 签订合同

签订合同指在供电公司受理客户临时新装用电业务过程中，供用电双方进行合同签订，并记录客户接收供用电合同的日期以及供用电双方的签字、签章日期和签订地点。其工作内容与低压新装用电一样。

7. 送电

送电指组织相关部门送电的业务。其工作内容包括：

（1）现场为客户送电。

（2）送电完成后，应按照送电工作单格式记录送电人员、送电时间及相关情况。复核客户档案信息，正确无误后归档。

（3）将填写好的送电工作单交与客户签字确认，并存档以供查阅。

8. 信息归档

信息归档指建立无表临时用电客户信息档案，形成正式客户编号。其工作内容有建立客户基本档案、电源档案和合同档案等，形成正式客户编号。

9. 客户回访

客户回访的含义及工作内容同低压新装用电。

10. 归档

归档指核对客户待归档信息和资料，收集并整理报装资料，建立客户档案。其工作内容包括：

（1）检查客户档案信息的完整性，根据业务规则审核档案信息的正确性。档案信息主要包括客户申请信息、设备信息、基本信息等。如果存在档案信息错误或信息不完整，则发起相关流程纠错。

（2）为客户档案设置物理存放位置，形成并记录档案存放号。

（三）低压居民增容工作流程

低压居民增容工作业务适用于电压等级为220/380V低压居民客户的增容用电。

增容用电包括高压用电增容、低压非居民用电增容和低压居民增容，本模块只介绍低压居民增容的工作流程。低压居民增容的工作流程如图5-3所示。

1. 业务受理

业务受理指接收并审查客户资料，了解客户及同一自然人或同一法人主体的其他客户用电情况及服务历史信息，接受客户的用电增容申请。业务受理的主要工作内容包括：

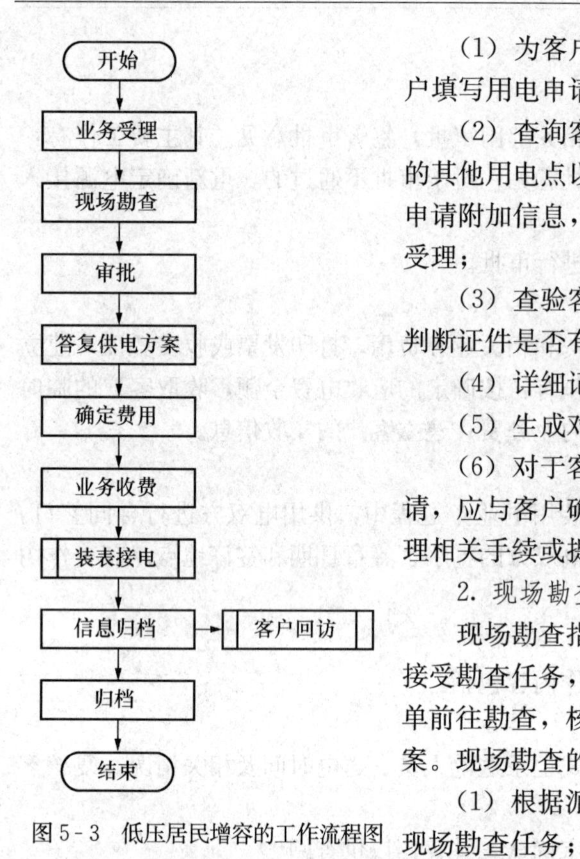

图5-3 低压居民增容的工作流程图

(1) 为客户提供信息宣传与咨询服务，引导并协助客户填写用电申请书；

(2) 查询客户以往的服务记录，核查客户及客户关联的其他用电点以往用电历史、欠费情况、信用情况并形成申请附加信息，如有欠费则向客户说明需缴清欠费后再予受理；

(3) 查验客户材料是否齐全、申请单信息是否完整、判断证件是否有效；

(4) 详细记录客户申请用电容量等信息；

(5) 生成对应的增容工作单转入后续流程处理；

(6) 对于客服热线或客服网站受理的低压居民增容申请，应与客户确认报装需求，请客户备妥资料到营业厅办理相关手续或提供主动上门服务。

2. 现场勘查

现场勘查指根据派工结果或事先确定的工作分配原则接受勘查任务，与客户沟通确认现场勘查时间，携带勘查单前往勘查，核实用电容量等客户申请信息，确定供电方案。现场勘查的主要工作内容包括：

(1) 根据派工结果或事先确定的工作分配原则，接受现场勘查任务；

(2) 预先了解所要勘查地点的现场供电条件，提前与客户预约现场勘查的时间，携带业扩现场勘查工作单（低压），准备好相应作业资料，准时到达现场进行勘查；

(3) 勘查时，仔细核对客户用电地址、原电能计量设备装置等相关资料与勘查单的内容是否一致，核定客户新增用电容量；

(4) 现场勘查基本结束时，应形成供电方案意见，包括线路杆号、配变编号、表箱编号、计量方案等内容，并准确填入业扩现场勘查工作单。

3. 审批

审批指根据管理规定，对现场勘查结果进行审批。其主要工作内容有：对供电方案进行审批，签署审批意见，对于审批不通过的，则要求重新勘查。

4. 答复供电方案

答复供电方案指根据现场勘查的结果及审批结论，向客户书面答复供电方案。其主要工作内容有：在规定的时限内回复客户供电方案情况，提供供电方案答复单供客户签字确认，登记通知客户及客户确认的时间点。

5. 确定费用

确定费用指按照国家有关规定及物价部门批准的收费标准，确定低压居民增容的相关费用，并通知客户缴费。其主要工作内容有：

(1) 根据收费标准和客户申请新增的容量，计算客户的应收费用，经审批之后生成业务缴费通知单，通知客户缴纳费用；

(2) 根据业务需要，对需要退还客户的费用，确定应退金额。

6. 业务收费

业务收费指根据客户提交的缴费通知单和应收业务费信息，收取业务费，打印发票或收费凭证。其主要工作内容有：

（1）按确定的应收金额收取费用，建立客户的实收信息。

（2）对缓收的费用，需经审批同意，可分多次缴纳打印收费凭证，更新客户的欠费信息，费用结清后打印正式发票；同时记录操作人员、审批人员、时间及减免的费用信息等。

（3）对需要退补客户的费用，按确定的金额退还并打印凭证。

7. 装表接电

装表接电的内涵及主要工作同低压新装。

8. 信息归档

信息归档指根据低压居民增容信息变更情况，更新客户档案。其主要工作内容有：变更客户基本档案、电源档案、计费档案、计量档案和合同档案等。

9. 客户回访

客户回访的内涵及主要工作同低压新装。

10. 归档

归档指核对客户待归档信息和资料，收集并整理报装资料，更新客户档案。其主要工作内容有：

（1）检查客户档案信息的完整性，根据业务规则审核档案信息的正确性，档案信息主要包括客户申请信息、基本信息、供电方案信息、计费信息、计量信息等。如果存在档案信息错误或信息不完整，则发起相关流程纠错。

（2）为客户档案设置物理存放位置，形成并记录档案存放号。

模块二　业务扩充的受理

【模块描述】本模块主要介绍业务扩充受理的工作项目、业务扩充受理的方式及业务扩充受理的工作要求。通过学习，掌握业务扩充受理的工作项目、业务扩充受理方式，了解客户申请业务扩充时应携带的资料和受理时三审内容掌握在营销生产系统中进行受理操作的技能。

一、业务扩充受理的工作项目

业务扩充受理的工作项目包括新装、增容、变更用电业务的受理。

新装受理包括低压居民新装受理、低压非居民新装受理、高压新装受理、小区新装客户受理、临时用电新装受理。

增容受理包括低压居民增容受理、低压非居民增容受理、高压新装受理。

变更用电受理包括：①减容、减容恢复受理；②迁址受理；③改压受理；④改类受理；⑤暂停、暂停恢复受理；⑥暂换、暂换恢复受理；⑦暂拆受理；⑧复装受理；⑨更名受理；⑩过户受理；⑪分户受理；⑫并户受理；⑬销户受理；⑭移表受理；⑮市政代工受理；⑯计量装置故障受理；⑰更改交费方式受理；⑱批量销户受理；⑲申请校验受理；⑳批量更改线路台区业务受理。

二、受理方式

业务扩充的受理方式归纳起来有四种方式：

（1）营业柜台受理，即客户带有关资料到供电公司营业所处办理有关申请。

（2）电话受理，即客户通过95598客户服务热线电话将有关信息传递给客服代表，由95598客服代表受理客户的业务扩充任务的受理方式。

（3）网站受理，即客户通过上网，在供电服务网站上填写新装、增容或变更用电业务申请书，由客户服务中心网站受理的方式。供电服务网站 http：//www.95598.com.cn。

（4）传真受理，即客户通过传真，将有关信息传递给营业厅受理工作人员，由营业厅受理工作人员受理客户的有关业务扩充的业务。

三、业务扩充受理的工作要求

作为新装增容和变更用电业务的入口，业务扩充受理工作人员应接收并审查客户资料，了解客户同一自然人或同一法人主体的其他用电地址的用电情况及客户前期咨询、服务历史信息，接受客户的报装申请。

（一）告之客户办理业务扩充用电申请应携带的资料

1. 居民客户用电申请应携带的资料

（1）履约人居民身份证原件或其他有效证件及复印件。

（2）用电申请书。

（3）如委托他人待办，则需代办人的居民身份证原件或其他有效证件及复印件。

2. 低压新装客户用电申请（非居民）应携带的资料

（1）工商行政管理部门签发的有效期内营业执照。

（2）属政府监管的项目应提供政府职能部门有关本项目立项的批复文件。

（3）非法人申请应提供授权委托书。

（4）法人登记证件或委托代理人居民身份证、税务登记证明原件及复印件。

（5）用电设备清单。

3. 高压新装用电客户用电申请应携带的资料

（1）申请报告，主要内容包括报装单位名称、申请报装项目名称、用电地点、项目性质、申请容量、要求供电的时间、联系人和电话等。

（2）产权证明及其复印件。

（3）对高耗能等特殊行业客户，须提供环境评估报告、生产许可证等。

（4）有效的营业执照复印件或非企业法人的机构代码证。

（5）经办人的身份证及复印件，法定代表人出具的授权委托书。

（6）政府职能部门有关本项目立项的批复文件。

（7）建筑总平面图、用电设备明细表、变配电设施设计资料、近期及远期用电容量。

4. 小区新装用电客户用电申请应携带的资料

（1）用电申请书主要内容包括客户名称、用电地址、用电容量、用电类别、项目近远期规划、居民户数及单户容量、联系人及联系方式等。

（2）有效的营业执照复印件或非企业法人的机构代码证。

（3）法人资格证书复印件。

（4）经办人的身份证及复印件，法定代表人出具的授权委托书。

(5) 政府项目批文、规划红线图等。

(6) 政府职能部门有关本项目立项的批复文件。

(7) 建筑总平面图、用电设备明细表、变配电设施设计资料、近期及远期用电容量。

5. 高压增容用电客户用电申请应携带的资料

(1) 申请报告，主要内容包括建设单位名称、工程项目名称、用电地点、项目性质、申请增加容量、要求供电的时间、联系人和电话等。

(2) 经办人的身份证及复印件，法定代表人出具的授权委托书。

(3) 政府职能部门有关本项目立项的批复文件。

(4) 建筑总平面图、用电设备明细表、变配电设施设计资料、近期及远期用电容量。

6. 低压增容客户用电申请（非居民）应携带的资料

(1) 工商行政管理部门签发的在有效期内的营业执照。

(2) 属政府监管的项目的有关批文。

(3) 授权委托书。

(4) 法人或委托代理人居民身份证、税务登记证明原件及复印件。

(5) 用电设备清单。

7. 低压居民客户申请增容必备资料

(1) 履约人居民身份证原件或其他有效证件及复印件。

(2) 房产证原件及复印件。

(3) 用电申请书。

(4) 如委托他人待办，则需代办人的居民身份证原件或其他有效证件及复印件。

8. 临时用电应携带的资料

临时用电应出具单位证明、立项证明、设备清单、用电需求、施工许可证及各网省电力公司认为必须的资料。

(二) 指导客户填写用电申请书

1. 用电申请书的填写要求

客户提出新装、增容或变更用电申请时，在受理人员审查了有关资料以后，还应填写用电申请书。用电申请书是供电公司制定供电方案的重要依据，客户应如实填写，逐栏填写清楚。

2. 用电申请书的主要内容

用电申请书中的主要内容有客户的基本信息、用电地点、用电类别、申请容量、申请事由、申请编号等。

(三) 业务扩充的三审

1. 供电必要性的审查

(1) 对新申请用电客户供电必要性的审查。审查新建项目是否已得到上级或有关部门的批准，防止盲目建设、重复建设而造成不合理的用电。

(2) 对申请双电源供电客户供电必要性的审查。双电源是指两个独立的电源，双电源可分为生产备用电源和保安备用电源两种。

生产备用电源对供电可靠性的要求要比保安备用电源低，也不负保证生产安全的责任，仅在供电设施某一部分出现故障或检修时，能使客户的部分或全部生产过程正常进行而设置的电源。

保安备用电源是在正常电源出现故障的情况下，为了保证客户的部分运转不发生事故而设置的电源。

生产备用电源和保安备用电源客户的增加给电网的安全运行、调度管理、设备检修等，都会带来一些困难，而且还会增加事故隐患。

对客户是否需要双电源主要决定于客户的用电性质和生产流程中对供电可靠性的依赖程度，以及电网的供电条件，两者缺一不可。确定双电源时应从严掌握、严加控制，以确保供、用电的安全。有的客户不符合双电源供电的条件，而是由于当前供电紧张出现的拉闸限电，一再申请以双电源供电的，这种情况是不能同意的。有的重要客户，其保安备用电源可以自备，无需从电力系统获得，更经济、更合理，而且能满足生产、保安用电的需要。

2. 供电合理性的审查

(1) 对新申请用电客户供电合理性的审查。对新申请用电客户供电合理性的审查，应审查其用电性质、用电容量及负荷计算是否正确，然后对其是否采用单耗小、效率高的用电设备，申请的变压器容量是否合理及无功补偿方式等进行审查。对电加热用电应严格控制。

(2) 对申请增加用电容量客户供电合理性的审查。客户申请增加用电容量时，应对客户申请增容的原因、原供电容量的使用情况进行了解。例如，用电设备是否有“大马拉小车”的现象，是否有继续使用国家已指令淘汰的用电设备，是否继续生产高能耗产品。然后，审查客户提出的负荷计算资料，客户对电能的使用是否合理。如果可以通过客户内部挖潜或采用其他方法解决，则应说服客户撤消申请。如属确需增加用电容量时，则应与新申请用电的客户一样办理。

3. 供电可能性审查

供电可能性审查，首先要落实电力资源渠道，即供电能力是否能满足客户申请用电的容量要求，包括电力、电量、用电时间等。其次，应根据客户的用电地址、变压器容量、负荷性质、开始使用的年月等，与电网输、变、配电设备的供电能力是否能满足客户申请用电的容量和使用日期的要求，进行综合研究，然后才能确定对客户是否具备供电条件。

模块三 供电方案的制定

【模块描述】本模块主要介绍供电方案的基本概念、低压客户供电方案的制定和高压客户供电方案的制定等内容。通过学习，掌握供电方案的基本概念及主要内容以及低压客户和高压客户供电方案的制定方法和步骤。

一、供电方案的主要内容

(一) 供电方案要解决的问题

供电方案指电力供应的具体实施计划。供电方案主要要解决的问题可以概括为两个，即“供多少”和“如何供”。“供多少”是指批准变压器的容量是多少比较适宜。“如何供”的主要内容是确定供电电压等级，选择供电电源，明确供电方式与计量方式等。

(二) 供电方案的主要内容

客户的供电方案主要依据客户的用电要求、用电性质、现场调查的信息以及电网结构和运行情况来确定。其主要内容包括供电电源位置、出线方式，供电线路敷设，供电回路数、走径、跨越，客户进线方式，客户受（送）电装置容量，主接线，继电保护方式，电能计量方式，运行方式，调度通信等。

二、制定供电方案时应遵守的原则和应满足的基本要求

制定供电方案时应遵守的原则：

(1) 应能满足供用电安全、可靠、经济、运行灵活、管理方便的要求，并留有发展余度。

(2) 符合电网建设、改造和发展规划的要求；满足客户近期、远期对电力的需求，具有最佳的综合经济效益。

(3) 具有满足客户需求的供电可靠性及合格的电能质量。

(4) 符合相关国家标准、电力行业技术标准和规程以及技术装备先进要求，并应对多种供电方案进行技术经济比较，确定最佳方案。

制定供电方案时应满足的基本要求：

(1) 根据客户的用电容量、用电性质、用电时间及用电负荷的重要程度，确定高压供电、低压供电、临时供电等供电方式。

(2) 根据用电负荷的重要程度确定多电源供电方式，提出保安电源、自备应急电源、非电性质的应急措施的配置要求。

(3) 客户的自备应急电源、非电性质的应急措施、谐波治理措施应与供用电工程同步设计、同步建设、同步投运、同步管理。

三、供电方案的制定

(一) 用需用系数法求计算负荷

为了计算一个工厂的总受电变压器容量，正确合理地选择厂变压器、配电所的电气设备和导线、电缆，必须先确定工厂总的计算负荷。

1. 用电设备的分类和容量的确定

(1) 用电设备分类。用电设备按其工作性质分为以下三类：

第一类，长时工作制用电设备，是指使用时间较长或连续工作的用电设备，如多种泵类、通风机、压缩机、输送带、机床、电弧炉、电阻炉、电解设备和某些照明装置等。

第二类，短时工作制用电设备，是指工作时间甚短而停歇时间相当长的用电设备，如金属切削机床辅助机械（横梁升降、刀架快速移动装置等）的驱动电动机、启闭水闸的电动机等。

第三类，反复短时工作制用电设备，是指时而工作、时而停歇，如此反复运行的用电设备，如吊车用电动机、电焊用变压器等。

对于第三类反复短时工作制用电设备，为表征其反复短时的特点，通常用暂载率来描述，其计算公式为

$$\varepsilon = \text{工作时间} / \text{工作周期} = t_g/(t_g + t_t) \times 100\% \tag{5-1}$$

式中　ε——暂载率；

t_g——每周期的工作时间，min；

t_t——每周期的停歇时间，min。

(2) 用电设备容量确定。用电设备容量一般是指用电设备的额定输出功率，用 P_n 或 S_n 表示。对一般电动机来说，P_n 是指铭牌容量 P'_n，其确定方法如下：

1）一般用电设备容量。它包括长时、短时工作制用电设备及照明设备。其设备容量是指该设备上标明的额定输出功率。

2）反复短时工作制用电设备容量。它包括反复短时工作制电动机和电焊变压器两种。反复短时工作制用电设备的工作周期是以10min为计算依据。吊车电动机标准暂载率分为15％、25％、40％、60％四种；电焊设备标准暂载率分为20％、40％、50％、100％四种。这类设备在确定计算负荷时，首先要进行换算。

a. 反复短时工作制电动机容量的确定。其设备容量 P_n 是指暂载率为 $\varepsilon=25\%$ 时的额定容量。如 ε 值不为25％，则需进行换算，使其变为25％时的额定容量，计算公式为

$$P_n = \sqrt{\varepsilon_n/\varepsilon_{25}} \times P'_n \tag{5-2}$$

式中 ε_n——给定的设备暂载率（换算前的）；

ε_{25}——暂载率为25％；

P'_n——暂载率 $\varepsilon=\varepsilon_n$ 时的设备额定容量，kW。

b. 电焊变压器容量的确定。其设备容量户是指 $\varepsilon=100\%$ 时的额定容量。当 $\varepsilon\neq100\%$ 时应进行换算，换算公式为

$$S_n = \sqrt{\varepsilon_n/\varepsilon_{100}} \times S'_n \times \cos\varphi \tag{5-3}$$

式中 S'_n——换算前的铭牌额定容量；

$\cos\varphi$——与 S'_n 相对应时的功率因数。

2. 确定计算负荷方法

通常按发热条件选择供电系统元件时需要计算的负荷功率或负荷电流，称为计算负荷。计算负荷包括四个物理量，即有功计算负荷 P_c、无功计算负荷 Q_c、视在计算负荷 S_c 和计算电流 I_c。负荷计算步骤应从计算用电设备负荷开始，然后进行车间变电所（变压器）、高压供电线路及总降压变电所（或配电所）等的负荷计算。

按需要系数法确定计算负荷方法比较简单，是目前确定客户车间变电所和全厂变电所负荷的主要方法。

（1）单个用电设备的计算负荷。对一般单台电动机来说，铭牌额定功率即为计算负荷。对单个白炽灯、电热器、电炉等，设备标称容量即为计算负荷。对单台反复短时工作制的用电设备，若吊车电动机的暂载率不是25％，电焊变压器的暂载率不是100％，则都应按式（5-2）和式（5-3）换算，换算后得到的设备容量（也称额定持续功率），即为计算负荷。

（2）成组用电设备的计算负荷。工作性质相同的一组用电设备有很多台，其中有的设备满载运行，有的设备轻载或空载运行，还有的设备处于备用或检修状态，该组用电设备的计算负荷 P_c 总是比其额定容量的总和 $P_{n\Sigma}$ 要小得多。因此，在确定计算负荷时，需要将该组设备总容量（或称总功率）进行换算，换算后的计算公式为

$$P_c = K_x P_{n\Sigma} \tag{5-4}$$

式中 P_c——该组用电设备的有功计算负荷，kW；

K_x——该组用电设备的需要系数；

$P_{n\Sigma}$——该组用电设备的总容量，kW。

需要系数一般由经验资料确定。在求得需要系数（查表5-1～表5-3）和所有装置的设备容量后，即可按式（5-4）求得计算负荷。

表 5-1　　一般工厂（全厂）需要系数及功率因数

工厂类别	需要系数 K_x		功率因数 $\cos\varphi$	
	变动范围	建议采用	变动范围	建议采用
汽轮机制造厂	0.38～0.49	0.38		0.88
锅炉制造厂	0.26～0.33	0.27	0.73～0.75	0.75
柴油机制造厂	0.32～0.34	0.32	0.74～0.84	0.74
重型机械制造厂	0.25～0.47	0.35		0.79
机床制造厂	0.13～0.30	0.20		0.65
重型机床制造厂	0.32	0.32		0.71
工具制造厂	0.34～0.35	0.34		0.65
仪器仪表制造厂	0.31～0.42	0.37	0.80～0.82	0.81
滚珠轴承制造厂	0.24～0.34	0.28		0.70
量具刃具制造厂	0.26～0.35	0.26		0.60
石油机械制造厂	0.45～0.50	0.45		0.78
电器开关制造厂	0.30～0.60	0.35		0.75
阀门制造厂	0.38	0.38		
铸管厂		0.50		0.78
通用机器厂	0.34～0.43	0.40		
小型造船厂	0.32～0.50	0.33	0.60～0.80	0.70
中型造船厂	0.35～0.45	有电炉时取高值	0.78～0.80	有电炉时取高值
大型造船厂	0.35～0.40	有电炉时取高值	0.70～0.80	有电炉时取高值
有色冶金企业	0.60～0.70	0.65		

表 5-2　　各种车间（全车间）需要系数及功率因数

车间名称	需要系数 K_x 变动范围	功率因数 $\cos\varphi$ 变动范围	车间名称	需要系数 K_x 变动范围	功率因数 $\cos\varphi$ 变动范围
铸钢车间（不包括电炉）	0.30～0.40	0.65	废钢铁处理车间	0.45	0.68
铸铁车间	0.35～0.40	0.70	电镀车间	0.40～0.62	0.85
锻压车间（不包括高压水泵）	0.20～0.30	0.55～0.65	中央实验室	0.40～0.60	0.60～0.80
热处理车间	0.40～0.60	0.65～0.70	充电站	0.60～0.70	0.80
焊接车间	0.25～0.30	0.45～0.50	煤气站	0.50～0.70	0.65
金工车间	0.20～0.30	0.55～0.65	氧气站	0.75～0.85	0.80
木工车间	0.28～0.35	0.60	冷冻站	0.70	0.75
工具车间	0.30	0.65	水泵站	0.50～0.65	0.80
修理车间	0.20～0.25	0.65	锅炉房	0.65～0.75	0.80
落锤车间	0.20	0.65	压缩空气站	0.70～0.85	0.75

表 5-3 用电设备组需要系数及功率因数

用电设备组名称		需要系数 K_x	功率因数 $\cos\varphi$	$\tan\varphi$
单独传动的金属加工机床	冷加工车间	0.14～0.16	0.50	1.73
	热加工车间	0.20～0.25	0.55～0.60	1.52～1.23
压床、锻锤、剪床及其他锻工机械		0.25	0.60	1.33
连续运输机械	连锁的	0.65	0.75	0.88
	非连锁的	0.60	0.75	0.88
轧钢车间反复短时工作制的机械		0.30～0.40	0.50～0.60	1.73～1.33
通风机	生产用	0.75～0.85	0.80～0.85	0.75～0.62
	卫生用	0.65～0.70	0.80	0.75
泵、活塞式压缩机、鼓风机、电动发电机、排风机		0.75～0.85	0.80	0.75
透平压缩机和透平鼓风机		0.85	0.85	0.75
破碎机、筛选机、碾砂机		0.75～0.80	0.80	0.75
磨碎机		0.80～0.85	0.80～0.85	0.75～0.62
铸铁车间选型机		0.70	0.75	0.88
凝结器、分级器、搅拌器		0.75	0.75	0.89
水银正流机组（在变压器一次侧）	电解车间用	0.90～0.95	0.82～0.90	0.70～0.48
	起重机负荷	0.30～0.50	0.87～0.90	0.57～0.48
	电气牵引用	0.40～0.50	0.92～0.90	0.43～0.36
感应电炉（不带功率因数补偿装置）	高频	0.80	0.10	10.05
	低频	0.80	0.35	2.67
电阻炉	自动装料	0.70～0.80	0.98	0.20
	非自动装料	0.60～0.70	0.98	0.20
小容量试验设备和试验台	带电动发电机组	0.15～0.40	0.70	1.02
	带试验变压器	0.10～0.25	0.20	4.91
起重机	锅炉房、修理、金工装配	0.05～0.15	0.50	1.73
	铸铁车间、平炉车间	0.15～0.30	0.50	1.73
	轧钢车间脱锭工段	0.25～0.35	0.50	1.73
电焊机	点焊与缝焊用	0.35	0.60	1.33
	对焊用	0.35	0.70	1.02
电焊变压器	自动焊接用	0.50	0.40	2.29
	单头手动焊接用	0.35	0.35	2.68
	多头手动焊接用	0.40	0.35	2.68
焊接用电动发电机组	单头焊接用	0.35	0.60	1.33
	多头焊接用	0.70	0.75	0.80
电弧炼钢炉变压器		0.90	0.87	0.57
煤气电气滤清机组		0.80	0.78	0.80

续表

用电设备组名称		需要系数 K_x	功率因数 $\cos\varphi$	$\tan\varphi$
照明	生产厂房	0.80～1.0	1.0	
	办公室	0.70～0.80	1.0	
	生活区	0.60～0.80	1.0	
	仓库	0.50～0.7	1.0	
	户外照明	1.0	1.0	
	事故照明	1.0	1.0	
	照明分支线	1.0	1.0	

【例 5-1】 已知小批量生产的冷加工机床组，拥有电压为 380V 的三相交流电动机 7kW 的 3 台、4.5kW 的 8 台、2.8kW 的 17 台和 1.7kW 的 10 台。试求该机床组计算负荷。

解 由表 5-3 查得 $K_x=0.14\sim0.16$，取 $K_x=0.15$，$\cos\varphi=0.5$，$\tan\varphi=1.73$，则

$$P_{n\Sigma}=7\times3+4.5\times8+2.8\times17+1.7\times10=121.6(\text{kW})$$

由式（5-4）求得其有功计算负荷为

$$P_c=K_xP_{n\Sigma}=0.15\times121.6=18.24(\text{kW})$$

$$Q_c=P_c\tan\varphi=18.24\times1.73=31.56(\text{kvar})$$

$$S_c=P_c/\cos\varphi=18.24/0.5=36.56(\text{kVA})$$

$$I_c=P_c/\sqrt{3}U_n\cos\varphi=18.24/\sqrt{3}\times0.38\times0.5=55.48(\text{A})$$

（3）车间（多组）用电设备的计算负荷。对于多组用电设备（如 m 组），由于各组需要系数不尽相同，各组最大负荷出现的时间也不相同。因此，在确定多组用电设备的计算负荷时，除了将各组计算负荷累加之外，还必须乘以一个需要系数的“同时使用系数”K_{op}、K_{oq}，其计算公式为

$$P_c=K_{op}\sum(P_c)i=K_{op}\sum(K_xP_{n\Sigma})i \tag{5-5}$$

$$Q_c=K_{oq}\sum(P_c\tan\varphi)i=K_{oq}\sum(K_xP_{n\Sigma}\tan\varphi)i \tag{5-6}$$

式中　K_{op}——有功计算负荷的同时使用系数；

K_{oq}——无功计算负荷的同时使用系数。

【例 5-2】 某厂机修车间低压配电装置对机床、长时间工作制的水泵和通风机以及卷扬机等三组负荷供电，已知机床组有 5kW 电动机 4 台，10kW 电动机 3 台；水泵和通风机组有 10kW 电动机 5 台；卷扬运输机组有 7kW 电动机 4 台。试确定机修车间的计算负荷。

解 （1）先分别求各组计算负荷。

1）机床组。查表 5-3，取 $K_{x1}=0.2$，$\tan\varphi_1=1.33$，则

$$P_{n1}=5\times4+10\times3=50(\text{kW})$$

$$P_{c1}=K_{x1}P_{n1}=0.2\times50=10(\text{kW})$$

$$Q_{c1}=P_{c1}\tan\varphi_1=10\times1.33=13.3(\text{kvar})$$

2）水泵和通风机组。查表 5-3，取 $K_{x2}=0.75$，$\tan\varphi_2=0.75$，则

$$P_{n2}=10\times5=50(\text{kW})$$

$$P_{c2}=K_{x2}P_{n2}=0.75\times50=37.5(\text{kW})$$

$$Q_{c2} = P_{c2}\tan\varphi_2 = 37.5 \times 0.75 = 28.13(\text{kvar})$$

3）卷扬运输机组。查表 5-3，取 $K_{x3}=0.6$，$\tan\varphi_3=0.88$，则

$$P_{n3} = 7 \times 4 = 28(\text{kW})$$

$$P_{c3} = K_{x3} \times P_{n3} = 0.6 \times 28 = 16.8(\text{kW})$$

$$Q_{c3} = P_{c3}\tan\varphi_3 = 16.8 \times 0.88 = 14.8(\text{kvar})$$

（2）确定机修车间计算负荷。查表 5-4，取 $K_{op}=K_{oq}=0.9$，由式（5-5）求得有功计算负荷为

$$P_c = K_{op}\sum(P_c)i = K_{op}\sum(K_x P_{n\Sigma})i = 0.9 \times (10 + 37.5 + 16.8) = 57.87(\text{kW})$$

$$Q_c = K_{oq}\sum(P_c\tan\varphi)i = K_{oq}\sum(K_x P_{n\Sigma}\tan\varphi)i = 0.9 \times (13.3 + 28.13 + 14.8) = 50.61(\text{kvar})$$

$$S_c = \sqrt{P_c^2 + Q_c^2} = \sqrt{57.87^2 + 50.61^2} = 76.88(\text{kVA})$$

$$I_c = S_c/\sqrt{3}U_n = 76.88/1.73 \times 0.38 = 116.95(\text{A})$$

对于 K_{op}、K_{oq}的确定，当用电设备组数越多时，取值越小；当组数越少时，取值越接近 1。

表 5-4 需要系数的同时使用系数

应用范围		$K_{op}(K_{oq})$
确定车间变电所低压母线的最大负荷时，所采用的有功负荷同时使用系数（无功负荷与此同）	冷加工车间	0.7～0.8
	热加工车间	0.7～0.9
	动力站	0.8～1.0
确定配电所母线的最大负荷时，所采用的同时系数	计算负荷小于 5000kW	0.9～1.0
	计算负荷为 5000～10 000kW	0.85
	计算负荷超过 10 000kW	0.8

需要系数法适用于确定设备台数多、单台设备容量差别不大的用电设备组的计算负荷。

（二）低压客户供电方案的制定

1. 供电方式的确定

供电方式指电力供应的方法与形式，包括供电电源的参数，如频率、相数、电压、供电电源的地点、数量、受电装置位置、容量、进线方式、主接线及运行方式及供电时间的时限等。

低压供电客户采用低压供电方式。低压供电方式适用于 1kV 以下电压供电客户。低压供电方式分单相和三相两类。

单相供电方式主要适用于照明和单相小动力，三相低压供电方式主要适用于三相小容量客户。

单相低压供电方式的最大容量应以不引起供电质量变劣为准则，当造成的影响超过标准时，需改用三相低压供电方式。

《供电营业规则》中规定，客户用电设备容量在 100kW 及以下或需用变压器容量在 50kVA 及以下的，可采用三相低压供电方式。

确定低压客户的供电方案时，应考虑线路本身的负荷、本所变压器的负荷、负荷自然增

长因数及冲击负荷、谐波负荷、不对称负荷的影响。

2. 用电容量的确定

对低压供电的客户，用电容量则应采用需用系数法确定，计算公式为

$$S_c = P_c/\cos\varphi = K_x P_{n\Sigma}/\cos\varphi \quad (5-7)$$

式中 P_c——有功计算负荷；

K_x——需用系数（查相关表可得）；

$P_{n\Sigma}$——用电设备的额定容量；

$\cos\varphi$——客户的功率因数；

S_c——计算容量。

3. 确定供电电源和进户线

确定供电电源和进户线的注意事项：

(1) 进户点应尽可能接近供电电源线路处；

(2) 容量较大的客户应尽量接近负荷中心处；

(3) 进户线应错开泄雨水的沟、墙内烟道，并与煤气管道、暖气管道保持一定距离；

(4) 一般应在墙外地面上看到进户点，便于检查、维修；

(5) 进户点的墙面应坚固，能牢固安装进户线支持物。

4. 供电方案的期限及有效期

答复低压客户供电方案的期限是：①居民客户，最长不超过 3 个工作日；②低压电力客户，最长不超过 7 个工作日。

低压供电方案的有效期为 3 个月。

（三）高压客户供电方案的制定

高压客户供电方案应根据现场勘查结果、配网结构及客户用电需求，确定供电方案和计费方案，拟定供电方案意见书，包括客户接入系统方案、客户受电系统方案、计量方案、计费方案等。

客户接入系统方案包括供电电压等级，供电容量，供电电源位置，供电电源数（单电源或多电源），供电回路数、路径、出线方式，供电线路敷设，继电保护等。

客户受电系统方案包括进线方式、受电装置容量、主接线、运行方式、继电保护方式（类型）、调度通信、远动信息、保安措施、产权及维护责任分界点、主要电气设备技术参数等。

计量方案包括计量点与采集点设置，电能计量装置配置类别及接线方式、安装位置、计量方式、电量采集终端安装方案等。

计费方案包括用电类别、电价分类及功率因数执行标准等信息。

归纳以上四个方案的内容，高压客户供电方案应包括下列主要内容：

(1) 批准客户用电的变压器容量；

(2) 客户的供电电源、供电电压等级及每个电源的供电容量；

(3) 客户的供电线路、一次主接线和有关电气设备选型配置安装的要求；

(4) 客户的计费计量点与采集点的设置、计量方式、计量装置的选择配置；

(5) 客户的计费方案；

(6) 供电方案的有效期；

（7）其他需说明的事宜等。

1. 变压器容量的确定

对于用电容量较大的专变压器客户（各地规定的容量标准不统一，一般规定为容量在100kW及以上的客户），在确定受电变压器容量（即供电容量）时，一定要按下述原则进行。

要先审查客户申请的变压器容量是否合理，审查客户负荷计算是否正确，如果采用需用系数计算负荷时，计算负荷确定后，一定要根据无功补偿应达到的功率因数，求出相应的无功功率和视在功率，再利用视在功率确定变压器容量。

专变压器客户变压器容量的确定有两种方法：一种是采用需用系数来确定客户的变压器容量；另一种方法是采用用电负荷密度的方法确定客户的供电容量。

（1）采用需用系数来确定变压器容量。采用需用系数来确定变压器容量，则要考虑根据客户内部用电设备的额定容量、行业特点、用电设备在实际负荷下的需要系数所求出的计算负荷，再考虑用电设备使用的不同供电线路及其用电设备损耗等各种因素后，确定变压器最佳容量。计算用电设备计算负荷的计算公式为

$$P_c = K_x P_{n\Sigma} \tag{5-8}$$

式中 P_c——计算负荷，kW；

K_x——需用系数；

$P_{n\Sigma}$——用电设备的容量，kW。

用电设备计算负荷求出后，可根据国家规定客户应达到的功率因数求出用电负荷的视在功率，并确定变压器的容量。用电负荷视在功率的计算公式为

$$S_c = P_c/\cos\varphi \tag{5-9}$$

式中 S_c——用电负荷的视在功率，kVA；

$\cos\varphi$——要求客户应达到的功率因数。

根据上述方法求出的视在功率选择变压器容量是简便易行的，关键在于积累资料，计算各种用电设备的需用系数。由于行业不同，用电需用系数也各不相同，所以一般可采用现场实际测量的方法来找出不同行业、不同用电设备的需用系数。

依据计算负荷确定变压器容量和台数时，除考虑上述几项原则和注意事项外，还必须要与客户认真协商，本着实事求是的精神，按照安全、经济、统筹兼顾的要求，确定出最佳的变压器容量和台数。

（2）采用用电负荷密度的方法确定供电容量。对于高层住宅和高层商业用电等，可采用用电负荷密度的方法确定供电容量或变压器容量。

例如，繁华地区商贸用电，供电容量为80～100W/m²；商贸、写字楼、金融、高级公寓混合用电供电容量为60～80W/m²。

居住区住宅及公共服务设施用电容量，应综合考虑所在城市的性质、社会经济、气候、民族、习俗及家庭能源使用种类确定。

通常，高层住宅的供电容量为50W/m²，一般住宅的供电容量为50W/m²。建筑面积在50㎡及以下的住宅客户，每户容量不小于4kW；建筑面积在50m²以上的住宅客户，每户容量不小于8kW。

此外，批准变压器容量时还应遵守以下原则：

(1) 在满足近期生产需要的前提下，变压器应保留合理的备用容量，为发展生产留有余地。

(2) 在保证变压器不超载和安全运行的前提下，同时考虑减少电网的无功损耗。一般客户的计算负荷等于变压器额定容量的70%～75%是最经济的。

(3) 对于用电季节性较强、负荷分散性大的客户，既要考虑能够满足旺季或高峰用电的需要，又要防止淡季和低谷负荷期间因变压器轻负荷、空负荷而使无功损耗过大的问题。此时可适当地降低变压器选择容量，增加变压器台数，在变压器轻负荷时切除一部分变压器以减少损耗，从而降低运行费用，增加灵活性，实现节电的要求。

2. 供电电压等级的确定

根据《供电营业规则》的规定，供电额定电压单相220V、三相380V的为低压供电，10、35 (66)、110、220、330、500kV的为高压供电。该规则还规定，客户需要的供电电压等级在110kV及以上时，其受电装置应作为终端变电所设计。

目前我国220kV及以上供电电压主要用于电力系统输送电能，也有少数大型企业从220kV电网直接受电；35～110kV供电电压既可作输电用，也可作配电用，直接向大中型电力客户供电；10kV及以下供电电压只起配电作用。各级供电电压与输送容量、输送距离的关系见表5-5。

表5-5　各级供电电压与输送容量、输送距离的关系表

额定电压 (kV)	0.38	3	6	10	35	110	220	330
输送容量 (MW)	0.1以下	0.1～1.0	0.1～1.2	0.2～2.0	2.0～1.0	10～50	100～500	200～1000
输送距离 (km)	0.6以下	1～3	4～15	6～20	20～50	50～150	100～300	200～600

(1) 低压供电：

1) 客户单项用电设备总容量在10kW及以下时可采用低压220V供电，在经济发达地区用电设备总容量客扩大到16kW；

2) 客户用电设备总容量在100kW及或受电变压器容量在50kVA及以下者，可采用低压380V供电。在用电负荷密度较高的地区，经过技术经济比较，采用低压供电的技术经济性明显优于高压供电时，低压供电的容量可适当提高。

3) 农村地区低压供电容量，应根据当地农村电网综合配电小容量、多布点的配置特点确定。

(2) 高压供电：

1) 客户用电设备总容量在100～8000kVA时（含8000kVA)，宜采用10kV供电。无35kV电压等级的地区，10kV电压等级的供电容量可扩大到15 000kVA。

2) 客户用电设备总容量在5～40MVA时，宜采用35kV供电。

3) 有66kV电压等级的电网，客户用电设备总容量在15～40MVA时，宜采用66kV供电。

4) 客户用电设备总容量在20～100MVA时，宜采用110kV供电。

5）客户用电设备总容量在100MVA及以上，宜采用220kV供电。

6）10kV及以上电压等级供电的客户，当单回路电源线路容量不满足负荷需求且附近无上一级电压等级供电时，可合理增加供电回路数，采用多回路供电。

（3）临时供电。基建施工、市政建设、抗旱打井、防汛排涝、抢险救灾、集会演出等非永久性用电，可实施临时用电，具体供电电压等级取决于用电容量和当地的供电条件。

具有冲击负荷、波动负荷、非对称负荷的客户，易采用由系统变电所新建线路或提高电压等级供电的供电方式。

客户的供电电压等级应根据客户用电最大需量、用电设备容量或受电设备总容量确定，除有特殊需要，客户供电电压等级一般按表5-6确定。

表5-6　　客户供电电压等级的确定

供电电压等级	用电设备容量	受电变压器总容量
220V	10kW及以下单相设备	
380V	100kW及以下	50kVA及以下
10kV		100～8000kVA（含8000kVA）
35kV		5～40MVA
66kV		15～40MVA
110kV		20～100MVA
220kV		100MVA及以上

3. 供电电源的确定

（1）供电电源的确定原则：

1）供电电源应依据客户的负荷等级、用电性质、用电容量、当地供电条件等因素进行技术经济比较，与客户协商确定。

对具有一、二级负荷的客户应采用双电源或多电源供电，其保安电源应符合独立电源条件。该类客户应自备应急电源，同时应配备非电性质的应急措施。

保安电源是指在常规电源故障的情况下，为保证对重要客户的重要负荷仍然能持续供电的设施。如有下列情况之一者保安电源应由客户自备：①在电力系统瓦解或不可抗力造成供电中断时，仍需保证供电的；②客户自备电源比从电力系统供给更为经济合理的。

对三级负荷的客户可采用单电源供电。

2）双电源、多电源供电时宜采用同一电压等级电源供电。

3）应根据客户的负荷性质及其对供电可靠性的要求和城乡发展规划，选择采用架空线路、电缆线路或架空—电缆线路供电。

（2）用电负荷分级。

1）用电负荷分级原则。用电负荷分级应根据客户对供电可靠性的要求，以及中断供电将危害人身安全和公共安全，在政治或经济上造成损失或影响程度等因素进行分级。

2）一级负荷。中断供电将产生下列后果之一者为一级负荷：①引发人身伤亡的；②造成环境严重污染的；③发生中毒、爆炸和火灾的；④造成重大政治影响、经济损失的；⑤造成社会公共秩序严重混乱的。

3）二级负荷。中断供电将产生下列后果之一者为二级负荷：①造成较大政治影响、经济损失的；②造成社会公共秩序混乱的。

4）三级负荷。不属于一级负荷和二级负荷的负荷为三级负荷。

5）重要客户。重要客户指具有一级负荷或二级负荷的客户。例如，国家重要的广播电台、电视台、通信中心，重要国防、军事、政治工作及活动场所，重要交通枢纽；国家信息中心及信息网络、电力调度中心、金融中心、证券交易中心，重要宾馆、饭店、医院、学校，大型商场、影剧院等人员密集的公共场所，煤矿、金属非金属矿山、石油、化工、冶金等高危行业的客户。

（3）一、二级负荷供电电源的配置规定。

一级负荷的供电电源应符合下列规定：

1）一级负荷的供电除由双电源供电外，应增设保安电源，并严禁将其他负荷接入应急供电系统；

2）一级负荷的设备供电电源应在设备的控制箱内实现自动切换，切换时间应满足设备允许中断供电的要求。

二级负荷的供电电源应符合下列规定：

1）二级负荷的供电电源应由双电源供电，当一路电源发生故障时，另一路电源不应同时受到损坏。

2）二级负荷的设备供电应根据电源条件及负荷的重要程度采用下列供电方式之一：

a. 双电源供电，在最末一级配电装置内切换。双电源供电到适当的配电点互投装置后，采用专线送到用电设备或其控制装置上。

b. 小容量负荷可以用一路电源不间断电源装置，或一路电源加设备自带的蓄电池在末端实现切换。

（4）供电电源点确定的一般原则：

1）电源点应具备足够的供电能力，能提供合格的电能质量，以满足客户的用电需求；在选择电源点时应充分考虑各种相关因素，确保电网和客户端变电所的安全运行。

2）对多个可选的电源点，应进行技术经济比较后确定。

3）根据城市地形、地貌和城市道路规划要求，就近选择电源点。路径应短捷顺直，减少与道路交叉，避免近电远供、迂回供电。

4. 电气主接线及运行方式的确定

（1）确定电气主接线的一般原则：

1）根据进出线回路数、设备特点及负荷性质等条件确定；

2）满足供电可靠、运行灵活、操作检修方便、节约投资和便于扩建等要求；

3）在满足可靠性要求的条件下，宜减少电压等级和简化接线。

（2）电气主接线的主要型式。电气主接线的主要型式有桥型接线、单母线、单母线分段、双母线、线路变压器组等。

（3）客户电气主接线。

1）具有两回线路供电的一级负荷，其电气主接线得确定应符合下列要求：

a. 35kV 及以上电压供电应采用单母线分段接线或双母线接线，装设两台及以上主变压器。6～10kV 侧影采用单母线分段接线。

b. 10kV电压等级应采用单母线分段接线，装设两台及以上变压器。0.4kV侧应采用单母线分段接线。

2）具有两回线路供电的二级负荷，其电气主接线得确定应符合下列要求：

a. 35kV及以上电压等级宜采用桥型接线、单母线分段、线路变压器组接线，装设两台及以上主变压器。中压侧应采用单母线分段接线。

b. 10kV电压等级应采用单母线分段接线，线路变压器组接线，装设两台及以上变压器。0.4kV侧应采用单母线分段接线。

3）单回线路供电的三级负荷客户，其电气主接线采用单母线或线路变压器组接线。

5. 计量点及计量方式的确定

(1) 计量点的确定。计量点是计量装置或计费电能表的安装位置，应在供电方案中予以明确，以便在设计变电所时预留安装位置，作为计收电费的依据。

电能计量点应设定在供电设施与受电设施的产权分界处。如产权分界处不适宜装表的、对专线路供电的高压客户，可在供电变电所的出线侧出口装表计量；对公用线路供电的高压客户，可在客户受电装置的低压侧计量。

(2) 计量方式的确定：

1）低压供电的客户，负荷电流为60A及以下时，电能计量装置接线宜采用直接接入式；负荷电流为60A以上时，宜采用经电流互感器接入式。

2）高压供电的客户，宜在高压侧计量；但对10kV供电且容量在315kVA及以下、35kV供电且容量在500kVA及以下的，高压侧计量确有困难时，可在低压侧计量，即采用高供低计方式。

3）有两路及以上线路分别来自不同供电点或有多个受电点的客户，应分别装设电能计量装置。

4）客户一个受电点内不同电价类别的用电，应分别装设计费电能计量装置。

5）有受（送）电量的地方电网和有自备电厂的客户，应在并网点上装设受（送）电电能计量装置。

模块四 业扩工程基本概念、施工与检验

【模块描述】本模块主要介绍业扩工程的基本概念、施工及工程检查内容，装表接电前应具备的基本条件，应存档资料。通过学习，掌握业扩工程的基本概念和中间检查、竣工检查的定义及内容，了解装表接电工作要求及客户资料的存档要求。

一、业扩工程的基本概念

（一）业扩工程的含义

业扩工程包括工程设计、设计审查、设备购置、工程施工、中间检查、竣工检查等几个阶段。

（二）业扩工程的类别

业扩工程有外部工程和内部工程两种类别。

受电点以外的工程称为外部工程。外部工程的设计、施工，客户可以委托供电公司承担，也可以委托具备相应资质的专门部门进行。对于外部工程应根据工程进度情况，

依次登记工程立项、设计情况，工程的图纸审查情况，工程预算情况，工程费的收取情况，施工单位、设备供应单位，工程施工过程、中间检查、竣工验收情况，工程决算情况。

受电点以内的工程成为内部工程。客户内部工程的设计、施工，可以委托供电公司承担，也可以委托具备相应资质的专门部门进行。

二、业扩工程的中间检查和竣工检验

在业扩工程阶段，供电公司应根据设计方案进行工程验收检查。工程验收检查分为中间检查、竣工检查（送电前检查）两个阶段。

（一）中间检查

当工程进行到2/3，各种电气设备基本安装就绪时，对客户内部工程的电气设备、变压器容量、继电保护、防雷设施、接地装置等方面进行的全面质量检查，称为中间检查。

中间检查的目的是及时发现不符合设计要求与不符合施工工艺等问题，并提出改进意见，争取在完工前进行改正，以避免完工后再进行大量返工。经过中间检查提出的改进意见要做到一次向客户提全、提清楚，防止查一次提一些，使时间拖的很长而影响客户变电所的施工和投入运行。

中间检查的检查范围包括：工程建设是否符合设计要求；工程施工工艺、建设用材、设备选型是否符合规范，技术文件是否齐全；安全措施是否符合规范及现行的安全技术规程的规定。

中间检查的检查项目包括：线路架设情况或电缆敷设检查；电缆通道开挖许可及开挖情况检查；封闭母线及计量箱（柜）安装检查；高、低压盘（柜）装设检查；配电室接地检查；设备到货验收及安装前的特性校验资料检查；设备基础建设检查；安全措施检查等。

中间检查的内容应有：

（1）客户工程的施工是否符合设计的要求；

（2）所有的安全措施是否符合《规范》及现行的安全技术规程的规定；

（3）施工工艺和工程选用材料是否符合规范和设计要求；

（4）检查隐蔽工程是否符合有关规定的要求，如电缆沟的施工和电缆头的制作、接地装置的埋设等；

（5）变压器的吊芯检查，电气设备安装前的特性校验等；

（6）所有电气装置的安装质量检查；

（7）有关技术文件是否齐全；

（8）连锁、闭锁装置是否安全可靠；

（9）通信联络装置是否安装完毕。

在中间检查期间，应通知装表、负荷监控、试验、继电保护等进行相应的准确度调试，并通知进网电工培训，检查客户安全工具、消防器材和必要的规程、管理制度的建立情况以及各种必要的记录表格的配备情况。

中间检查前应填写受电工程中间检查登记表，见表5-7。中间检查后应将受电工程中间检查结果告知客户，受电工程中间检查结果通知单见表5-8。

表 5-7　　受电工程中间检查登记表

<table>
<tr><td>申请编号</td><td></td><td>申请类别</td><td></td></tr>
<tr><td>客户名称</td><td></td><td>用电地址</td><td></td></tr>
<tr><td>联系人</td><td></td><td>联系电话</td><td></td></tr>
<tr><td>施工单位</td><td></td><td>施工资质</td><td></td></tr>
<tr><td>当前工程
完成内容</td><td colspan="3"></td></tr>
<tr><td>开始时间</td><td></td><td>预计完成日期</td><td></td></tr>
<tr><td colspan="3">相关资料名称</td><td>份　数</td></tr>
<tr><td colspan="3"></td><td></td></tr>
<tr><td colspan="3"></td><td></td></tr>
<tr><td colspan="3"></td><td></td></tr>
<tr><td colspan="3"></td><td></td></tr>
<tr><td colspan="3"></td><td></td></tr>
<tr><td>事项说明</td><td colspan="3"></td></tr>
<tr><td colspan="2">用电单位盖章：

年　月　日</td><td colspan="2">供电单位盖章：

年　月　日</td></tr>
</table>

登记人：　　　　　　　　　　　　　　登记日期：

表 5-8　受电工程中间检查结果通知单

申请编号		申请类别	
客户名称		用电地址	
联系人		联系电话	
施工单位		施工资质	
施工范围			
组织部门		负责人	
检查部门		检查人员	
配合部门		配合人员	
开始时间		完成时间	
检查内容和结果：			
供电部门意见： 供电部门盖章： 年　月　日			

（二）竣工检查

送电前的验收检查称为竣工检查。中间检查后，客户应根据提出的改进意见，逐项予以改正。当客户将缺隐全部改正完毕后，业扩报装部门应按照国家和电力行业颁发的设计规程、运行规程、验收规范和各种防范措施等要求，根据客户提供的竣工报告和资料，组织相关部门对受电工程的工程质量进行全面检查、验收。

1. 竣工检查时客户应提交资料

竣工检查时客户应提交给供电部门《用电客户内部电气设备安装竣工报告》的附加文件，包括：

（1）客户竣工验收申请书；

（2）工程竣工图；

（3）变更设计说明；

（4）隐蔽工程的施工及试验记录；

（5）电气试验及保护整定调试报告；

（6）电气工程监理报告和质量监督报告；

（7）安全用具的试验报告；

（8）运行管理的有关规定和制度；

（9）值班人员名单及资格；

（10）供电公司认为必要的其他资料或记录；

（11）受电工程竣工验收登记表。

2. 高压客户的竣工检查

高压客户受电工程竣工验收范围包括：工程建设参与单位的资质是否符合规范要求；工程建设是否符合设计要求；工程施工工艺、建设用材、设备选型是否符合规范，技术文件是否齐全；安全措施是否符合规范及现行的安全技术规程的规定。

高压客户受电工程竣工验收项目包括：线路架设或电缆敷设检验，高、低压盘（柜）及二次接线检验，配电室建设及接地检验，变压器及开关试验，环网柜、电缆分支箱检验；中间检查记录，交接试验记录，运行规章制度及入网工作人员资质检验，安全措施检验等。

高压客户受电工程竣工检查的内容有：

（1）客户工程的施工是否符合审查后的设计要求；

（2）设备的安装、施工工艺和工程选用材料是否符合有关规范要求；

（3）一次设备接线和安装容量与批准方案是否相符，对低压客户应检查安装容量与报装容量是否相符；

（4）检查无功补偿装置是否能正常投入运行；

（5）检查计量装置的配置和安装是否正确、合理、可靠，对低压客户应检查低压专用计量柜（箱）是否安装合格；

（6）各项安全防护措施是否落实，能否保障供用电设施运行安全；

（7）高压设备交接试验报告是否齐全准确；

（8）继电保护装置经传动试验动作准确无误；

（9）检查设备接地系统、接地网及单独接地系统的电阻值应符合有关规定的要求；

（10）检查各种连锁、闭锁装置是否安全可靠；

（11）检查各种操作机构是否有效可靠，要求电气设备外观清洁、充油设备不漏不渗，设备编号正确、醒目；

（12）客户变电所的模拟图版的接线、设备编号等应规范且与实际相符，做到模拟操作灵活、准确。

（13）新装客户变电所的必须配备合格的安全工器具、测量仪表、消防器材；

（14）建立本所的倒闸操作、运行检修规程和管理等制度，建立各种运行记录簿，备有操作票和工作票；

（15）站内要备有一套全站设备技术资料和调试报告；

（16）检查客户进网作业电工的资格。

3. 低压客户的竣工检查

低压客户的竣工验收时，供电部门应按照国家和电力行业颁发的技术规范、规程和标准，根据客户提供的竣工报告和资料，组织有关单位按设计图、设计规程、运行规程、验收规范和各种防范措施等要求，对受电工程的工程质量进行全面检查、验收。

具体验收项目包括：①资质审核；②资料验收；③安装质量验收；④安全设施规范化验收。

工程验收包括架空线路、电缆线路、开闭所配电室等专业工程的资料与现场验收。工程中的杆塔基础、设备基础、电缆管沟及线路、接地系统等隐蔽工程及配电站房等土建工程应作中间验收。

接到客户竣工报告后，供电公司到现场竣工验收的期限一般为：低压客户 3 天，高压客户 5 天。竣工验收合格后的接电期限一般为：低压客户 5 天，高压客户 10 天。

客户应配置齐全的通信设备，对于 35kV 及以上客户、10kV 有调度关系的客户应设置调度专用电话和市话各一部，其他客户应装市话一部。

竣工检查前应填写受电工程竣工检查登记表，见表 5-9。竣工检查后应将受电工程竣工竣工检查结果告知客户，受电工程竣工检查结果通知单（正面）见表 5-10。

表 5-9　　受电工程竣工检查登记表

<table>
<tr><td>申请编号</td><td></td><td>申请类别</td><td></td></tr>
<tr><td>客户名称</td><td></td><td>用电地址</td><td></td></tr>
<tr><td>联系人</td><td></td><td>联系电话</td><td></td></tr>
<tr><td>报验内容</td><td></td><td></td><td></td></tr>
<tr><td colspan="3">相关资料名称</td><td>份　　数</td></tr>
<tr><td colspan="3"></td><td></td></tr>
<tr><td colspan="3"></td><td></td></tr>
<tr><td colspan="3"></td><td></td></tr>
<tr><td colspan="3"></td><td></td></tr>
<tr><td colspan="3"></td><td></td></tr>
<tr><td colspan="3"></td><td></td></tr>
<tr><td colspan="3"></td><td></td></tr>
<tr><td colspan="3"></td><td></td></tr>
<tr><td colspan="3"></td><td></td></tr>
<tr><td>事项说明</td><td colspan="3"></td></tr>
<tr><td colspan="2">用电单位盖章：
年　月　日</td><td colspan="2">供电单位盖章：
年　月　日</td></tr>
</table>

登记人：　　　　　　　　　　　　　　登记日期：

表 5-10　　受电工程竣工检查结果通知单（正面）

申请编号		申请类别		客户编号	
客户名称				联系人	
用电地址				联系电话	
出线变电所	主/备线路	变压器名称及线路杆号	专线/T 接	供电电压（kV）	受电容量（kVA）
产权分界点					

以下由验收人员现场填写					
验收项目	验收说明	结论	验收项目	验收说明	结论
线路（电缆）			自备（保安）电源		
备用电源			隐蔽工程质量		
变压器			电气试验结果		
避雷器			安全工器具配备		
继电保护			消防器材		
电容器			进网作业人员资格		
配电装置			安全措施规章制度		
接地网			其他		
其他			其他		
其他			其他		

受电设备类型	容量	型号	一次侧电压	二次侧电压	一次侧电流	二次侧电流	接线组别	空载损耗	短路电压

负控主站号	第一轮（kW）	第二轮（kW）	第三轮（kW）	备　注

计量组号	计量电压	电价类别	TA 变比	TV 变比	倍率	计量方案简图

验收人		客户签字	

经过竣工检查确定变电所具备送电条件以后，业扩工作人员应做好一系列装表接电前的准备工作。接电前，应由业扩报装部门与客户签订供用电合同（或协议），明确供电部门与客户之间的责任，以便加强用电管理，保证电网的安全运行。

三、装表接电

（一）装表接电前应具备的基本条件

装表接电前应具备以下条件方能送电：

（1）新建的外部供电工程已验收合格；

（2）客户受（送）电装置已验收合格；

（3）工程款及其他费用结清；

（4）供用电合同及有关协议都已签定；

（5）电能计量装置已检验安装合格；

（6）客户电气工作人员考试合格并取得证件，客户安全运行规章制度已经建立。

（二）装表接电的时限要求

（1）高压客户装表接电的期限要求：不超过 7 个工作日。

（2）低压客户装表接电的期限要求：自受理之日起，居民客户不超过 3 个工作日，非居民客户不超过 5 个工作日。

（三）信息归档

信息归档指给客户建立客户信息档案，形成正式的客户编号。

信息归档主要工作内容有建立客户基本档案、电源档案、计费档案、计量档案，用检档案和合同档案等，形成正式客户编号。

（四）归档

归档指核对客户待归档信息和资料，收集并整理报装资料，完成资料归档。归档其主要工作包括：

（1）检查客户档案信息的完整性，根据业务规则审核档案信息的正确性，档案信息主要包括客户申请信息、设备信息、基本信息、供电方案信息、计费信息、计量信息（包括采集装置）等。如果存在档案信息错误或信息不完整，则发起相关流程纠错。

（2）为客户档案设置物理存放位置，形成并记录档案存放号。

资料归档后，客户所有的资料通过营销技术支持系统传送到电费管理中心，实施新的客户信息下的抄核收工作。

本模块只介绍低压非居民新装归档和高压新装归档的归档资料，其他新装及变更用电归档资料请查阅国家电网公司制定的 SG186 营销业务模型设计。

低压非居民新装完整的客户档案资料应包括：

（1）用电申请书及相关证明材料；

（2）客户用电设备清单；

（3）营业执照复印件；

（4）法人代表身份证复印件；

（5）供电方案答复单；

（6）受电工程竣工验收登记表；

（7）受电工程竣工验收单；

(8) 供用电合同及其附件;
(9) 业扩报装现场勘查工作单;
(10) 装拆表工作单。
高压新装完整的客户档案资料应包括:
(1) 用电申请书;
(2) 客户用电设备清单;
(3) 营业执照复印件;
(4) 法人代表身份证复印件;
(5) 业扩现场勘查工作单(高压);
(6) 供电方案答复单;
(7) 审定的客户电气设计资料及图纸(含竣工图纸);
(8) 受电工程中间检查登记表;
(9) 受电工程缺陷整改通知单;
(10) 受电工程中间检查结果通知单;
(11) 受电工程竣工验收登记表;
(12) 受电工程竣工验收单;
(13) 装拆表工作单;
(14) 供用电合同及其附件;
(15) 委托客户的授权委托书;
(16) 客户提交的其他相关材料。

第二部分 习 题

一、填空题

1. 从受理客户用电申请到向客户正式供电为止的全过程,是供电公司________行为。

2. 四个不变指________不变、用电地址不变、用电性质不变、用电主体不变。

3. 低压居民新装业务适用于电压等级为________V 低压居民客户的新装用电。

4. 现场勘查是报装________根据派工结果或事先确定的工作分配原则接受勘查任务,与客户沟通确认现场勘查时间,携带勘查单前往勘查,核实用电容量、用电类别等客户申请信息,确定供电方案的工作过程。

5. 居民客户新装供电方案的答复时限是:自受理之日起,居民客户不超过________个工作日。

6. 信息归档指建立客户信息档案,形成正式________。

7. 客户回访指在完成现场装表接电后向________对供电公司服务态度、流程时间、装表质量等的意见。

8. 归档指收集、整理、并核对客户待归档信息和________,建立客户档案。

9. 低压居民增容工作业务适用于电压等级为 220/380V ________的增容用电。

10. 业务扩充受理的工作项目包括新装、增容、________业务的受理。

11. 业务扩充的受理方式归纳起来有________方式。

12. 业务扩充的三审指供电必要性的审查，供电________的审查，供电合理性的审查。

13. 供电方案要解决的问题是“________”和“如何供”。

14. “供多少”是指批准变压器的________是多少比较适宜。

15. 用电设备按其工作性质分可分为________。

16. 反复短时工作制用电设备，是指时而工作、________，如此反复运行的用电设备。

17. 吊车电动机标准暂载率分为15%、25%、________、60%四种。

18. 计算负荷包括________物理量。

19. 对于K_{op}、K_{oq}的确定，当用电设备组数越多时，取值________；当组数越少时，取值越接近1。

20. 需要系数法适用于确定设备台数多，而单台设备容量________的用电设备组的计算负荷。

21. 低压供电方式分________和三相两类。

22.《供电营业规则》中规定，客户用电设备容量在________及以下或需用变压器容量在50kVA及以下的，可采用三相低压供电方式。

23. 计费方案包括用电类别、________及功率因数执行标准等信息。

24. 客户用电设备总容量在5～40MVA时，宜采用________供电。

25. 基建施工、市政建设、抗旱打井、防汛排涝、抢险救灾、集会演出等非永久性用电，可实施________。

26. 用电负荷分级应根据客户对________的要求，以及中断供电将危害人身安全和公共安全、在政治或经济上造成损失或影响程度等因素进行分级。

27. 电能计量点应设定在供电设施与________的产权分界处。

28. 业扩工程有________和内部工程两种类别。

29. 高压客户装表接电的期限要求不超过________个工作日。

30. 低压客户装表接电的期限要求是：自受理之日起，居民客户不超过________个工作日，非居民客户不超过5个工作日。

二、选择题

1. 客户因用电需要，初次向供电公司申请报装用电的业务即为（　　）。

A. 新装用电　　B. 增容用电　　C. 减容用电　　D. 变更用电

2. 客户在供电点不变、用电地址不变、用电性质不变、用电主体不变等“四个不变”的前提下仅增加（　　）并向供电公司申请增加用电容量或变压器容量的业务即为增容用电。

A. 用电设备或变压器容量　　B. 用电设备

C. 变压器容量　　D. 设备

3. 通过95598客户服务热线将有关信息传递给客服代表，由95598客服代表受理客户的业务扩充任务的受理方式称为（　　）。

A. 营业厅受理　　B. 电话受理　　C. 网站受理　　D. 传真受理

4. 客户通过上网，在供电服务网站上填写新装、增容或变更用电业务申请书，由客户服务中心网站受理的方式称为（　　）。

A. 营业厅受理　　B. 电话受理　　C. 网站受理　　D. 传真受理

5. 按发热条件选择供电系统元件时需要计算的负荷功率或负荷电流，称为（　　）。

A. 最大需量　　B. 需要系数　　C. 有功负荷　　D. 计算负荷

6. 供电方式指电力供应的（　　），包括供电电源的参数，如频率、相数、电压、供电电源的地点、数量、受电装置位置、容量、进线方式、主接线及运行方式及供电时间的时限等。

A. 方法　　B. 方法与形式　　C. 形式　　D. 方式

7. 保安电源是指在常规电源（　　）的情况下，为保证对重要客户的重要负荷仍然能持续供电的设施。

A. 正常　　B. 短路　　C. 断开　　D. 故障

8. 计量点是计量装置或计费电能表的（　　），应在供电方案中予以明确，以便在设计变电所时预留安装位置，作为计收电费的依据。

A. 地点　　B. 分界点　　C. 安装位置　　D. 计费点

9. 当工程进行到（　　）时，各种电气设备基本安装就绪时，对客户内部工程的电气设备、变压器容量、继电保护、防雷设施、接地装置等方面进行的全面的质量检查称为中间检查。

A. 2/4　　B. 1/2　　C. 2/3　　D. 1/3

10. 送电前的验收检查称为（　　）。

A. 竣工检查　　B. 中间检查　　C. 接电前检查　　D. 中途检查

三、判断题

1. “业扩”是从受理客户用电申请到向客户正式供电为止的全过程，是供电公司售前服务行为。（　　）

2. 对于客户由于资料不全无法完成业务受理的，应登记、保存客户已提供的资料。（　　）

3. “四个不变”指供电点不变、用电地址不变、供电电压不变、用电主体不变。（　　）

4. 业务扩充工作质量的好坏不仅影响着当前的客户，还会影响潜在的客户。（　　）

5. 不允许同一城市内居民报装业务异地受理。（　　）

6. 受理业务时，客户如有欠费则应向客户说明需缴清欠费后再予受理。（　　）

7. 现场勘查是报装外勤工作人员根据派工结果确定供电方案的工作过程。（　　）

8. 勘查时，仔细核对客户名称、地址等相关资料与勘查单的内容是否一致，审定客户用电类别、用电容量。（　　）

9. 答复供电方案指业扩报装部门根据现场勘查的结果及审批结论，向客户书面答复供电方案。（　　）

10. 业务收费指按确定的收费项目和应收业务费信息收取业务费，打印发票或收费凭证。（　　）

四、问答题

1. 业务扩充工作项目包括哪些？

2. 什么叫用电大项目前期咨询？用电大项目前期咨询包括哪些项目？

3. 新装用电包括哪些工作项目？增容用电包括哪些工作项目？

4. 居民客户新装申请时需必备哪些资料？
5. 无表临时用电新装适用于哪些场合？
6. 供电方案的主要内容有哪些？
7. 制定供电方案时应遵守的原则有哪些？
8. 确定低压客户供电电源和进户线时应注意什么？
9. 答复低压客户供电方案的期限如何规定？
10. 高压客户供电方案包括哪四种方案？
11. 客户接入系统方案包括哪些内容？
12. 客户受电系统方案包括哪些内容？
13. 计量方案包括哪些内容？
14. 批准变压器容量时应遵守哪些基本原则？
15. 什么叫一级负荷？
16. 供电电源点确定的一般原则是什么？
17. 中间检查的检查范围包括哪些？
18. 中间检查的检查项目包括哪些？
19. 装表接电前应具备哪些基本条件？

五、作图题

1. 试画出低压居民新装工作流程图。
2. 试画出无表临时用电新装工作流程图。

六、计算题

1. 已知小批量生产的冷加工机床组，拥有电压为 380V 的三相交流电动机 20kW 的 8 台，15kW 的 10 台，10kW 的 18 台，5kW 的 10 台。求该机床组的计算负荷。

2. 某机修车间 380V 线路中，接有机床电动机组有 25kW10 台、10kW 的 8 台，水泵和通风机组有 30kW 电动机 10 台，卷扬机组有 17kW 电动机 14 台。试计算该车间的计算负荷。

第三部分　实　训　任　务

实训任务 1　用需用系数法计算变压器容量

一、实训目的

通过实训，使学生学会正确进行用电设备分类，学会正确确定用电设备的容量，学会正确用需用系数法求变压器容量。

二、任务描述

根据所给的用电设备清单进行用电设备的分类，根据用电设备容量确定的方法确定各类设备的用电容量，根据需用系数法求计算负荷的方法分别求出有功、无功计算负荷以及变压器容量和计算电流。

三、用需用系数法计算变压器容量计算任务单

用需用系数法计算变压器容量计算任务单

专业领域：市场营销（电力市场方向）

学习领域：用电营业管理　　　　学习情境：新装与增容

实训任务：计算变压器容量　　　　学时：4学时

前提条件	教学载体	计算机
	教学环境	教室
	教师素质	具有指导设计实践经验并能言传身教
	学生素质	具有团队合作精神，互教互学能力 实施专业：市场营销（电力市场方向）、发电厂及电力系统、供用电技术
实训任务	任务描述	（1）根据所给的设备清单（见实训表5-1）进行用电设备分类并确定用电设备容量 （2）用电设备分组并求出各组设备的计算负荷 （3）根据各组计算负荷求车间的计算负荷并确定变压器容量
	拓展任务	供电方案的制定
能力目标	方法能力	（1）学生具有领会任务要求的能力 （2）学生具有制定任务实施步骤和工作计划的能力 （3）学生具有执行任务实施步骤和工作计划的能力 （4）学生具有自主检查和提出优化工作过程的能力
	职业能力	（1）能正确进行用电设备分类及计算设备容量 （2）能正确进行计算负荷的计算 （3）能根据新装要求及政策确定变压器容量 （4）能从设计总结归纳设计体会
	社会能力	（1）团队协作能力、沟通能力 （2）职业道德和工作责任感 （3）团队分析问题、解决问题能力 （4）团队组织和实施能力

续表

	教学步骤	时间	主 要 内 容	教学方法	媒介
任务实施步骤	导入任务明确要求	1节	布置任务，预备知识讲解学习，引导学生查找资料、做设计前期准备，调动和激发学生的积极性和主动性	讲述法、引导法	PPT
	团队讨论定计算步骤、交流	1节	组织学生团队讨论工作任务，使每一位学生都能理解任务要求，在清楚任务之后，发挥学生的思维和想象力，针对工作任务提出自己的计算思路	分组讨论法	实训指导书
	团队实施计算任务	1.5节	（1）进行用电设备分类及计算设备容量 （2）进行计算负荷的计算 （3）根据新装要求及政策确定变压器容量 （4）完成计算报告	分组讨论法	实训指导书
	交流计算结果	0.5节	选出1～2组团队交流计算结果	交流法	
	过程检查	全过程	（1）计算方案检查 （2）计算结果检查 （3）计算过程检查		
实训成果	计算报告	（1）计算目的、要求、任务 （2）计算方案 （3）计算实施过程、结果 （4）计算能力目标实现与否感想			

实训表5-1 **设备清单**

设备名称	型号	功率（kW）	机系数	电系数
普通车床	GA0140	15	11	3
立式钻床	Z5140A	7.5	7	6
摇臂钻床	Z3063×20	2.2	13	9
	Z3060×20	2.2	13	9
	Z3080×25	2.2	10	9
	Z3050×16	2.2	10	9
平面磨床	M7130H	2.2	16	9
卧式万能铣	FU320	8	13	8
牛头刨床	B665	15	11	3
圆锯床	G6010	15	12	6
圆锯机	HNU23	15	5	2
全自动卧式带锯机	GZ4032\1	10	6	4
四柱液压机	YJ32-500	10	22	10
10m压筋机	10M-1.53	68	35	20
1250T单动板冲压液压机	BDY12.5-4×2	58	58	40
500T油压机	2P2FCBM-500AJ	58	22	10
冲床	JC23-63	7.5	7	3.5
	630T	7.5	27	11
单点压力机	JA31-160	7.5	13	4
闭式单点压力机	JA31-400A	7.5	22	10
机械压力机	S2200004000×1	320	63	31
	J11100A	320	9	2.5
开式双柱压力机	JC21-160A	320	12	5
数控步冲压力机	FC1250S\30	25.6	30	50
摩擦压力机		25.6	9	3
双盘摩擦压力机	J53-160B	25.6	19	3
龙床剪床	Q11-13-2500	7.5	16	4
	Q11-20-2000	7.5	19	5.5
剪板机	Q11-13-2500	7.5	16	4
	Q12Y-20×4000A	7.5	24	5.5
	QNY-6×4000	7.5	12	3
	Q11Y-64000	7.5	12	3
	QH11-20×2500	7.5	20	5.6
数控精密剪板机	CQ6×4000	22	20	30
联合冲剪机	QA34-25	22	16	6
冲型剪切机	Q215A	22	5	2.5

续表

设 备 名 称	型号	功率（kW）	机系数	电系数
联合剪冲机	QA34-25	22	16	6
三辊滚板机	W115×2000	10	6	6
平板机	十三辊	65	20	11
校平机	十三辊	65	20	8
	十七辊	45	18	8
矫直机		7.5	14	7
板料折弯压力机	WY67-250A	20	20	4
折弯机	PPN180/40	20	18	3
同步数控液压折弯机	PSG650/6000	78	32	10
型材拉弯机		78	10	6
拉弯机	FG26.OSM	65	10	6
空调机	KC-33	65	5	3
电力变压器	SJ1250/10	65	0	19
硅整流设备	GCA	65	0	4.5
整流柜	GK21-200A/220A	65	0	6
高压开关柜	JYH2-10-01	50	0	6
低压柜	PGL1-28-01	20	0	3
	PGL03 1500A	20	0	3
自动电焊机	BX2-1000	30	0	7
C02 电焊机	DZK-400A	25	0	12
	NBC-400D	20	0	15
	NBC-450A	40	0	15
	DZK-400C	35	0	12
	NBC-400A	50	0	15
	DZK-400	60	0	12
	NBC-250	30	0	12
	NBC-450	45	0	12
交流电焊机	BX3 300-1	25	0	3.5
	BX3-500-3	55	0	6
	BX3-500-3	55	0	6
变截面梁弧焊机械手	RT280-8A	17	15	30
底架端部弧焊机械手	RT280-8A	22	18	34
AC/DC TIG 缝焊机	龙门式 PLAN42	13	13	25
等离子缝焊机（含辗压机）	龙门式 PLAN42	25	16	30
龙门点焊机	60.0094	11	14	50
对接电阻缝焊机	FNA	6	20	35

续表

设备名称	型号	功率（kW）	机系数	电系数
埋弧焊机	MZI-1000	8	0	27
悬挂点焊机	DN3-200	7	2	18
电容柜	PGJ-01	20	0	3
桥式起重机	20T	23	9	34
天桥吊车	20T	23	11	35
双梁桥吊	20T	31	11	37
桥式吊车	20T	28	14	54
	QLK5T	28	9	34
	QD22.5×10.5m	28	14	55
电动桥式起重机	10T	23	8	30
单梁式桥式吊车		40	9	11
单梁吊车	LD	50	9	11
		50	8	11
	3T×13.5	50	8	10
单梁起重机	LD3T×10.5m	10	8	10
电动单梁吊	LDA3t×16.5m	12	9	11
起重磁铁	MW1-6	65	0	1.5
叉式车	CPC5K	9	17	6
叉车	CPC-30	9	13	6
开卷输送机		6.5	6	6
电瓶车	BD2-2	8	4	4
	BD-CT	8	4	4
运输车	NJ3061	7	10	0
电动平车	1473	6	3	2
	KP-10-10	6	3	2
	KPD-10-1	6	3	2
电焊条烘干机	ZYHC-30	3	1	3
远红外焊条烘干机	ZYH-30	3.2	1	3
高压喷漆机	CPQ2C	53	2	0
喷漆机	CRQ13CB	53	2	0
	CPQ6C	53	2	0
数控切割机	CNC-4A	72	20	5
切割机	GCD2-10G	64	3	0
等离子切割机	CUT	58	2	3
	CG-160	58	2	3
激光切割机	3015/1.8kW	53.8	18	45
数控等离子切割机	PHOENIXDP5000	85	18	30
型行预处理线	2M	233	100	180

四、实训报告

《用电营业管理》课程实训任务报告单

<table>
<tr><td>学习情境</td><td colspan="3"></td></tr>
<tr><td>任务名称</td><td colspan="3"></td></tr>
<tr><td>时间期限</td><td></td><td>实施地点</td><td></td></tr>
<tr><td colspan="4">任 务 目 的</td></tr>
<tr><td colspan="4"></td></tr>
<tr><td colspan="4">任 务 内 容</td></tr>
<tr><td colspan="4"></td></tr>
<tr><td colspan="4">所 用 计 算 公 式</td></tr>
<tr><td colspan="4"></td></tr>
<tr><td colspan="4">计算步骤和计算结果</td></tr>
<tr><td colspan="4"></td></tr>
<tr><td>计算归纳</td><td colspan="3"></td></tr>
</table>

小组成员签字：　　　　　　　　　　　　日期：

教师签字：　　　　　　　　　　　　　　日期：

实训任务2 业扩受理操作

一、实训目的

通过业扩受理操作实训，使学生学会在营销生产系统中进行低压居民新装、低压非居民新装、更改缴费方式等业务项的业务受理操作。

二、任务描述

根据业务受理操作步骤说明介绍，在营销生产系统中进行低压居民新装、低压非居民新装、更改缴费方式等业务项的业务受理操作。

三、营销生产系统新装增容及变更用电子系统介绍

（一）低压居民新装

1. 功能说明

提供低压居民新装业务受理、包含客户信息、用电客户信息等信息的录入、查询、保存、发送、打印等功能。

客户到供电局办理新装用电时，需填写用电登记表并递交有关的用电资料，业扩报装员审查通过后，输入计算机建立客户申请档案，电力营销系统将自动产生客户编号和传单申请编号。发给客户查询卡，以便客户及时了解查询业扩进程，并将机内流程传至下一环节。

2. 操作说明

（1）登录系统，点击“装增容及变更用电≫业务受理≫营业受理”，显示如实训图5-1所示页面。

用电申请信息 | 客户自然信息 | 申请证件 | 联系信息 | 银行帐号 | 用电资料 | 用电设备

用电申请信息

客户编号：		客户名称：			
*业务类型：	低压居民新装	*业务子类：	低压居民新装	用户编号：	
*用户名称：				申请编号：	
*用电地址：				自定义查询号：	
*证件类型：		证件名称：		*证件号码：	
*联系类型：	帐务联系人	*联系人：		移动电话：	
联系地址：				邮编：	
*申请容量：	kW/k	*供电单位：		*用电类别：	
*行业分类：		*用户分类：		*供电电压：	
*转供标志：		临时缴费关系号：		*电费通知方式：	
*电费结算方式：		*票据类型：		收费协议号：	
*缴费方式：		银行名称：		银行账号：	
账户名称：				要求用电日期：	
*申请方式：	柜台服务	申请原因：			
申请备注：					

打印 查询 保存 发送 返回

实训图5-1 营业受理页面

（2）单击【客户自然信息】，显示客户自然信息录入页面，如实训图5-2所示。

（3）根据实际情况，填入客户编号、客户名称等信息。从下拉列表框中选择经济类型、产业分类等。数据输入完成后，检查其正确性后，单击【保存】按钮，提示保存成功。

（4）单击【返回】按钮，跳转至用电申请信息页面。

（5）在用电申请信息界面中根据实际情况，填入客户申请信息，包括客户名称、用电地

用电申请信息 | 客户自然信息 | 申请证件 | 联系信息 | 银行帐号 | 用电资料 | 用电设备

客户自然信息

客户编号：		*客户名称：			
经济类型：		产业分类：		*客户区域：	
信用等级：		价值等级：		风险等级：	
VIP标志：		法人代表：		企业网址：	
VIP等级：		重要保电项目：			
电费/成本比：		企业规模：		销售区域：	
资金总额：	元	经营范围：			
注册资本金：	元	主要产品：			
年生产总值：	元	生产工艺：		产能：	
销售额：	元	主要原料：		供应来源：	
企业简介：					

新增 保存 删除 查询密码 返回

服务记录 | 客户地址 | 关联客户

业务类型	申请方式	受理时间	用户编号	用户名称	用电地址	状态	关联业务

实训图 5-2　客户自然信息录入页面

址、证件类型、证件号码、联系人、移动电话、联系地址、邮编、申请容量、申请原因等，如实训图 5-3。

(6) 单击“用电地址”后按钮，弹出用电地址分解窗口。在该文本框中从下拉列表框中选择省、市、县区等信息，填入门牌号，单击【确认】按钮，返回用电申请信息页面。

(7) 如“缴费方式”选“银行代扣”，则必须输入“银行名称”、“银行账号”、“账户名称”。数据输入完成后，检查其正确性后，单击【保存】按钮保存该工单，弹出消息提示窗口。

(8) 单击【保存】按钮，保存成功。

用电申请信息 | 客户自然信息 | 申请证件 | 联系信息 | 银行帐号 | 用电资料 | 用电设备

用电申请信息

客户编号：	27	客户名称：	部贵恩		
*业务类型：	低压居民新装	*业务子类：	低压居民新装	用户编号：	0011388076
*用户名称：	部贵恩			申请编号：	200902101424
*用电地址：	青海省西宁市城东区			自定义查询号：	
*证件类型：	居民身份证	证件名称：	身份证	*证件号码：	632126195602150091
*联系类型：	电气联系人	*联系人：	王月	移动电话：	
联系地址：	国际村4号楼442			邮编：	
*申请容量：	5 kW/k	*供电单位：	西宁大通县塔尔供电营	*用电类别：	其它用电
*行业分类：	(9920)乡村居民	*用户分类：	低压居民	*供电电压：	交流220V
*转供标志：	无转供	临时缴费关系号：		*电费通知方式：	通知单（人工送达）
*电费结算方式：	分期结算	*票据类型：	普通发票	收费协议号：	
*缴费方式：	坐收	银行名称：		银行账号：	
账户名称：				要求用电日期：	
*申请方式：	柜台服务	申请原因：			
申请备注：	[最高信用度等级，差价值等级]				

打印 查询 保存 发送 返回

实训图 5-3　填入用电申请信息

（9）再单击【发送】按钮，显示发送成功提示框，同时产生传单编号。

3. 页面相关名词解释

“客户编号”是用电客户对应客户的编号，如该用电客户没有客户自然信息，则在客户自然信息页面中增加客户自然信息。

“业务类型”是该操作员有权限申请发起的业扩业务类别，本流程在下拉框中选择低压居民新装。

“申请方式”是该用电客户申请用电的方式。

“自定义查询号”是方便客户记忆的自定义输入号码。

“申请合同容量”是客户申请增加或者减少的容量。

“供电单位”是指客户用电后的归档单位，操作时在其下拉列表框中选择即可。本系统支持同城受理，即可以就近去附近的营业所办理业务，供电单位选择最终的计费单位。

“客户分类”低压居民新装流程一般选择低压居民或者考核，系统在做统计报表时需要通过这个类型进行统计分析。

“供电电压”是指供给客户的额定电压值，低压居民客户一般选择100、220、380V的供电电压。

“临时缴费协议号”是客户自行约定的共同缴费的协议号码，多户在此输入相同号码，缴费时可一起缴纳。

“申请备注”指当前操作员视实际情况，在“申请备注”栏中输入当前处理的工作内容附带说明或提供给下一岗位工作人员处理业务时的简要说明。

4. 参考操作说明

【打印】：可以打印用电申请表等申请信息。

【】：对于在本系统中已经存在的客户，申请用电时可以单击“客户编号”后按钮，选择条件查询已有的客户自然信息。

【查询】：可以查询出该客户编号的所有的申请信息。这是新装的工单，所以只是目前工单的申请信息。

【返回】：用于退出当前窗口。

【客户自然信息】：用于增加客户自然信息。

【新增】：可以增加多个客户，建立客户与客户之间的关系。

【修改】：可以修改客户与客户之间的关系。

【删除】：用于删除客户。

【删除关系】：用于删除客户与客户之间的关系。

【返回】：用于返回到“用电申请信息”菜单。

【客户地址】：用于一个客户有多个地址时对客户地址资料的录入。

【申请证件】：用于一个客户有多个申请证件时对证件资料的录入。

【联系信息】：用于一个客户有多个联系类型时对联系人资料和优先级的录入。

【银行账号】：用于一个客户有多个银行账号时对银行账号资料和优先级的录入。

【用电资料】：用于对用电资料信息的录入。

【用电设备】：用于对客户用电设备资料的录入。

5. 注意事项

(1) 若在填写工作单时发生错填，则应进行退单操作。

(2) 本流程操作受岗位的限制，并不是每个操作员都能随意操作。

(3) 若“缴费方式”选择“托收”、“银行代扣”，则必须输入“银行名称”、“银行账号”、“账号名称”。

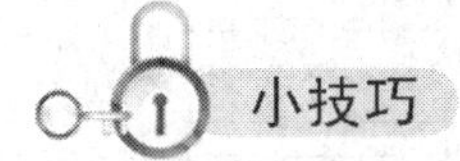

进入每步流程页面时，即可双击所选中的工作单，又可单击该工单，选择【处理】按钮进入页面。

（二）低压非居民新装

1. 功能说明

提供低压非居民新装业务受理、包含客户信息、用电客户信息等信息的录入、查询、保存、发送、打印等功能。

客户到供电局办理新装用电时，需填写用电登记表并递交有关的用电资料，业扩报装员审查通过后，输入计算机建立客户申请档案，营销生产系统将自动产生客户编号和传单申请编号。发给客户查询卡，以便客户及时了解查询业扩进程，并将机内流程传至下一环节。

低压非居民新装受理业务主要操作步骤依次是：第一步，输入客户自然信息；第二步，输入用电申请信息；第三步，根据客户资料的实际清单填写申请证件、联系信息、银行账号、用电资料、用电设备、受点设备等信息；第四步，所有输入信息检查无误后，发送至下一个岗位。

2. 操作说明

(1) 登录系统，选择“新装增容及变更用电≫业务受理≫功能≫业务受理，如实训图5-4所示。

(2) 单击【客户自然信息】，显示客户自然信息录入页面。

(3) 单击【新增】按钮，根据实际情况，填入客户编号、客户名称等信息。从下拉列表框中选择经济类型、产业分类等。数据输入完成后，检查其正确性后，单击【保存】按钮，提示保存成功。

(4) 单击【返回】按钮，跳转至用电申请信息页面。

(5) 在文本框中根据实际情况，填入客户申请信息，包括客户名称、证件名称、证件号码、联系人、移动电话、联系地址、邮编、申请容量、申请原因等。

(6) 单击“用电地址”后按钮，弹出用电地址分解窗口。在该文本框中从下拉列表框中选择省、市、县区等信息，填入门牌号，单击【确认】按钮，返回用电申请信息页面。

(7) 操作员从下拉列表框中选择申请方式、证件类型、联系类型、供电单位、用电类别、负荷性质、客户分类、供电电压、生产班次、转供标志、电费通知方式、电费结算方式、票据类型、缴费方式等。

(8) 单击“行业分类”后按钮，弹出行业类型选择窗口，选择该户行业类别，选择到最底层，单击【确定】按钮，返回用电申请信息页面。

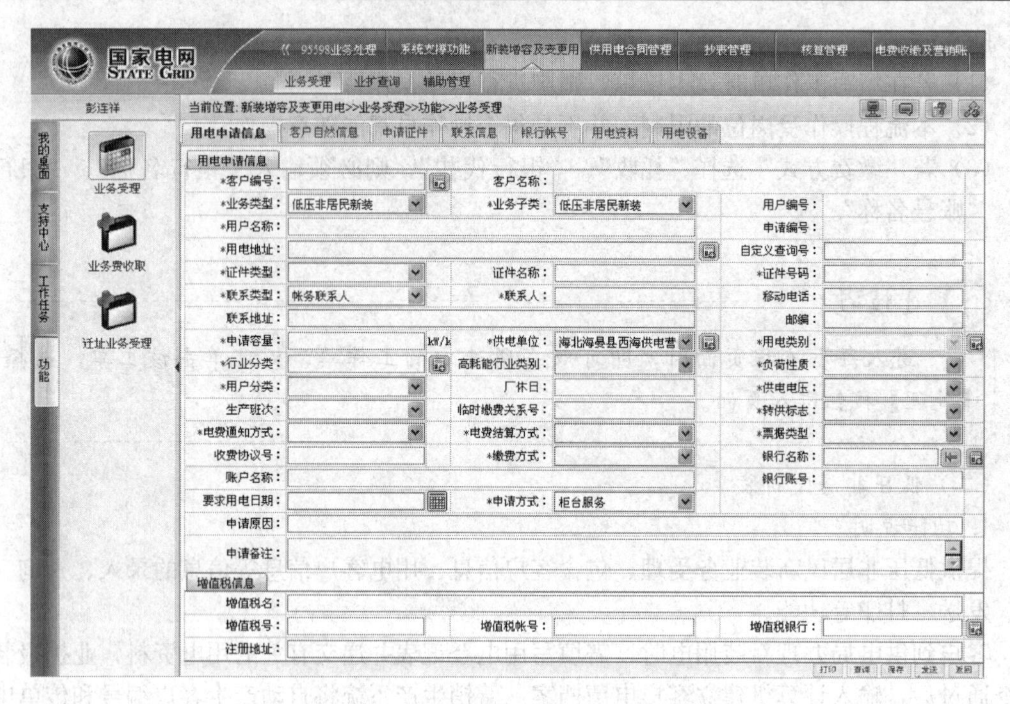

实训图 5-4 新装增容及变更业务受理页面

(9) 若"缴费方式"选择"托收"、"银行代扣"，则必须输入"银行名称"、"银行账号"、"账户名称"。若"缴费方式"选择"托收"，需要填写"收费协议号"(托收号)。

(10) 如为增值税客户，则需输入客户增值税信息，包括"增值税号"、"增值税账号"、"增值税名"、"增值税银行"、"注册地址"等信息，非增值税客户不用填写。

(11) 数据输入完成后，检查其正确性后，单击【保存】按钮保存该工单，单击【发送】按钮，显示发送成功提示框。

3. 页面相关名词解释

"客户编号"是用电客户对应的客户编号，如该用电客户没有客户自然信息，则在客户自然信息页面中增加客户自然信息。

"业务类型"是该操作员有权限申请发起的业扩业务类别，本流程在下拉框中选择低压非居民新装。

"申请方式"是该用电客户申请用电的方式。

"自定义查询号"是方便客户记忆的自定义输入号码。

"申请合同容量"是客户申请增加或减少的合同容量。

"供电单位"是指客户用电后的归档单位，操作时在其下拉列表框中选择即可。本系统支持同城受理，即可以就近去附近的营业所办理业务，供电单位选择最终的计费单位。

"客户分类"低压非居民新装流程一般选择低压非居民。系统在做统计报表时需要通过这个类型进行统计分析。

"供电电压"是指供给客户的额定电压值，低压客户应选择 1kV 以下等级的电压。如果是多路电源供电，选择主要的电压等级作为该客户的电压等级。

“临时缴费协议号”是客户自行约定的共同缴费的协议号码，多户在此输入相同号码，缴费时可一起缴纳。

“转供标志”包括无转供、被供户、被转供户。无转供表示电力直供客户；转供户表示其户对其他户进行供电；被转供户表示由另一客户对其供电。

“申请备注”指当前操作员视实际情况，在“申请备注”栏中输入当前处理的工作内容附带说明或提供给下一岗位工作人员处理业务时的简要说明。

4. 参考操作说明

【打印】：可以打印用电申请表等申请信息。

【 】：对于在本系统中已经存在的客户，申请用电时可以单击“客户编号”后 按钮，选择条件查询已有的客户自然信息。

【查询】：可以查询出该客户编号的所有的申请信息。这是新装的工单，所以只是目前工单的申请信息。

【返回】：用于退出当前窗口。

【客户自然信息】：用于增加客户自然信息。

【新增】：可以增加多个客户，建立客户与客户之间的关系。

【修改】：可以修改客户与客户之间的关系。

【删除】：用于删除客户。

【删除关系】：用于删除客户与客户之间的关系。

【返回】：用于返回到用电申请信息菜单。

【客户地址】：用于一个客户有多个地址时对客户地址资料的录入。

【申请证件】：用于一个客户有多个申请证件时对证件资料的录入。

【联系信息】：用于一个客户有多个联系类型时对联系人资料和优先级的录入。

【银行账号】：用于一个客户有多个银行账号时对银行账号资料和优先级的录入。

【用电资料】：用于对用电资料信息的录入。

5. 注意事项

（1）若在填写工作单时发生错填，则应进行退单操作。

（2）本流程操作受岗位的限制，并不是每个操作员都能随意操作。

（3）若“缴费方式”选择“托收”、“银行代扣”，则必须输入“银行名称”、“银行账号”、“账号名称”。若“缴费方式”选择“托收”，需要填写“收费协议号”（托收号）。

（4）若为增值税客户，则需输入客户增值税信息，包括“增值税号”、“纳税账号”、“增值税名”、“纳税银行”、“注册地址”等信息，非增值税客户不用填写。

小技巧

进入每步流程页面时，即可双击所选中的工作单，又可单击该工单，选择【处理】按钮进入页面。

录入客户自然信息后，单击该页面【返回】按钮，切换至用电申请信息页面，不能直接切换到用电申请信息页面。

（三）更改交费方式

1. 功能说明

更改交费方式业务是指在用电地址、用电容量、用电类别不变条件下，仅由于客户交费方式的改变，而不牵涉产权关系变更，完成客户档案中客户交费方式的变更工作，并变更供用电合同。

客户办理更改交费方式业务时需提供更改交费方式申请书、供用电合同等主要相关资料。

营业员应指引客户填写用电申请书，并查询客户以往的服务记录，审核客户的以往用电历史、欠费情况、信用情况，如有欠费则须在缴清电费后方可办理。在查验客户的材料和申请单信息完整正确以及证件有效后，开始在系统的业扩受理页面，受理更改交费方式业务，输入变更信息，保存并发送到下一流程。

2. 操作说明

（1）登录系统，点击“新装增容用变更用电≫业务受理≫功能≫业务受理”，选择“更改交费方式”业务类型，再选择好要受理的客户，如实训图 5-5 所示。

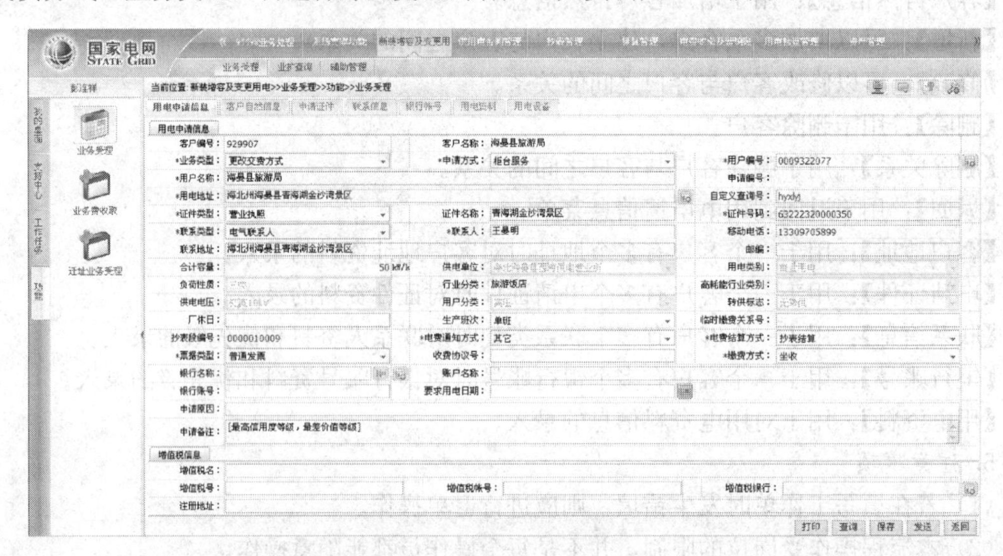

实训图 5-5　更改交费方式受理页面

（2）在实训图 5-5 所示页面中，按照实际情况选择或输入要更改的“缴费方式”、“申请原因”等信息，单击【保存】按钮进行保存。

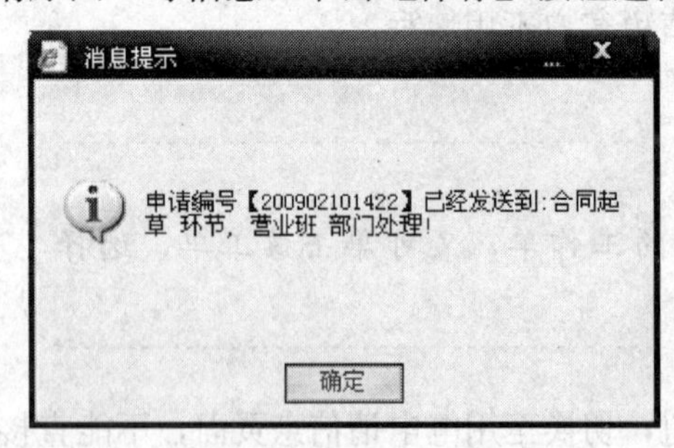

实训图 5-6　发送工单成功

将“缴费方式”修改为客户要求变更的缴费方式。注意如果非金融机构缴费变为金融机构缴费，如“托收”、“银行代扣”，则需输入“银行名称”、“账户名称”、“银行账号”等信息。

（3）确认无误后，单击【发送】按钮，将工单发送至下个环节，系统提示发送工单成功，如实训图 5-6 所示。

3. 页面相关名词解释

“客户编号”是用电客户对应客户的编号。

“业务类型”是该操作员有权限申请发起的业务种类，本流程在下拉框中选择改名。

“申请方式”是该用电客户提出用电申请的方式，如人工电话、柜台服务等。

“自定义查询号”是为了方便客户记忆，客户自定义的号码。

“供电单位”是指客户实际的供电单位。

“临时缴费协议号”是客户自行约定共同缴费的协议号码。缴费时，一个协议号码相关的多个户可一起缴纳。

“申请备注”指当前操作员视实际情况，在“申请备注”栏中输入当前处理的工作内容附带说明或提供给下一岗位工作人员处理业务时的简要说明。

4. 参考操作说明

【打印】：可以打印用电申请表等申请信息。

【 】：对于在本系统中已经存在的客户，申请用电时可以单击“客户编号”后 按钮，选择条件查询已有的客户自然信息。

【查询】：可以查询出该客户编号的所有的申请信息。这是新装的工单，所以只是目前工单的申请信息。

【返回】：用于退出当前窗口。

【客户自然信息】：用于增加客户自然信息。

【新增】：可以增加多个客户，建立客户与客户之间的关系。

【修改】：可以修改客户与客户之间的关系。

【删除】：用于删除客户。

【删除关系】：用于删除客户与客户之间的关系。

【返回】：用于返回到用电申请信息菜单。

【客户地址】：用于一个客户有多个地址时对客户地址资料的录入。

【申请证件】：用于一个客户有多个申请证件时对证件资料的录入。

【联系信息】：用于一个客户有多个联系类型时对联系人资料和优先级的录入。

【银行账号】：用于一个客户有多个银行账号时对银行账号资料和优先级的录入。

【用电资料】：用于对用电资料信息的录入。

【用电设备】：用于对客户用电设备资料的录入。

【受电设备】：用于对客户受电设备资料的录入

5. 注意事项

(1) 若在填写工作单时发生错填，则应进行退单操作。

(2) 本流程操作受岗位的限制，并不是每个操作员都能随意操作。

(3) 若“缴费方式”选“托收”、“银行代扣”，则必须输入“银行名称”、“银行账号”、“账号名称”。若“缴费方式”选择“托收”，需要填写“收费协议号”(托收号)。

(4) 如为增值税客户，则需输入客户增值税信息，包括“增值税号”、“纳税账号”、“增值税名”、“纳税银行”、“注册地址”等信息，非增值税客户不用填写。

小技巧

在受理页面，也可在“客户编号”处直接输入申请客户的编号后，点击回车进行查询。

四、业务扩充受理操作实训任务单

业务扩充受理操作实训任务单

专业领域：市场营销（电力市场方向）

学习领域：用电营业管理　　学习情境五：新装与增容

实训任务：业务扩充业务受理操作（新装受理）　　课时：2学时

前提条件	教学载体	营销生产系统、计算机
	教学环境	一体化教室或供电公司营业厅
	教师素质	具有业务扩充业务受理操作实践经验并能言传身教
	学生素质	具有团队合作精神，互教互学能力 实施专业：市场营销（电力市场方向）、发电厂及电力系统、供用电技术
实训任务	任务描述	（1）低压居民新装业务受理 （2）低压非居民新装业务受理 （3）更改缴费方式业务受理
	拓展任务	高压客户新装受理、增容受理、减容受理、临时用电受理
能力目标	方法能力	（1）学生具有领会任务要求的能力 （2）学生具有制定任务实施步骤和工作计划的能力 （3）学生具有执行任务实施步骤和工作计划的能力 （4）学生具有自主检查和提出优化工作过程的能力
	职业能力	（1）能正确进入营销生产系统中的新装增容及变更用电子系统 （2）能正确在系统中进行业务受理填单处理 （3）能正确确定业务扩充业务受理三个任务的操作步骤 （4）能正确进行业务扩充业务受理操作
	社会能力	（1）团队协作能力、沟通能力 （2）职业道德和工作责任感 （3）团队分析问题、解决问题能力 （4）团队组织和实施能力

续表

	教学步骤	时间	主 要 内 容	教学方法	媒介
任务实施步骤	导入任务明确要求	10 分钟	布置任务、引导学生查找资料和制定新装受理操作方案，调动和激发学生的积极性和主动性	讲述法	PPT
	分组讨论	10 分钟	组织学生团队讨论工作任务，使每一位学生都能理解任务要求，在清楚任务之后，发挥学生的思维和想象力，针对工作任务提出自己的新装受理操作方案思路	分组讨论法	实训指导书
	团队定操作方案	10 分钟	经过团队的讨论选择，定出完成工作任务的最佳新装受理操作方案	分组讨论法	实训指导书
	操作方案实施	45 分钟	根据团队定出的方案实施操作任务 要求团队每位成员都会操作		营销生产系统、计算机
	过程检查	60 分钟全过程	教师在讨论实施方案过程中对工作完成情况进行检查，作为教师评分依据		
	小结、评价	15 分钟	教师在各团队任务都完成后，对各团队的完成情况进行总结评价，也可通过团队之间的交流、点评的方式进行总结评价 学生团队根据个人表现进行自评、互评	汇报交流法 过程点评法	
实训成果	实训报告	（1）实训目的、要求、任务 （2）实训操作方案 （3）实训实施过程 （4）实训能力目标实现与否感想			

五、实训报告

<table>
<tr><th colspan="4">《用电营业管理》课程实训任务报告单</th></tr>
<tr><td>学习情境</td><td colspan="3"></td></tr>
<tr><td>任务名称</td><td colspan="3"></td></tr>
<tr><td>时间期限</td><td></td><td>实施地点</td><td></td></tr>
<tr><td colspan="4">任 务 目 的</td></tr>
<tr><td colspan="4"></td></tr>
<tr><td colspan="4">任 务 内 容</td></tr>
<tr><td colspan="4"></td></tr>
<tr><td colspan="4">使 用 设 施</td></tr>
<tr><td colspan="4"></td></tr>
<tr><td colspan="4">操 作 步 骤</td></tr>
<tr><td colspan="4"></td></tr>
<tr><td>训练归纳</td><td colspan="3"></td></tr>
</table>

小组成员签字： 日期：

教师签字： 日期：

学习情境六　变　更　用　电

第一部分　知　识　模　块

知识目标

（1）清楚变更用电的定义及工作项目。

（2）清楚典型变更用电项目的内涵及处理原则。

（3）了解典型变更用电项目的工作流程。

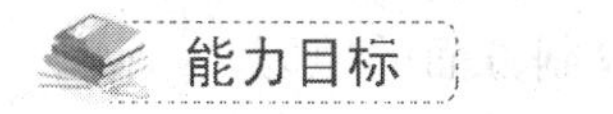

变更用电受理操作。

模块一　变更用电的基本概念

【模块描述】本模块介绍变更用电的定义及相关工作项目，通过知识讲解，掌握变更用电的基本知识。

一、变更用电的定义

变更用电是指改变由供用电双方签定的供用电合同中约定的有关用电事宜的行为，属于电力营销活动中“日常营业”的范畴。在改变供用电合同中约定的条款时可以是单条条款的改变，也可以是多条条款的改变。

二、变更用电的工作项目

在电力营销活动中“日常营业”的变更用电主要包括以下工作项目：

（1）减容。减容是指客户正式用电后，由于生产经营情况发生变化，考虑到原用电容量过大，不能全部利用，为了减少基本电费的支出或节能需要，提出减少供用电合同规定的用电容量的一种变更用电事宜。减容分为暂时性减容和永久性减容。

（2）减容恢复。减容恢复是指客户减容到期后需要恢复原容量用电的变更用电业务。

（3）迁址。迁址是指客户正式用电后，由于生产经营原因或市政规划，需将原用电容量的受电装置迁移他处的一种变更用电业务。

（4）改压。改压是指客户正式用电后，由于客户原因需要在原址、原容量不变的情况下改变供电电压等级的变更用电。

（5）改类。改类是指客户正式用电后，由于生产、经营情况及电力用途发生变化而引起用电电价类别的改变。

（6）暂停。暂停是指客户正式用电后，由于生产经营情况发生变化需要临时停止用电，或因设备检修、季节性用电等原因，为了节省和减少电费支出，需要短时间内停止使用一部分或全部用电设备容量的一种变更用电业务。

（7）暂停恢复。暂停恢复是指客户暂停期间或到期后需要恢复原容量用电的变更用电业务。

(8) 暂换。暂换是指客户因受电变压器故障而无相同容量变压器替代，需要临时更换大容量变压器代替运行的业务。

(9) 暂换恢复。暂换恢复适用于暂换变压器到期，恢复原有容量变压器的高压客户。

(10) 暂拆。暂拆是指客户因修缮房屋或其他原因需要暂时停止用电并拆表的业务。

(11) 复装。复装是指客户在暂拆业务后恢复装表用电。

(12) 更名。更名是指在用电地址、用电容量、用电类别不变条件下，仅由于客户名称的改变，而不牵涉产权关系变更的，完成客户档案中客户名称的变更工作，并变更供用电合同。

(13) 过户。过户是指客户依法变更房屋户主名称的业务。

(14) 分户。分户是指原客户由于生产、经营或改制方面的原因，由一个电力计费客户分列为两个及以上的电力计费客户的一种变更用电的业务。

(15) 并户。并户是指客户在用电过程中，由于生产、经营或改制方面的原因，由两个电力计费客户合并为一个电力计费客户的一种变更用电的业务。

(16) 销户。销户是指客户由于合同到期终止供电、企业破产终止供电、供电公司强制终止客户用电的业务，即供用电双方解除供用电关系。

(17) 批量销户。批量销户是指根据相关规定对客户进行批量销户。

(18) 移表。移表是指客户在原用电地址内，因修缮房屋、变（配）电室改造或其他原因，需要移动用电计量装置安装位置的业务。

(19) 市政代工。市政代工是指根据政府由于城市建设等原因针对供配电设施迁移改造等要求，依据《供电营业规则》的有关规定进行业务办理。

(20) 计量装置故障。计量装置故障是指内部报办、客户申请的各种计量装置故障的处理。

(21) 更改交费方式。更改交费方式是指受理客户要求变更交费方式的需求，与客户变更供用电合同，完成客户资料的变更。

(22) 申请校验。申请校验是指客户认为计费电能表不准时向供电公司提出校验申请的业务。

(23) 批量更改线路台区。批量更改线路台区是指由于电网调整、改造等原因引起的批量客户关联的线路，台区信息需要调整的业务。

模块二　变更用电工作处理的原则

【模块描述】本模块主要介绍变更用电相关工作项目的处理原则。通过知识讲解，熟练掌握各类变更用电的处理原则、方法和相关要求。

一、减容

客户减容，需提前5天向供电公司提出申请，供电公司应按下列规定办理：

(1) 减容必须是整台或整组变压器的停止或更换为小容量变压器用电。供电公司在受理之后，根据客户申请减容的日期对设备进行加封。从加封之日起，按原计费方式减收其相应容量的基本电费。但客户声明为永久性减容的或从加封之日起期满2年又不办理恢复用电手续的，或其减容后的容量已达不到实施两部制电价规定容量标准时，应改为单一制电价计费。

(2) 减少用电容量的期限，应根据客户所提出的申请确定，但最短期限不得少于 6 个月，最长不得超过 2 年。

(3) 在减容期限内，供电公司保留客户减少容量的使用权，超过减容期限要求恢复用电时，应按新装或增容手续办理。

(4) 减容期限内要求恢复用电时，应提前 5 天向供电公司申请办理恢复用电手续，基本电费从启封之日起计收。

(5) 减容期满后的客户及新装、增容的客户，2 年内不得申办减容。如确需继续办理减容的，减少部分容量的基本电费应按 50%计算收取。

(6) 减容前执行两部制电价的客户，减容期间仍执行两部制电价。

(7) 客户办理减容业务需提供减容申请书、供用电合同等主要相关资料。

二、减容恢复

《供电营业规则》第 23 条规定：供电部门受理客户减容恢复申请并核实相关资料，进行现场勘查，跟踪客户受电工程进度，竣工验收后与客户变更供用电合同，更换计量装置，更换或启封用电设备，审核、归档变更客户的档案信息。

办理减容恢复业务时，相关工作要求如下：

(1)《供电营业规则》第 23 条规定：在减容期限内要求恢复用电时，应提前 5 天向供电公司办理恢复用电手续，基本电费从启封之日起计收；超过期限要求恢复用电时，应按新装、增容手续办理；从加封之日起期满 2 年不办理恢复用电手续的，其减容后的容量已达不到实施两部制电价规定容量标准时，应改为单一制电价计费。

(2) 客户办理减容恢复用电应提交减容恢复申请书等相关资料。

三、迁址

客户迁址，需提前 5 天向供电公司提出申请，供电公司应按下列规定办理：

(1) 原址按终止用电办理，供电公司予以销户，新址用电优先受理；

(2) 迁址后的新址不在原用电点的，新址用电按新装用电办理；

(3) 迁移后的新址在原供电点供电的，且新址用电容量不超过原址容量的，新址用电无须按新装办理，但新址用电引起的工程费用由客户承担；

(4) 迁移后的新址仍在原供电点，但新址用电容量超过原用电容量的超过部分按增容办理；

(5) 私自迁移用电地址用电，除按《供电营业规则》第 100 条第 5 项的规定处理外，私自迁新址用电不论是否引起供电点的变动，一律按新装用电办理。

《供电营业规则》第 100 条第 5 款的具体内容为：私自迁移、更动和擅自操作供电公司的用电计量装置、电力负荷管理装置、供电设施及由供电公司调度的客户受电设备者，属于居民客户的，应承担每次 500 元的违约使用电费；属于其他客户的，应承担每次 5000 元的违约使用电费。

四、改压

供电部门依据《供电营业规则》有关申请用电的条款规定和国家电网公司统一发布的服务承诺要求，在一定的时限内，为在原址改变供用电电压等级的客户办理变更用电申请，组织现场查勘，制定改变后的电压等级的供电方案，向客户收取有关营业费用，跟踪供电工程的立项、设计、图纸审查、工程预算、设备供应、施工和受电工程的设计、设备供应及工程施工过程，组织受电工程的图纸审查、中间检查、竣工验收，与客户变更供用电合同，并给予装表送电，完成归档客户变更用电的全过程。

改压时，客户提供的主要资料应包括：

（1）申请报告，主要内容包括变更单位名称、申请变更项目名称、用电地点、项目性质、申请容量、要求供电的时间、联系人和电话等；

（2）产权证明及其复印件；

（3）有效的营业执照复印件或非企业法人的机构代码证；

（4）经办人的身份证及复印件，法定代表人出具的授权委托书；

（5）政府职能部门有关本项目立项的批复文件；

（6）建筑总平面图、用电设备明细表、变配电设施设计资料、近期及远期用电容量。

客户申请改压，须向供电公司提出申请，供电公司应按下列规定办理：

（1）改高等级电压供电且容量不变者，由客户提供改造费用，供电公司予以办理；超过原容量者，按增容办理。

（2）改低等级电压供电时，改压后的容量不大于原容量者，由客户提供改造费用，供电公司按相关规定办理；超过原容量者，按增容办理。

由于供电公司原因引起的客户供电电压等级变化的，改压引起的客户外部供电工程费用由供电公司负担。

五、改类

客户在同一受电装置内，电力用途发生变化而引起用电电价类别的增加、改变或减少时，应向供电公司提出变更申请，供电公司依据《供电营业规则》有关办理改类的有关规定进行客户变更申请的受理，并进行现场勘查、审批，与客户签订供变更用电合同，并给予装表接电，核实改类时的电表抄码，完成各项审核工作，根据变更情况对客户进行回访，最后归档完成整个改类变更的全过程。

客户申请改类，需持有关证明向供电公司提出申请，供电公司应按下列规定办理：

（1）客户改变用电类别，须向供电公司提出申请。

（2）擅自改变用电类别，属违约用电行为，将依照《供电营业规则》第100条第1款的规定处理，即“按实际使用日期补交其差额电费，并承担2倍差额电费的违约使用电费”。

六、暂停

依据《供电营业规则》第24条规定：供电部门受理客户暂停申请并核实相关资料，进行现场勘查，记录勘查意见，更换计量装置，封停用电设备，审核、归档变更客户的档案信息。

客户申请暂停用电，需提前5天向供电公司提出申请，供电公司应按下列规定办理：

（1）客户在每一日历年内，可申请全部（含不通过受电变压器的高压电动机）或部分用电容量的暂时停止用电两次，每次不得少于15天，1年内两次累计暂停时间不得超过6个月。季节性用电或国家另有规定的客户，累计暂停时间可以另议。

（2）按变压器容量计收基本电费的客户，暂停用电必须是整台整组变压器停止运行。供电公司在受理暂停申请后，根据客户申请暂停日期对暂停设备加封，从加封之日起，按原计费方式减收其相应容量的基本电费。

（3）暂停期满或每一日历年内累计暂停用电时间超过6个月者，不论客户是否恢复用电，供电公司必须从期满之日起，按合同约定的容量计收其基本电费。

（4）在暂停恢复期限内，客户申请恢复暂停用电容量时，须在预定恢复日前5天向供电公司提出申请。暂停时间少于5天者，暂停期间基本电费照收。

按最大需量计收基本电费的客户，申请暂停用电必须是全部容量（含不通过受电变压器的高压电动机）的暂停，遵守上述（1）～（4）项的有关规定。

（5）减容期满后的客户及新装、增容客户，2年内不得申办暂停。如确需继续办理暂停的，暂停部分容量的基本电费应按50%计算收取。

七、暂停恢复

《供电营业规则》第24条规定：供电部门受理客户暂停恢复申请并核实相关资料，进行现场勘查，记录勘查意见，更换计量装置，启封用电设备，审核、归档变更客户的档案信息。

暂停恢复业务办理时，相关工作要求如下：

（1）《供电营业规则》第24条规定：在暂停期限内，客户申请恢复暂停用电容量用电时，须在预定恢复日前5天向供电公司提出申请；暂停时间少于15天者，暂停期间基本电费照收；暂停期满或每一日历年内累计暂停用电时间超过6个月者，不论客户是否申请恢复用电，供电公司须从期满之日起，按合同约定的容量计收其基本电费。

（2）客户办理暂停恢复应提交暂停恢复申请书等相关资料。

八、暂换

按照《供电营业规则》的有关规定，受理客户的暂换业务，安排现场勘查，确定客户的计量装置是否需更换，是否需供电工程进度跟踪，并组织现场验收，完成客户合同的变更，并给予装表接电，进行归档，完成暂换变更用电业务的流程管理。

客户申请暂换时，相关工作要求如下：

（1）客户需变更用电时，应事先提出申请，并携带有关证明文件，到供电公司用电营业场所办理手续，变更供用电合同。

（2）必须在原受电地点整台的暂换受电变压器。

（3）暂换的变压器经检验合格后才能投入运行。

（4）暂换变压器增加的容量不收取供电贴费，但对执行两部制电价的客户需在暂换之日起，按替换后的变压器容量计收基本电费。

九、暂换恢复

按照《供电营业规则》的有关规定，暂换变压器到期后，客户要恢复原有容量的变压器，需办理恢复业务申请。通过受理客户的暂换恢复业务，安排现场勘查，确定客户的计量装置是否需更换，是否需供电工程进度跟踪，并组织现场验收，完成客户合同的变更，并给予装表接电，进行归档，完成暂换恢复变更用电业务的流程管理。

（1）暂换变压器的使用时间，10kV及以下的不得超过2个月，35kV及以上的不得超过3个月。逾期不办理手续的，供电公司可中止供电。

（2）检查客户的申请资料是否满足暂换恢复的申请条件。

十、暂拆

供电部门依据《供电营业规则》关于暂拆的条款，查验客户提供的相关材料，在规定时限内完成现场勘查和拆表工作。

客户申请暂拆，需持有关证明向供电公司提出申请，供电公司应按下列规定办理：

(1) 客户办理暂拆手续后，供电公司应在5天内执行暂拆。

(2) 暂拆时间最长不得超过6个月。暂拆期间，供电公司保留该客户原容量的使用权。

暂拆原因消除，客户要求复装接电时，需向供电公司办理复装接电手续并按规定交付费用。上述手续完成后，供电公司应在5天内为该客户复装接电。

十一、复装

供电部门依据《供电营业规则》有关复装的条款，确认客户的暂拆原因消除，及时为需要复装的客户进行现场勘查并按规定向客户收取相关费用，完成复装接电和客户资料归档工作。复装工作要求如下：

(1) 客户暂拆（因修缮房屋等原因需要暂时停止用电并拆表），应持有关证明向供电公司提出申请。

(2) 暂拆原因消除，客户要求复装接电时，须向供电公司办理复装接电手续并按规定交付费用。上述手续完成后，供电公司应在5天内为该客户复装接电。

(3) 暂拆时间最长不得超过6个月；超过暂拆规定时间要求复装接电者，按新装手续办理。

十二、更名

客户更名，应持有关证明向供电公司提出申请。供电公司应按下列规定办理：在用电地址、用电容量、用电类别不变条件下，允许办理更名。

对客户的更名，要严格审查证明文件，确认其合法性，防止侵权和民事纠纷，防止电费损失，必要时派员核实。客户提供的主要资料应包括：

(1) 客户依法变更名称，需更名时应持有关证明，如上级的证明文件、工商变更证明、房产证、户口本、身份证。

(2) 机关、企事业单位、社会团体、部队等更名，应持工商行政管理部门注册登记执照及有关证明。

(3) 经办人的身份证及复印件，法定代表人出具的授权委托书。

更名业务受理时，需核查客户同一自然人或同一法人主体的其他用电地址的电费缴费情况，如有欠费则须在缴清电费后方可办理。

更名业务受理时，需了解客户相关的咨询等服务历史信息、是否被列入失信客户等信息，了解该客户同一自然人或同一法人主体的其他用电地址的历史用电的信用情况，形成客户报装附加信息。

十三、过户

供电部门依据《供电营业规则》有关过户的条款规定，和国网公司统一发布的服务承诺要求，在一定的时限内，由于客户产权关系的变更，为客户办理过户申请，现场勘查核实客户的用电地址、用电容量、用电类别未发生变更后，依法与新客户签订供用电合同，注销原客户《供用电合同》，同时完成新客户档案的建立及原客户档案的注销。

客户过户，应持有关证明向供电公司提出申请，供电公司应按下列规定办理：

(1) 在用电地址、用电容量、用电类别不变条件下，允许办理过户。

(2) 原客户应与供电公司结清债务，才能解除原供用电关系。

(3) 不申请办理过户手续而私自过户者，新客户应承担原客户所负债务。经供电公司检查发现客户私自过户时，供电公司应通知该户补办手续，必要时可中止供电。

对客户的过户，要严格审查证明文件，确认其合法性，防止侵权和民事纠纷，防止电费损失，必要时派员核实。客户提供的主要资料应包括：

(1) 居民客户因更换房屋产权人等原因，需过户时应持有关证明，如上级的证明文件、工商变更证明、房产证、户口本、身份证；

(2) 机关、企事业单位、社会团体、部队等过户，应持工商行政管理部门注册登记执照及有关证明；

(3) 经办人的身份证及复印件，法定代表人出具的授权委托书。

客户过户后如果用电类别发生变化，新户必须办理改类业务。过户业务受理时需核查客户同一自然人或同一法人主体的其他用电地址的电费缴费情况，如有欠费则需在缴清电费后方可办理；需了解客户相关的咨询等服务历史信息和是否被列入失信客户等信息，了解该客户同一自然人或同一法人主体的其他用电地址的历史用电的信用情况，形成客户报装附加信息。

十四、分户

供电部门依据《供电营业规则》有关申请用电的条款规定和国家电网公司统一发布的服务承诺要求，在一定的时限内，为客户办理分户申请，组织现场勘查，制定原客户及分出户的供电方案，向原客户及分出户收取有关营业费用，跟踪供电工程的立项、设计、图纸审查、工程预算、设备供应、施工和受电工程的设计、设备供应及工程施工过程，组织受电工程的图纸审查、中间检查、竣工验收，与原客户重新签订供用电合同，与分出户分别签订供用电合同，并给予装表送电，通过归档完成原客户档案变更及分出户立户的全过程。

分户时，客户提供的主要资料应包括：

(1) 居民申请分户应携带房产证、本人身份证或产权证明及其复印件；

(2) 单位申请分户应携带有效的营业执照复印件或非企业法人的机构代码证；

(3) 经办人的身份证及复印件，法定代表人出具的授权委托书。

客户申请分户，应持有关证明资料向供电公司提出申请，供电公司应按下列规定办理：

(1) 在用电地址、用电容量、供电点等不变，且其受电装置具备分装的条件时，允许办理分户；

(2) 在原客户与供电公司结清债务的情况下，方可办理分户手续；

(3) 分立户的新客户应与供电公司重新建立供用电关系；

(4) 原客户的用电容量由分户者自行协商分割，需要增容者，分户后另行向供电公司办理增容手续；

(5) 分户引起的工程费用由分户者承担；

(6) 分户后受电装置应经供电公司检验合格，由供电公司分别装表计费。

十五、并户

并户时，客户提供的主要资料应包括：

(1) 申请报告，主要内容包括变更单位名称、申请变更项目名称、用电地点、项目性质、申请容量、要求供电的时间、联系人和电话等；

(2) 产权证明及其复印件；

(3) 有效的营业执照复印件或非企业法人的机构代码证；

(4) 经办人的身份证及复印件，法定代表人出具的授权委托书；

(5) 政府职能部门有关本项目立项的批复文件；

(6) 建筑总平面图、用电设备明细表、变配电设施设计资料、近期及远期用电容量。

客户申请并户，应持有关证明资料向供电公司提出申请，供电公司应按下列规定办理：

(1) 在同一用电地址、同一供电点的相邻两个及以上客户等不变，允许办理分户；

(2) 原客户应在并户前与供电公司结清债务；

(3) 新客户用电容量不得超过并户前各户容量之和；

(4) 并户引起的工程费用由并户者承担；

(5) 并户后的受电装置应经供电公司检验合格，由供电公司重新装表计费。

十六、销户

客户办理销户时，供电公司应按下列规定办理：

(1) 客户合同到期终止供电时：①销户必须停止全部用电容量的使用；②客户与供电公司结清电费和所有账务；③查验用电计量装置完好性后，拆除接户线和用电计量装置。

(2) 企业依法破产终止供电时：①供电公司予以销户，终止供电；②在破产客户原址上用电的，按新装用电办理；③从破产客户分离出去的新客户，必须在偿清原破产客户电费和其他债务后，方可办理变更用电手续，否则供电公司可按违约用电处理。

供电公司强制终止客户用电情况有：客户连续6个月不用电，也不申请办理暂停用电手续者，供电公司须以销户终止其用电。客户须再用电时，按新装用电办理。

十七、批量销户

根据《供电营业规则》中销户业务的相关规定进行客户批量销户申请的受理，并进行现场勘查、审批，对计量装置已损坏的客户，根据实际情况，与政府部门协商，一次性结清所有电费或者进行电费呆坏账处理，对正常客户给予拆表，核实拆表时的电表抄码，完成电量电费结算，终止客户的供用电合同，完成批量销户资料的存档。供电公司按下列规定办理批量销户业务：

(1) 办理政府整体拆迁工程的实施或者自然灾害造成的房屋倒塌而申请的批量销户，必须有政府的批准材料和证明材料。

(2) 销户前时欠费时，必须结清欠费后方可受理。对计量装置已损坏的客户，根据实际情况，与政府部门协商，一次性结清所有电费或者进行电费呆坏账处理。

(3) 批量销户引用销户的业务要求，《供电营业规则》规定：①销户必须停止全部用电容量的使用；②客户已向供电公司结清电费；③查验用电计量装置完好性后，拆除接户结线和用电计量装置；④客户持供电公司出具的凭证，领还电能表保证金与电费保证金。

(4) 办完上述事宜，即解除供用电关系。

十八、移表

客户移表须向供电公司提出申请，供电公司应按下列规定办理：

(1) 在用电地址、用电容量、用电类别、供电点等不变的情况下，可办理移表手续；

(2) 移表所需的费用由客户负担。

客户不论何种原因，均不得自行移动用电计量装置，否则属违约用电行为，将依照《供电营业规则》第100条第5款的规定处理：私自迁移供电公司的用电计量装置者，属于居民的，应承担每次500元违约使用电费；属于其他客户的，应承担每次5000元的违约使用电费。

SG186营销业务模型设计中，客户在办理以上变更用电业务时，供电公司还应达到以下工作要求：

（1）允许同一城市内相关变更用电业务的异地受理。受理辖区外客户的用电变更和缴费，需准确记录客户的联系方式。

（2）在接到异地受理的客户用电申请后，应及时与客户取得联系，办理后续用电业务。

（3）受理时需核查客户同一自然人或同一法人主体的其他用电地址电费缴费情况，如有欠费则应给予提示。

（4）受理时需了解客户相关的咨询等服务历史信息、是否被列入失信客户等信息，了解该客户同一自然人或同一法人主体的其他用电地址的历史用电的信用情况，形成客户报装附加信息。

十九、市政代工

根据政府由于城市建设等原因针对供配电设施迁移改造等要求，依据《供电营业规则》的有关规定进行业务受理，并组织现场勘查、审批，跟踪供电工程的立项、设计、图纸审查、工程预算、设备供应、施工和受电工程的设计、设备供应及工程施工过程，最后归档完成整个市政代工业务的全过程。市政代工的业务要求主要有：

（1）充分考虑政府市政代工的用电需求；

（2）结合政府的总体规划和城市建设要求，保质保量完成工作任务；

（3）市政代工完整的客户档案资料应包括用电申请书，属政府监管的项目的有关批文，授权委托书，法人登记证件或委托代理人居民身份证及复印件，用电设备清单，用电变更现场勘查工作单。

二十、计量装置故障

供电公司依据《计量装置的安装和故障抢修标准作业流程》的规定，在接到客户关于计量装置故障的信息后，尽量了解故障情况，记清客户名称或门牌号，尽快安排相关人员到现场进行勘查，查找故障原因并尽快排除故障，在规定的时限内恢复装表接电、完成故障资料归档的整个过程。处理计量装置故障业务时，应遵循以下要求：

（1）对可停电拆表检验的客户，应在5天内拆回检验。对不能停电拆表检验的客户，可采取换表或现场检验的方法进行检验。自拆表到复装的时间不得超过5天，复装时要查清客户是否有自行引入的电源。

（2）经检验合格者，不退验表费；对检验不合格者，要根据结果退还客户验表费，同时按电能计量装置检验工作单办理退补电费手续。拆回电能计量装置的检验结果，由营业厅负责通知客户。

（3）外勤人员在客户处发现电能计量装置故障时，要根据具体情况填写故障工作单。对发现的故障表（含客户提报的），电能计量管理部门应在3天内进行检查，并在拆表或换表后3天内提出原装电能计量装置检验报告。

（4）用电计量装置损坏或丢失的处理规定：

1）客户必须遵守技术监督局与供电公司联合发布的《加强用电单位电能计量装置及其封印管理的通知》。

2）电能计量装置及其封印，应由其所安装点单位或个人对其完好无损负责，并有权监督供电公司工作人员对其加封。

3）电能计量装置封印具有法律效应，任何人不得擅自启封，因处理设备缺陷、事故等需要启封的，应通知供电公司专业人员到场，否则按窃电处理。

4）若发生计量装置损坏、丢失或封印不全，应于24小时内持《用电核准证》持近期电费发票到业务大厅办理手续。不办理手续而继续用电者，按窃电处理。

5）客户按规定应赔偿损坏的计量装置，故障期间的电量按规定追补。

6）属客户私自增容而造成表计损坏者，按违约用电处理。

7）客户弄虚作假或故意损坏计量设施者，一经查出按窃电行为处理。

8）计费电能表装设后，客户应妥为保护，不应在表前堆放影响抄表和计量准确及安全的物品。如发生计费电能表丢失、损坏和过负荷烧坏等情况，客户应及时告知供电公司，以便供电公司采取措施。如因供电公司责任或不可抗力致使计费电能表出现或发生故障的，供电公司负责换表，不收费用；由于其他原因引起的，客户应负担赔偿费或修理费。

（5）用电计量装置失准，退、补电量规定：

1）由于用电计量装置的互感器、电能表的误差及其连接线电压降超出允许范围或其他非人为原因导致计量记录不准时，供电公司应按下列规定退补相应电量的电费：

a. 互感器或电能表误差超出允许范围时，以“0”误差为基准，按验证后的误差值退补电量。补收时间从上次校验或换装后投入之日起至误差更正之日止的1/2时间计算。

b. 连接线的电压降超出允许范围时，以允许电压降为基准，按验证后实际值与允许值之差补收电量。补收时间从连线投入或负荷增加之日起至电压降更正之日止。

c. 其他非人为原因致使计量记录不准时，以用电客户正常月份的用电量为基准退补电量，退补时间按抄表记录确定。

d. 退补期间，用电客户先按抄见电量如期交纳电费，误差确定后再行退补。因用电计量装置误差超出允许范围退补电量计算公式为

$$\text{退(补)电量数}=(\pm G\times\text{实走电能表读数}/1\pm G)\times K\times B$$

式中 G——实际误差值，表慢取“－”，为补电量数，表快取“＋”，为退电量数；

K——电流、电压互感器倍率乘积；

B——退补月份数。当起迄时间查不清时，电力户最多按6个月退补，即$B=6$。

2）电能表潜动应退电量（kW·h）。其计算公式为

$$\text{应退电量}=[\text{天数}\times\text{停用时间(光彩16小时,动力8小时)}\times 3600/\text{潜动一周所需时间(秒)}\times\text{电表常数}]\times\text{倍率}$$

3）因电能计量装置故障（如卡盘、卡字、电压线圈不通、电压互感器深断器熔断等）退补电量计算办法如下：

a. 照明用电客户应补电量＝1/2（原表正常前一个月抄表电量/这个月的抄表用电日数＋换表后至抄表日的抄用电量/换表后至抄表日的用电日数）×事故日数；

b. 新装照明客户应补电量＝自更换电表至抄表日用电量/用电日数×故障日数－故障期已交电费电量；

c. 三只单相电能表其中一只或二只电能表故障时，按下列公式计算应补电量：

一只电能表故障应补电量＝两只正确电能表当月用电量/2－故障表电量

两只电能表故障应补电量＝一只正确电能表当月用电量×2－故障表电量

d. 一只三相电能表或三只单相表全部发生故障时，月用电量比较正常的按 1）、2）两项办理；月用电量不正常时，可根据用电户的产品产量及有关用电记录等计算电量。

e. 跳字应退电量按下式计算

应退电量＝已收电量－1/2（原正常月的日均电量＋换表后至抄表日的日均电量）×30（天）（隔月抄表按 60 天计算）

电子式用电计量表发生跳字、不显示等故障时，供电公司应按用电户实际用电情况，参照生产运行记录，本着实事求是的原则处理。退补电费最多不得超过 12 个月。

二十一、更改交费方式

受理客户要求变更交费方式的需求，与客户变更供用电合同，完成客户资料的变更。客户办理更改交费方式业务时，应提供更改交费方式申请书、供用电合同等主要相关资料。

（1）查询客户以往的服务记录，审核客户法人所代表的其他单位以往用电历史、欠费情况、信用情况，并形成客户相关的附加信息。如有欠费则须缴清欠费后再予受理。

（2）查验客户材料是否齐全、申请单信息是否完整、判断证件是否有效。

（3）记录缴费方式、相关银行、银行账号、付款单位等信息。

（4）客户办理变更交费方式业务后，及时将客户变更后的交费方式提供给核算管理业务类，对未结算的电费，更改的交费方式生效。

二十二、申请校验

供电部门依据《供电营业规则》第 79 条规定，客户认为供电公司装设的计费电能表不准时，有权向供电公司提出校验申请，在客户交付验表费后，供电公司应在 7 天内检验，并将检验结果通知客户。如计费电能表的误差在允许范围内，验表费不退；如计费电能表的误差超出允许范围时，除退还验表费外，并应按本规则第 80 条规定退补电费。客户对检验结果有异议时，可向供电公司上级计量检定机构申请检定。客户在申请验表期间，其电费仍应按期交纳，验表结果确认后，再行退补电费。

办理申请校验业务时，应遵循以下要求：

（1）根据《供电营业规则》第 80 条规定，由于计费计量的互感器、电能表的误差及其连接线电压降超出允许范围或其他非人为原因致使计量记录不准时，供电公司应按下列规定退补相应电量的电费：

1）互感器或电能表误差超出允许范围时，以“0”误差为基准，按验证后的误差值退补电量。退补时间从上次校验或换装后投入之日起至误差更正之日止的 1/2 时间计算。

2）连接线的电压降超出允许范围时，以允许电压降为基准，按验证后实际值与允许值之差补收电量。补收时间从连接线投入或负荷增加之日起至电压降更正之日止。

（2）其他非人为原因致使计量记录不准时，以客户正常月份的用电量为基准，退补电量，退补时间按抄表记录确定。退补期间，客户先按抄表电量如期交纳电费，误差确定后，再行退补。

二十三、批量更改线路台区

按照内部报办流程通过业务受理、现场勘查、审批、信息归档、归档，完成客户档案中的线路、台区信息变更。批量更改线路，台区完整的客户档案资料应包括内部工作联系单、用电变更现场勘查工作单。此外，应为客户档案设置物理存放位置。

办理批量更改线路台区业务时，应保留原有的线路和台区信息作为历史信息备查。

模块三 典型变更用电业务工作流程

【模块描述】本模块主要介绍几类典型的变更用电业务工作流程。通过知识讲解，熟练掌握减容、过户、改类、更改交费方式等业务工作流程。

一、减容

（一）业务流程

减容业务流程如图 6-1 所示。

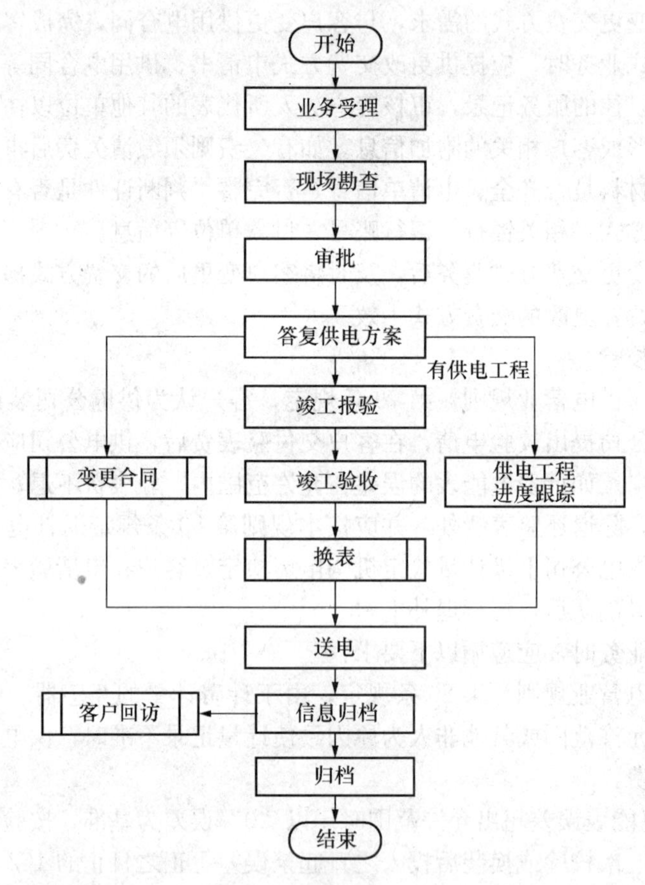

图 6-1 减容业务流程

（二）业务流程描述

1. 业务受理

接收并审查客户资料，了解客户服务历史信息，确认客户是否满足减容的条件，接受客户的变更申请。

（1）工作要求：

1）《供电营业规则》第 23 条规定：客户减容需提前 5 天向供电营业部门提出申请。减少用电容量的期限，应根据客户所提出的申请确定，但最短期限不得少于 6 个月，最长期限不得超过 2 年。减容期满后的客户及新装、增容客户，2 年内不得申办减容。如确需继续办理减容的，减少部分容量的基本电费应按50%计算收取。

2）客户办理减容业务提供减容申请书、供用电合同等主要相关资料。

3）允许同一城市内减容业务异地受理。受理辖区外客户的用电变更和缴费，需准确记录客户的联系方式。

4）在接到异地受理的客户用电申请后，应及时与客户取得联系，办理后续用电业务。

5）受理时需核查该客户或同一法人主体的其他用电地址的电费缴费情况，如有欠费则应给予提示。

6）受理时需了解客户相关的咨询等服务历史信息、是否被列入失信客户等信息，了解该客户同一自然人或同一法人主体的其他用电地址的历史用电的信用情况，形成客户报装附加信息。

（2）工作内容：

1）通过获取的申请信息，需要通知客户备妥资料到营业厅办理相关手续或提供主动上门服务。

2）为客户提供信息宣传与咨询服务，引导并协助客户填写用电申请书。

3）查询客户以往的服务记录，获取该客户或同一法人主体的其他用电地址的以往用电历史、欠费情况、信用情况，并形成客户相关的附加信息。如有欠费则应给予提示。

4）查验客户材料是否齐全、申请单信息是否完整，判断证件是否有效。

5）记录减容的性质、减容容量、停（换）变压器、起止日期等申请信息，生成对应的变更工作单转入后续流程处理。

2. 现场勘查

按照现场任务分配情况进行现场勘查，在约定日期内到现场进行核实，记录勘查意见，提出相关供电变更方案。

（1）工作要求：

1）在约定的时间内到现场进行勘查。

2）现场勘查应携带用电变更现场勘查工作单。

3）接到勘查工作任务单后，应在规定的时限内进行现场勘查。

4）现场勘查应核对客户名称、地址、减容容量等信息与勘查单上的资料是否一致，核实计量装置是否运行正常。勘查意见需完整详实准确。

5）《供电营业规则》第23条规定：减容必须是整台或整组变压器（含不通过变压器的高压电动机）的停止或更换小容量变压器用电。

（2）工作内容：

1）根据勘查派工的结果或事先确定的工作分配原则，接受分配勘查任务，提前和客户预约现场勘查的时间，确认勘查地点，准备好相应作业资料，在规定的期限内准时到达现场进行勘查。

2）现场核实客户的申请信息，如客户名称、地址、用电容量、用电性质、减容容量、停（换）变压器等与现场及客户要求是否相符。

3）现场勘测过程中，应及时将现场情况准确填入用电变更现场勘查工作单。

4）根据现场核实的客户的用电情况，对需更换变压器的提出变压器更换方案；需更换电能计量装置的，提出计量变更方案，包括电能表、互感器和采集终端等变更信息；根据减容后的容量和用电性质，提出计费变更方案，包括用电性质、执行的电价、功率因数执行标准等信息。

5）勘查结束应将勘查结果信息及相关方案在系统中进行记录，并转入后续流程处理。

3. 审批

按照减容的相关规定，根据审批权限由相关部门对勘查意见及变更方案进行审批，签署审批意见。

（1）工作要求。及时审批勘查意见及变更方案。

（2）工作内容。对勘查意见中计量、计费、变压器变更方案进行审批，签署审批意见。对于审批不通过的，重新确定勘查意见，并重新审批。

4. 答复供电方案

根据审批确认后的供电方案，书面答复客户。

（1）工作要求。

国家电网营销【2007】49号《国家电网公司业扩报装工作管理规定（试行）》第20条规定供电方案应在下述时限内书面答复客户：自受理之日起，高压单电源客户不超过15个工作日，高压双电源客户不超过30个工作日。若不能如期确定供电方案时，应主动向客户说明原因。

（2）工作内容。回复客户供电方案情况，提供供电方案答复单供客户签字确认，登记通知客户及客户确认反馈的时间点。

5. 供电工程进度跟踪

依次登记工程立项、设计情况，工程的图纸审查情况，工程预算情况，工程费的收取情况，设备供应及工程施工情况，中间检查、竣工验收情况，登记工程的决算情况。

（1）工作要求。应及时准确登记供电工程的相关内容。

（2）工作内容。登记供电工程的负责人、负责单位，工程的立项设计结果信息，工程的图纸审查结果信息，工程的工程预算结果信息，工程费收取结果信息，设备供应结果信息，工程的监理信息，工程施工结果信息（包括开工时间，完工时间），工程中间检查结果信息，工程竣工验收结果信息，工程决算信息。

6. 竣工报验

接收客户的竣工验收申请，审核相关报送资料是否齐全有效，通知相关部门准备客户受电工程竣工验收工作。

（1）工作要求。受理竣工报验时需核查竣工报验材料的完整性，包括客户竣工验收申请书、工程竣工图、变更设计说明、隐蔽工程的施工及试验记录、电气试验及保护整定调试记录、安全用具的试验报告、运行管理的有关规定和制度、值班人员名单及资格，以及供电公司认为必要的其他资料或记录。

（2）工作内容。接收并检查竣工报验的资料，通知相关部门准备客户工程的竣工验收工作。

7. 竣工验收

按照国家和电力行业颁发的设计规程、运行规程、验收规范和各种防范措施等要求，根据客户提供的竣工报告和资料，及时组织相关部门对客户受电工程进行全面检查、验收。

（1）工作要求：

1）按照国家标准和电力行业标准及有关设计规程、运行规程、验收规范、各种安全措施、反事故措施的要求进行验收。

2）对工程不符合规程、规范和相关技术标准要求的，应以书面形式通知客户整改，整改后予以再次验收，直至合格。

（2）工作内容：

1）接收客户竣工验收申请，组织相关部门进行现场检查验收，如发现缺陷，应出具整改通知单，要求工程建设单位予以整改，并记录缺陷及整改情况。

2）验收范围。工程建设参与单位的资质是否符合规范要求；工程建设是否符合设计要求；工程施工工艺、建设用材、设备选型是否符合规范，技术文件是否齐全；安全措施是否符合规范及现行的安全技术规程的规定。

3）收集客户受电工程的技术资料及相关记录以备归档。技术资料包括客户受电变压器的详细参数及安装信息，相关竣工资料（母线耐压试验记录、户外负荷开关试验单、竣工图纸、变压器试验单、电缆试验报告、电容器试验报告、避雷器试验报告、接地电阻测试记录、户内负荷开关试验单、其他各类设备试验报告及保护装置试验报告），相关缺陷记录、整改通知记录。

8. 变更合同

需在送电前完成与客户变更供用电合同的工作。合同变更后应反馈变更时间等信息。

9. 换表

电能计量装置的更换应严格按通过审查的计量方案进行，严格遵守电力工程安装规程的有关规定。计量装置更换后应反馈更换前后的计量装置资产编号、操作人员、操作时间等信息，应及时完成计量装置的更换工作。

10. 送电

客户用电工程验收合格、电能计量装置安装完成后应组织送电工作。

（1）工作要求：

1）《供电营业规则》第23条规定：供电公司在受理之日后，根据客户申请减容的日期对设备进行加封。

2）替换小容量变压器时，必须有供电公司检查人员在场，经检查核实后，方可投入运行，客户不得自行替换。

3）实施送电前应具备的条件：供电工程已验收合格，客户受电工程已竣工验收合格，供用电合同及有关协议均已签订，业务相关费用已结清，电能计量装置已安装检验合格，客户电气工作人员具备相关资质，客户安全措施已齐备。

（2）工作内容：

1）在客户申请减容的当日到现场对符合条件的停用设备拆除一次接线并进行加封。

2）送电前，根据变压器容量核对电能计量装置的变比和极性是否正确。

3）送电后，应检查电能表运转情况是否正常，相序是否正确；对计量装置进行验收试验并实施封印；会同客户现场抄录电能表指示数作为计费起始依据。

4）按照送电任务现场工作单格式记录送电人员、送电时间、变压器封停或更换时间及相关情况。

5）将填写好的送电任务现场工作单交与客户签字确认，并存档以供查阅。

11. 信息归档

根据相关信息变动情况，完成客户档案变更。

（1）工作要求。信息归档由系统自动处理。应保证用电检查、电费核算等相关部门能及时获取减容客户的档案变更信息。

（2）工作内容。根据相关信息变动情况，变更客户基本档案、电源档案、计费档案、计量档案、用检档案和合同档案等。

12. 客户回访

95598客户服务人员在规定回访时限内，按比例抽样完成申请减容客户的回访工作，并准确、规范记录回访结果。

13. 归档

核对客户待归档信息和资料。收集、整理客户变更资料，完成资料归档。减容完整的客户档案资料应包括用电申请书，属政府监管的项目的有关批文，授权委托书，法人或委托代理人居民身份证、税务登记证明原件及复印件，用电设备清单，现场勘查工作单，电气设备安装工程竣工及检验报告，受电工程竣工验收登记表，受电工程竣工验收单，装拆表工作单，送电任务单，供用电合同。审定的客户电气设计资料及图纸（含竣工图纸）。

二、过户

（一）业务流程

过户业务流程图如图6-2所示。

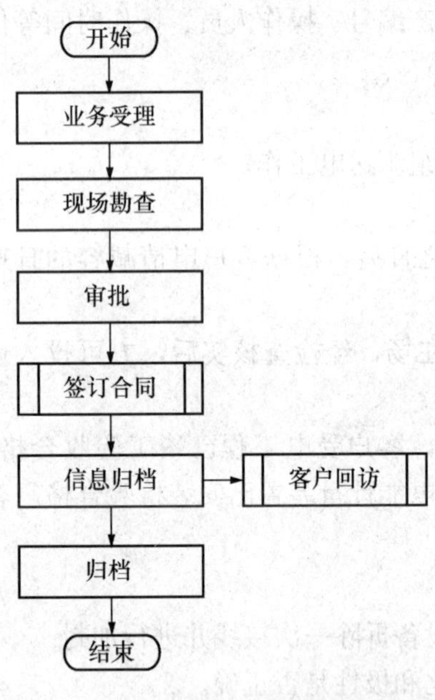

图6-2 过户业务流程图

（二）业务流程描述

1. 业务受理

接收并审查客户资料，了解客户服务历史信息，确认客户是否满足过户的条件，接受客户的变更申请。

通过获取的申请信息，需要通知客户备妥资料到营业厅办理相关手续或提供主动上门服务。为客户提供信息宣传与咨询服务，引导并协助客户填写用电申请书。查询客户以往的服务记录，审核客户法人所代表的其他单位以往用电历史、欠费情况、信用情况，并形成客户相关的附加信息。如有欠费则须在缴清电费后方可办理。对于本月未抄表的电量，相应电费可由过户双方协商缴纳金额。查验客户材料是否齐全、申请单信息是否完整、判断证件是否有效。记录客户名称、联系方式等申请信息。

2. 现场勘查

按照现场任务分配情况进行现场勘查，根据客户的用电申请信息到现场核实客户的客户名称、用电地址、用电容量、用电类别等客户信息，形成勘查意见。

（1）工作要求：

1）在约定的时间内到现场进行勘查，现场勘查应携带用电变更现场勘查工作单。

2）接到勘查工作任务单后，应在规定的时限内进行现场勘查。

3）现场勘查应核对客户名称、地址、容量、用电性质等信息与勘查单上的资料是否一致，核实计量装置是否运行正常。现场勘查记录应完整详实准确。

4）如果用电性质发生变化，应要求新户办理改类业务。如果用电容量发生变化，应要求新户办理增容业务。如果地址发生变化，应根据具体情况更改客户的用电地址或办理迁址业务。

（2）工作内容：

1）根据勘查派工的结果或事先确定的工作分配原则，接受分配勘查任务，提前和客户预约现场勘查的时间，确认勘查地点，准备好相应作业资料，在规定的期限内准时到达现场进行勘查。

2）现场核实客户的申请信息，如客户名称、地址、用电容量、用电性质等与现场是否相符。

3）现场勘测过程中，应及时将现场情况准确填入用电变更现场勘查工作单。

4）勘查结束应将勘查结果信息及相关方案在系统中进行记录，并转入后续流程处理。

5）如果用电容量、用电类别发生变化应发起改类或增容业务。

6）如果发现违约用电或窃电以及计量装置故障等问题，应发起违约用电、窃电业务或计量装置故障业务，处理完成后方可办理过户业务。

3. 审批

按照过户的相关规定，根据审批权限由相关部门对勘查意见及变更方案进行审批，签署审批意见。对于审批不通过的，应根据审批意见要求客户补办相关手续后重新勘查。

4. 签订合同

需在归档前完成与客户变更供用电合同的工作。合同变更后应反馈变更时间等信息。

5. 信息归档

根据相关信息变动情况，注销原客户信息档案，建立新客户信息档案。

（1）工作要求。信息归档由系统自动处理。应保证抄表、用电检查、95598客户服务等相关部门能及时获取客户过户信息。

（2）工作内容：

1）注销原客户基本档案、用检档案、电源档案、计费档案、计量档案、合同档案等。

2）建立新客户基本档案、用检档案、电源档案、计费档案、计量档案、合同档案等。

6. 客户回访

95598客户服务人员在规定回访时限内，按比例抽样完成申请过户客户的回访工作，并准确、规范记录回访结果。

7. 归档

收集、整理、并核对客户变更资料，注销原客户档案，建立新客户档案。过户业务的归档资料应完整，包括用电申请书，法人登记证明、营业执照、授权委托书原件或复印件，办理人有效身份证件复印件，房产证等产权证明的复印件，现场勘查工作单，供用电合同。

三、改类

（一）业务项流程

改类业务流程图如图6-3所示。

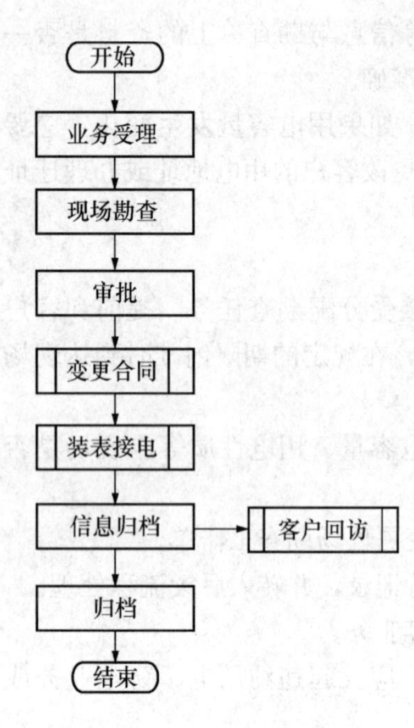

图 6-3 改类业务项流程图

（二）业务流程描述

1. 业务受理

接收并审查客户资料，了解客户电力用途发生变化情况及客户服务历史信息，接受客户的变更申请。

（1）工作要求：

1）客户办理改类业务提供改类申请书、供用电合同等主要相关资料。

2）允许同一城市内改类业务异地受理。受理辖区外客户的用电变更和缴费，需准确记录客户的联系方式。

3）在接到异地受理的客户用电申请后，应及时与客户取得联系，办理后续用电业务。

4）受理时需核查客户同一自然人或同一法人主体的其他用电地址的电费缴费情况，如有欠费则需在缴清电费后方可办理。

5）受理时需了解客户相关的咨询等服务历史信息、是否被列入失信客户等信息，了解该客户同一自然人或同一法人主体的其他用电地址的历史用电的信用情况，形成客户报装附加信息。

（2）工作内容：

1）通过获取的申请信息，需要通知客户备妥资料到营业厅办理相关手续或提供主动上门服务。

2）为客户提供信息宣传与咨询服务，引导并协助客户填写用电申请书。

3）查询客户以往的服务记录，审核客户法人所代表的其他单位以往用电历史、欠费情况、信用情况，并形成客户相关的附加信息。如有欠费则需缴清欠费后再予受理。

4）查验客户材料是否齐全、申请单信息是否完整、判断证件是否有效。

5）记录客户改类原因等申请信息。

2. 现场勘查

按照现场任务分配情况进行现场勘查，根据客户的变更用电申请信息到现场核实。根据客户的变更用电申请的性质进行合理性核查和确认，初步确认计量装置的变更方案，并记录客户更改的用电类别。

（1）工作要求。在约定的时间内到现场进行勘查。现场勘查应携带用电变更现场勘查工作单。接到勘查工作任务单后，应在规定的时限内进行现场勘查。现场勘查应核对客户名称、地址、容量、用电性质等信息与勘查单上的资料是否一致，核实计量装置是否运行正常。现场勘查记录应完整详实准确。

（2）工作内容：

1）根据勘查派工的结果或事先确定的工作分配原则，接受分配勘查任务，提前和客户预约现场勘查的时间，确认勘查地点，准备好相应作业资料，在规定的期限内准时到达现场进行勘查。

2）现场核实客户的申请信息，如客户名称、地址、用电容量、用电性质等与现场是否相符。

3）现场勘测过程中，应及时将现场情况准确填入用电变更现场勘查工作单。

4）根据现场核实的客户用电情况以及客户的用电容量和用电性质等，提出计费变更方案，包括用电性质、执行的电价、功率因数执行标准等信息。需变更电能计量装置的，提出计量变更方案，包括电能表、互感器和采集终端等变更信息，同时保证计费变更的准确，对需要更换的计量装置应要求在更换计量装置的时候一并抄表。

5）勘查结束应将勘查结果信息及相关方案在系统中进行记录，并转入后续流程处理。

3. 审批

按照改类的相关规定，根据审批权限由相关部门对勘查意见及变更方案进行审批，签署审批意见。对于审批不通过的，重新进行现场勘查，并重新审批。

4. 变更合同

需在装表接电前完成与改类客户变更供用电合同的工作。合同变更完成后应反馈合同签订时间等信息。

5. 装表接电

装表接电时，应根据计量方案装拆并对由于计费方案变更涉及到的表计进行抄表。电能计量装置的更换应严格遵守电力工程安装规程的有关规定。应及时完成计量装置的更换工作。计量装置更换后应反馈资产编号、操作人员、操作时间、换表底度等信息。

接电前，应检查各受电装置及计量装置的更换情况，以保证符合相关标准和规范。

接电完成后，应按照送电任务现场工作单格式记录送电人员、送电时间、变压器启用时间及相关情况。将填写好的送电任务现场工作单交与客户签字确认，并存档以供查阅。

6. 信息归档

根据相关信息的变动情况，包括计费信息（特别是电价类别）、计量信息等，变更客户档案。应保证抄表、用电检查、电费核算、95598客户服务等相关部门能及时获取客户改类后的档案变更信息。

7. 客户回访

95598客户服务人员在规定回访时限内，按比例抽样完成申请该类客户的回访工作，并准确、规范记录回访结果。

8. 归档

核对客户待归档信息和资料，收集、整理客户变更资料，完成资料归档。待归档资料必须完整齐全，并及时归档。改类完整的客户档案资料应包括用电申请书、属政府监管的项目的有关批文、授权委托书、法人登记证件或委托代理人居民身份证及复印件、用电设备清单、用电变更现场勘查工作单、装拆表工作单、供用电合同。

四、更改交费方式

（一）业务项流程

更改交费方式业务流程图如图6-4所示。

（二）业务流程描述

1. 业务受理

作为更改交费方式业务的入口，接收并审查客户资料，了解客户历史缴费情况及客户交费方式变更的原因，接受客户的变更申请。

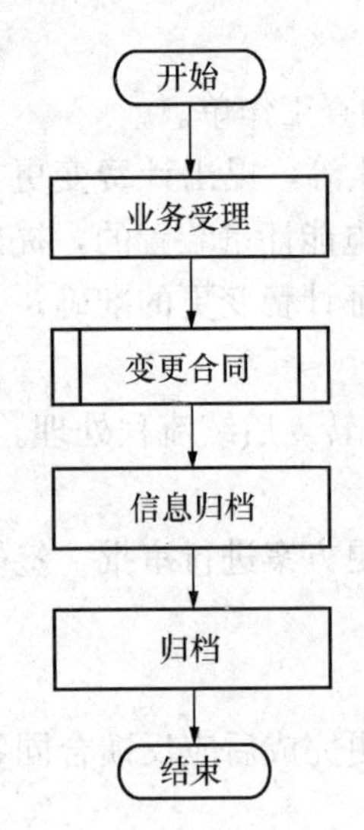

图6-4 更改交费方式业务流程图

(1) 工作要求：

1) 客户办理更改交费方式业务提供更改交费方式申请书、供用电合同等主要相关资料。

2) 允许同一城市内更改交费方式业务异地受理。受理辖区外客户的用电变更和缴费，需准确记录客户的联系方式。

3) 在接到异地受理的客户用电申请后，应及时与客户取得联系，办理后续用电业务。

4) 受理时需核查客户同一自然人或同一法人主体的其他用电地址的电费缴费情况，如有欠费则需缴清欠费后再予受理。

5) 受理时需了解客户相关的咨询等服务历史信息、是否被列入失信客户等信息，了解该客户同一自然人或同一法人主体的其他用电地址的历史用电的信用情况，形成客户报装附加信息。

(2) 工作内容：

1) 通过获取的客户申请信息，通知客户备妥资料到营业厅办理相关手续或提供主动上门服务。

2) 为客户提供信息宣传与咨询服务，引导并协助客户填写用电申请书。

3) 查询客户以往的服务记录，审核客户法人所代表的其他单位以往用电历史、欠费情况、信用情况，并形成客户相关的附加信息。如有欠费则须缴清欠费后再予受理。

4) 查验客户材料是否齐全、申请单信息是否完整，判断证件是否有效。

5) 记录缴费方式、相关银行、银行账号、付款单位等信息。

6) 对需要换表的，记录更换电能表的资产编号、更换信息等，以便于换表处理。

2. 变更合同

需在归档前完成与更改交费方式客户变更供用电合同的工作。合同变更完成后应反馈合同签订时间等信息。

3. 信息归档

信息归档由系统自动处理。应保证电费收费等相关部门能及时获取客户交费方式更改信息。根据相关信息变动情况，变更基本客户档案、合同档案等。

4. 归档

更改交费方式完整的客户档案资料应包括用电申请书、授权委托书、法人登记证件或委托代理人居民身份证复印件、供用电合同。

第二部分 习 题

一、填空题

1. 变更用电是指改变由供用电双方签定的________中约定的有关用电事宜的行为，属于电力营销活动中“日常营业”的范畴。

2. 减容分为暂时性减容和________。

3. 改类是指客户正式用电后，由于生产、经营情况及电力用途发生变化而引起用电________的改变。

4. 暂换是指客户因受电变压器故障而无相同容量变压器替代，需要临时更换________变压器代替运行的业务。

5. 分户是指原客户由于生产、经营或改制方面的原因，由一个电力计费客户分列为________电力计费客户的一种变更用电的业务。

6. 客户减容，须在________天前向供电公司提出申请。

7. 从加封之日起期满2年不办理恢复用电手续的，其减容后的容量已达不到实施两部制电价规定容量标准时，应改为________电价计费。

8. 私自迁移、更动和擅自操作供电公司的用电计量装置、电力负荷管理装置、供电设施及由供电公司调度的客户受电设备者，属于居民客户的，应承担________的违约使用电费。

9. 客户更名，应持有关证明向供电公司提出申请，供电公司应按下列规定办理：在用电地址、用电容量、________不变条件下，允许办理更名。

10. 客户移表须向供电公司提出申请，移表所需的费用由________负担。

11. 现场勘查应携带____________________，根据客户的用电申请信息到现场核实客户的客户名称、用电地址、用电容量、用电类别等客户信息，形成勘查意见。

12. 现场勘查应核对客户名称、____________、____________等信息与勘查单上的资料是否一致，核实计量装置是否运行正常。

13. 减容必须是________变压器（含不通过变压器的高压电动机）的停止或更换小容量变压器用电。

14. 装表接电时，应根据计量方案装拆并对由于计费方案变更涉及到的表计进行________。

15. 客户回访时，95598客户服务人员在规定回访时限内，按________抽样完成申请减容客户的回访工作，并准确、规范记录回访结果。

16. 办理改类业务，信息归档时，根据相关信息的变动情况，包括计费信息（特别是电价类别）、________等，变更客户档案。

二、选择题

1. 迁址是指客户正式用电后，由于生产经营原因或市政规划，需将原（　　）的受电装置迁移他处的一种变更用电业务。

A. 电压等级　　B. 用电容量　　C. 用电负荷　　D. 计量方式

2. 更名是指在用电地址、用电容量、用电类别不变条件下，仅由于客户名称的改变，而不牵涉（　　）变更的，完成客户档案中客户名称的变更工作，并变更供用电合同。

A. 电价　　B. 电费　　C. 用电负荷　　D. 产权关系

3. 移表是指客户在原（　　）内，因修缮房屋、变（配）电室改造或其他原因，需要移动用电计量装置安装位置的业务。

A. 用电地址　　B. 用电负荷　　C. 电压等级　　D. 产权关系

4. 更改交费方式是指受理客户要求变更交费方式的需求，与客户变更（　　），完成客户资料的变更。

A. 交费途径　　B. 用电手续　　C. 供用电合同　　D. 用电性质

5. 减少用电容量的期限，应根据客户所提出的申请确定，但最短期限不得少于（　　）

个月，最长不得超过（　　）年。

A. 4、2　　B. 6、2　　C. 6、1　　D. 4、1

6. 减容期满后的客户及新装、增容的客户，2年内不得申办减容，如确需继续办理减容的，减少部分容量的基本电费应按（　　）计算收取。

A. 50%　　B. 80%　　C. 60%　　D. 70%

7. 暂停期满或每一日历年内累计暂停用电时间超过（　　）个月者，不论客户是否申请恢复用电，供电公司需从期满之日起，按合同约定的容量计收其基本电费。

A. 4　　B. 5　　C. 6　　D. 7

8. 暂换变压器增加的容量不收取供电贴费，但对执行两部制电价的客户需在暂换之日起，按替换后的变压器容量计收（　　）。

A. 单一电费　　B. 电量电费　　C. 电价电费　　D. 基本电费

9. 由于供电公司原因引起的客户供电电压等级变化的，改压引起的客户外部供电工程费用（　　）。

A. 客户　　B. 由供电公司负担

C. 客户与供电公司共同负担　　D. 政府

10. 客户在每一日历年内，可申请全部（含不通过受电变压器的高压电动机）或部分用电容量的暂时停止用电2次，每次不得少于（　　）天，一年内2次累计暂停时间不得超过（　　）个月。

A. 10、6　　B. 15、3　　C. 15、6　　D. 10、3

11. 客户连续6个月不用电，也不申请办理暂停用电手续者，供电公司需以销户终止其用电。客户再用电时，需按（　　）办理。

A. 暂停恢复　　B. 新装用电　　C. 恢复　　D. 原用电

12. 暂换变压器的使用时间，10kV及以下的不得超过（　　）个月，35kV及以上的不得超过（　　）个月。逾期不办理手续的，供电公司可中止供电。

A. 2、2　　B. 1、3　　C. 1、2　　D. 2、3

13. 分户后受电装置应经（　　）检验合格，由供电公司分别装表计费。

A. 供电公司　　B. 客户　　C. 政府部门　　D. 监理公司

14. 私自迁移供电公司的用电计量装置者，属于居民的应承担每次（　　）元违约使用电费；属于其他客户的，应承担每次（　　）元的违约使用电费。

A. 500、1000　　B. 500、5000　　C. 1000、5000　　D. 1000、10 000

15. 外勤人员在客户处发员电能计量装置故障时，要根据具体情况填写故障工作单，对发现的故障表（含客户提报的），电能计量管理部门应在（　　）天内进行检查，并在拆表或换表后（　　）天内提出原装电能计量装置检验报告。

A. 5、8　　B. 5、5　　C. 3、3　　D. 3、5

三、判断题

1. 减容恢复是指客户减容到期后需要恢复原容量用电的变更用电业务。（　　）

2. 改压是指客户正式用电后，由于供电公司原因需要在原址原容量不变的情况下改变供电电压等级的变更用电。（　　）

3. 复装是指客户在暂停业务后恢复装表用电。（　　）

4. 过户是指客户依法变更房屋户主名称的业务。（　）

5. 市政代工是指根据政府由于城市建设等原因针对供配电设施迁移改造等要求，依据供用电合同的有关规定进行业务办理。（　）

6. 减容必须是整台或整组变压器的停止或更换为小容量变压器用电。（　）

7. 擅自改变用电类别属违约用电行为，处理时按实际使用日期补交其差额电费，并承担3倍差额电费的违约使用电费。（　）

8. 在暂停恢复期限内，客户申请恢复暂停用电容量时，需在预定恢复日前5天向供电公司提出申请。暂停时间少与5天者，暂停期间基本电费照收。（　）

9. 暂拆时间最长不得超过12个月，暂拆期间，供电公司保留该客户原容量的使用权。（　）

10. 分立户的新客户应与供电公司重新建立供用电关系。（　）

11. 私自迁新址用电不论是否引起供电点的变动，一律按新装用电办理。（　）

12. 改低等级电压供电时，改压后的容量不大于原容量者，客户不提供改造费用，供电公司按相关规定办理；超过原容量者，按增容办理。（　）

13. 计量装置故障时，经检验合格者，不退验表费；对检验不合格者，要根据结果退还客户验表费，同时按电能计量装置检验工作单办理退补电费手续。（　）

14. 其他非人为原因致使计量记录不准时，以客户正常月份的用电量为基准退补电量，退补时间以实际读数确定。（　）

15. 办理批量更改线路台区业务时，应保留原有的线路和台区信息作为历史信息备查。（　）

16. 若发生计量装置损坏、丢失或封印不全，应于24小时内持《用电核准证》持近期电费发票到业务大厅办理手续。不办理手续而继续用电者，按违章用电处理。（　）

17. 客户办理变更交费方式业务后，及时将客户变更后的交费方式提供给核算管理业务类，对未结算的电费，更改的交费方式生效。（　）

18. 减容时，现场勘查应核对客户名称、减容容量等信息与勘查单上的资料是否一致，核实读数是否运行正常。（　）

19. 供电方案应在自受理之日起，高压单电源客户不超过15个工作日，高压双电源客户不超过30个工作日，书面答复客户。若不能如期确定供电方案时，应主动向客户说明原因。（　）

20. 计量装置更换后应反馈更换前的计量装置资产编号、操作人员、操作时间等信息，应及时完成计量装置的更换工作。（　）

21. 替换小容量变压器时，必须有供电公司检查人员在场，经检查核实后，方可投入运行，客户不得自行替换。（　）

22. 受理更改交费方式业务时，应审查客户资料，了解客户地址情况及客户交费方式变更的原因，接受客户的变更申请。（　）

23. 更改交费方式完整的客户档案资料应包括用电申请书、授权委托书、法人登记证件或委托代理人居民身份证复印件、供用电合同。（　）

24. 允许同一城市内减容业务异地受理。（　）

四、问答题

1. 什么叫减容？
2. 什么叫暂停？
3. 什么叫移表？
4. 什么叫更改交费方式？
5. 客户申请改压，供电公司应如何办理？
6. 客户申请改类，供电公司应如何办理？
7. 客户申请暂换时，相关工作要求有哪些？
8. 客户申请暂拆，供电公司应如何办理？
9. 过户时，客户提供的主要资料包括哪些？
10. 办理减容业务时，工作内容有哪些？
11. 办理减容业务时，工作要求有哪些？

五、作图题

1. 画图描述过户业务流程。
2. 画图描述改类业务项流程。

学习情境七　供用电合同管理

第一部分　知　识　模　块

知识目标

（1）清楚供用电合同的定义、类别及主要内容。

（2）了解供用电合同的建立、签订、变更、终止等处理。

能力目标

能区分格式合同、非格式合同和背书合同。

模块一　供用电合同的基本概念

【模块描述】本模块主要介绍供用电合同的定义、格式合同和非格式合同的定义，供用电合同条款主要内容及供用电合同分类。通过知识讲解，掌握供用电合同主要条款及合同分类应用。

一、供用电合同的基本概念

（一）供用电合同的定义

供用电合同是指供电方（供电公司）根据用电方（客户）的需要和电网的可供能力，在遵守国家法律、行政法规、符合国家供用电政策的基础上，与用电方签订的明确供用电双方权利和义务关系的协议。

供用电合同是确立供、用电双方电力供应与使用关系，明确供、用电双方权利与义务的法律文书，也是运用法律手段进行供用电管理的一项重要措施，供用电合同一经签订即产生法律约束力。

（二）格式合同的定义

格式合同，又称标准合同、定型化合同，是指当事人一方预先拟定合同条款，对方只能表示全部同意或者不同意的合同。格式合同的产生及普遍运用是基于一定的社会经济基础，一般而言，某一行业垄断的存在，交易内容的重复性和交易双方所要求的简便、省时，导致了格式合同的存在并大量运用于商事生活领域。

目前使用的居民供用电合同属格式合同。

（三）非格式合同的定义

非格式合同是格式合同以外的其他合同，是按合同条款全部由双方当事人在订立合同时协商确定的合同，是法律未对合同内容作出直接规定的合同。

除居民供用电合同以外的其他客户供用电合同均属非格式合同。

二、供用电合同主要内容

（一）供用电合同主体

供用电合同的主体是供电人和用电人。供电人是指供电公司或者依法取得供电营业资格的非法人单位。用电人包括自然人、法人及其他组织。供用电合同是供电人与用电人订立的，由供电人供应电力，用电人使用该电力并支付电费的协议。合同的标的，是一种特殊的商品——电，由于其具有客观物质性并能为人们所使用，因而属于民法上“物”的一种。供电人将自己所有的电力供应给用电人使用，用电人支付一定数额的货币，双方当事人之间实际上是一种买卖关系。

（二）供用电合同的特征

供用电合同除了具有供用电、水、气、热力合同的公用性、公共性和继续性的特征外，还具有合同的标的。供用电合同的标的是电，由于电力是一种无形物质，无法大量储存，其生产、供应与消费具有同一性，因而在电力合同中明确供电的时间十分重要。

（三）供用电合同的内容

供用电合同内容应当具备以下条款：

1. 供电方式、供电质量和供电时间

供电方式是供电公司向申请用电的客户提供的电源特性、类型及其管理关系的统称。通常情况下，供电公司可提供的供电方式有以下几种，且应在供用电合同中明确：

（1）按电压等级分，有高压供电方式和低压供电方式；

（2）按电源相数分，有单相供电方式和三相供电方式；

（3）按电源数量分，有单电源供电方式和多电源供电方式；

（4）按用电期限分，有临时供电方式和正式供电方式；

（5）按管理关系分，有直接供电方式和转供电方式等。

供电质量与其他一般商品质量的衡量方法不同。供电质量主要是用供电电压、供电频率、供电可靠性三项标准来衡量。其质量要求必须符合国家规定的标准或电力行业标准。

供电时间是指什么时间开始供电，什么时间停止供电，以及定时定期供电的具体时间等。供电时间条款实质上是供用电合同的履行期限及履行的具体时间规定。

2. 用电容量和用电地址、用电性质

用电容量又称数量，是指以数字和计量单位来衡量供电合同标的的尺度。没有数量，就无法确定供用电合同的标的——电力供应与使用的多少和供用电双方权利义务的大小，所以，用电容量是供用电合同不可缺少的必备条款。用电容量包括申请用电报装的、经供电公司同意的用电容量，也包括在市场经济情况下供用电双方自愿协商的用电容量。

用电地址是指用电场所的地理位置及具体用电地点。用电地址实际上属于供用电合同的履行地点，是供用电合同履行义务的地点。

用电性质是供用电合同的特殊条款，即在供用电合同中要明确规定电力的用途。它决定了电价的类别，涉及到对国家规定的电价的选择和供电公司的经济效益。用电性质不同，电价也不相同。

3. 计量方式和电价、电费结算方式

供用电合同中应明确高供高计或高供低计的计量方式，计量电压等级及计量装置的位置，主要计量参数；明确计量装置的管理责任及计量装置产生误差的纠正办法；明确电价类别；明确电费缴纳方式及缴纳时间。

4. 供用电设施维护责任的划分

供用电合同中明确供用电设施维护的主体、内容、界限和各自应当承担的责任。供电设施的运行维护管理范围，按产权归属确定。责任分界点按下列各项确定：

（1）公用低压线路供电的，以供电接户线客户端最后支持物为分界点，支持物属供电公司；

（2）10kV及以下公用高压线路供电的，以客户厂界外或配电室前的第一断路器或第一支持物为分界点，第一断路器或第一支持物属供电公司；

（3）35kV及以上公用高压线路供电的，以客户厂界外或客户变电所外第一基电杆为分界点，第一基电杆属供电公司；

（4）采用电缆供电的，本着便于维护管理的原则，分界点由供电公司与客户协商确定；

（5）产权属于客户且由客户运行维护的线路，以公用线路分支杆或专用线路接引的公用变电所外第一基电杆为分界点，专用线路第一基电杆属客户。

在电气设备上的具体分界点，由供用双方协商确定。

5. 合同的有效期限

供用电合同中明确合同生效的具体时间、终止时间或具体有效期限。一般高压供用电合同的有效期为5年，低压供用电合同有效期为3年，临时供用电合同有效期为半年。

6. 违约责任

违约责任即双方或一方当事人不适当或不履行合同情况下应承担的责任，主要有支付违约金、赔偿金、追缴电费、加收电费、停限电等责任形式。

7. 双方共同认为应当约定的其他条款

主要是双方一致认为应当通过合同这种法律形式明确的其他内容。

三、供用电合同的类别

（1）高压供用电合同，适用于供电电压为6～10kV及以上的专变用电客户。

（2）低压供用电合同，适用于除居民以外的供电电压为220/380V的低压供电客户。

（3）临时供用电合同，适用于临时申请用电的客户，包含高、低压临时供电的用电客户。

（4）趸购电合同，适用于趸购电力的用电客户。

（5）委托转供电合同，适用于受供电单位委托的转供电客户，转供电合同是供电方、转供电方、被转供电方三方共同就转供电有关事宜签订的合同。

（6）居民供用电合同，适用于供电电压为220/380V低压供电的居民用电客户。

模块二 供用电合同管理

【模块描述】本模块主要介绍供用电合同的管理及其相关内容，供用电合同的签订原则，供用电合同签订的主要流程。通过知识讲解，了解供用电合同的重要作用。

一、供用电合同管理

供用电合同管理，指在客户用电报装工程竣工并验收合格后，根据客户用电需求和供电公司供电状态，在与用电客户协商一致的前提下起草并签订供用电合同，正式确立供、用电关系，明确供、用电双方的权利和义务，督促供用电合同的履行，完成到期合同的续签。当客户用电需求或国家有关政策发生变化而引起供、用电关系改变时，根据变动后的情况变更供用电合同相关约定条款。

二、签订供用电合同应遵守的原则

签订供用电合同应当遵守国家有关法律、法规和政策的规定，坚持平等、自愿、公平、诚实守信的原则。

三、供用电合同的签订流程

供用电合同的签订流程图如图 7-1 所示。

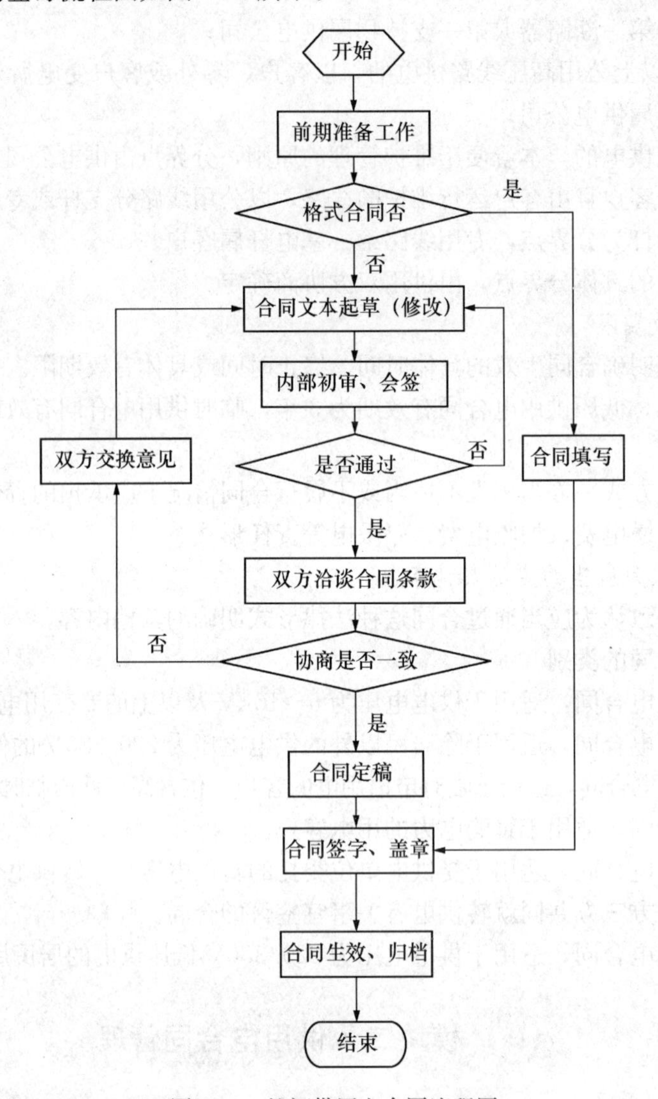

图 7-1 签订供用电合同流程图

四、供用电合同的续签

供用电合同续签业务是指供用电合同到期后，供电公司与用电客户继续保持原供用电关系，延长供用电合同有效期并保持其有效合法性。

一般情况下，高压供用电合同到期前 3 个月发出通知，其他供用电合同到期前 1 个月发出通知。若在合同续签过程中，发生合同条款变化，则转入合同变更流程。

供用电合同的续签流程图如图 7-2 所示。

五、供用电合同的变更

供用电合同变更是指供用电合同在履行过程中因用电性质变更、调整电价比例、增减用电容量等变更用电时，合同双方当事人对合同条款进行变更的业务。

供用电合同变更流程图如图 7-3 所示。

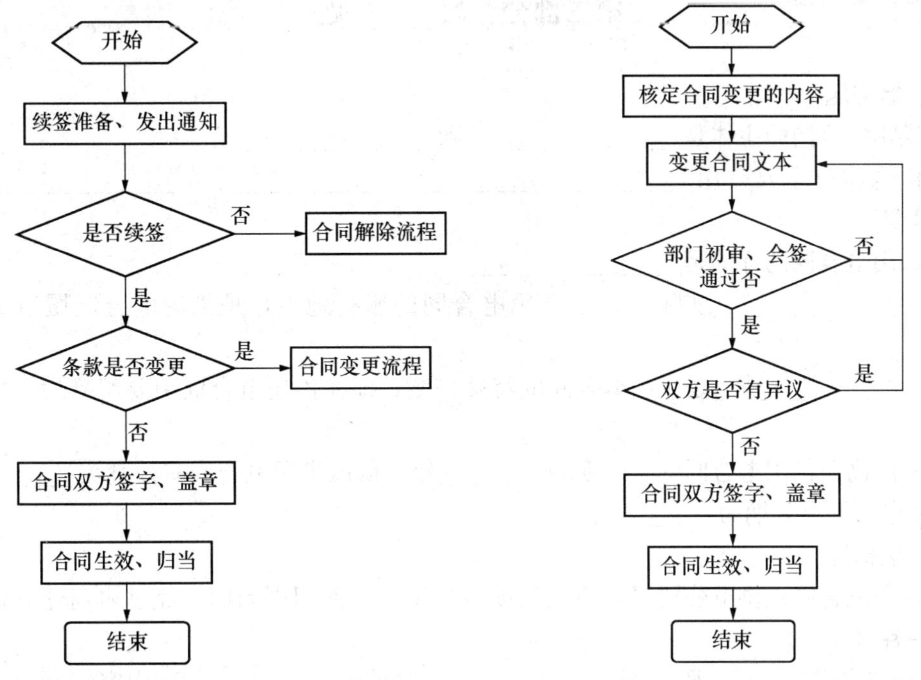

图 7-2　供用电合同的续签流程图　　　图 7-3　供用电合同变更流程图

六、供用电合同终止

供用电合同终止是指在用电人依法破产或被工商部门注销，在缴清电费及其他欠缴费后，申请销户或供电人依法销户后停止执行供用电合同，解除供用电关系。

供用电合同终止流程图如图 7-4 所示。

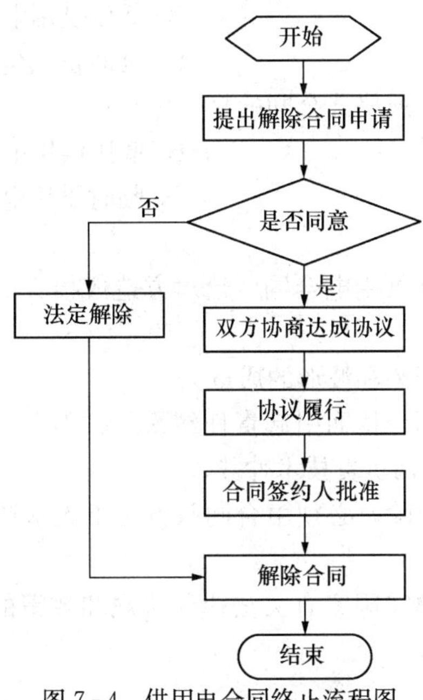

图 7-4　供用电合同终止流程图

第二部分　习　　题

一、填空题

1. 供用电合同的主体是________________和________________。

2. 供电质量主要是用________________、________________、________________三项标准来衡量。

3. 供用电合同的标的是________________。

4. ________________实际上属于供用电合同的履行地点，是供用电合同履行义务的地点。

5. ________________是供用电合同的特殊条款，即在供用电合同中要明确规定电力的用途。

6. 一般高压供用电合同的有效期为________年，低压供用电合同有效期为________年，临时供用电合同有效期为________年。

二、选择题

1. 供用电合同是供电公司与客户之间就电力供应与使用等问题，经过协商建立供用电关系的一种（　　）。

A. 法律文书　　B. 方法　　C. 责任　　D. 内容

2. 供电公司和客户应当根据平等自愿、协商一致的原则签订（　　）。

A. 供用电协议　　B. 供用电合同

C. 供用电规则　　D. 供用电管理条例

3. 某桥梁建设单位现建一座新公路桥，已在供电单位办理10kV新装用电手续，供用电双方需签订（　　）。

A. 高压供用电合同　　B. 低压供用电合同

C. 趸售供用电合同　　D. 临时供用电合同

4. 目前下列供用电合同中属格式合同的是（　　）。

A. 高压供用电合同　　B. 低压供用电合同

C. 居民供用电合同　　D. 临时供用电合同

三、判断题

1. 供电公司或者客户违反供用电合同，给对方造成损失的，按照规定由供电管理部门负责调解。（　　）

2. 供电质量是指电压、频率和波形的质量。（　　）

3. 因电能质量某项指标不合格而引起责任纠纷时，不合格的质量责任，由电力管理部门认定的电能质量技术检测机构负责技术仲裁。（　　）

4. 供用电合同的变更或解除，必须由合同双方当事人依照法律程序确定确实无法履行合同。（　　）

5. 签订供用电合同应当遵守国家有关法律、法规和政策的规定，坚持平等、自愿、公平、诚实守信的原则。（　　）

6. 供用电合同中未明确供用电设施维护的主体、内容、界限和各自应当承担的责任。（　）

四、问答题

1. 供电质量的法律要求是什么？

2. 供用电合同应具备哪些条款？

3. 简述供用电合同的分类及其适用范围。

五、作图题

1. 画出供用电合同的签订流程图。

2. 画出供用电合同变更流程图。

学习情境八 营 业 稽 查

第一部分 知 识 模 块

知识目标

（1）清楚营业稽查的内涵及工作内容。

（2）清楚工作质量管理的基本概念。

（3）清楚营业工作质量管理的指标及标准。

（4）清楚违章用电和窃电的定义、行为和查处方法。

（5）清楚营业厅的功能区及服务行为规范。

能力目标

（1）能够对营业工作质量进行跟踪检查。

（2）营业差错处理（营销生产系统）。

（3）在营销生产系统中进行违章用电和窃电。

（4）能进行迎宾、柜台受理、收费行为规范的现场模拟。

模块一 营业稽查的基本概念

【模块描述】本模块介绍营业稽查的基本知识，通过知识讲解掌握营业稽查工作的含义、内容、相关要求。

一、营业稽查工作的主要内容

营业稽查是依据国家有关政策、法律、法规和电力企业营销相关的规章制度和管理规定，对本企业从事电力营销工作的单位或涉及电力营销的工作人员，在电力营销过程中的行为进行监督和检查。

电力营业稽查包括以下主要工作：①用电报装及业务变更稽查；②抄核收业务稽查；③电能计量业务稽查；④电费账务稽查；⑤用电检查稽查；⑥供用电合同管理稽查；⑦客户服务质量稽查；⑧营销质量考核监督。

营业稽查流程图如图 8 - 1 所示。

二、营业稽查工作人员的要求

电力营销稽查人员应具备的基本条件：

（1）作风正派、坚持原则、遵纪守法、秉公执法、廉洁奉公。

（2）熟悉电力法律、法规、政策和供用电规章制度。

（3）有一定的电力营销业务知识、电气技术知识，会操作计算机，并具备一般的统计、会计、审计知识。

（4）电力营销稽查人员一般应取得省电力公司统一颁发的《用电检查证》。电力营销人员定期接受上级主管部门举办的业务培训学习，并经考核合格后方可取得任职资格。

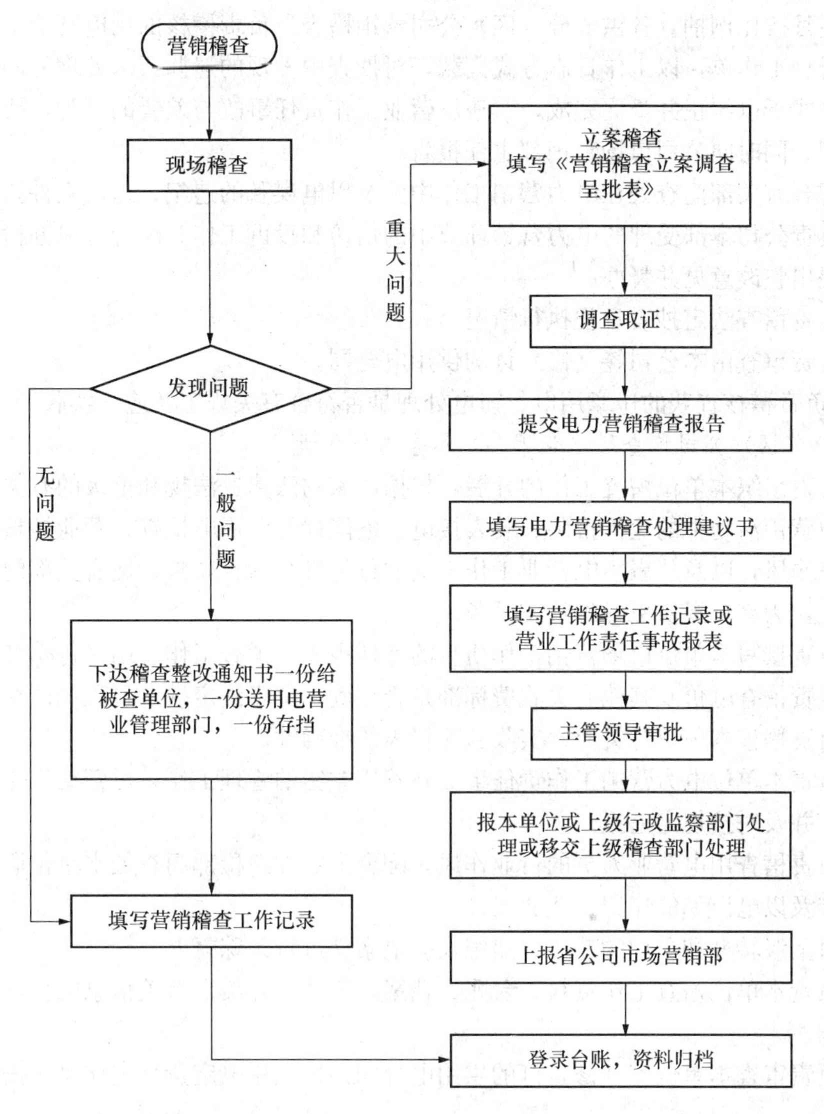

图 8-1　营业稽查流程图

(5) 经查证电力营销稽查人员有以电谋私等违法、违纪行为或在稽查岗位上经考核评定不称职者，应取消其任职资格。

三、营业稽查工作要求

1. 市场营销部稽查岗位职责及工作标准

(1) 依据国家的法律、法规和上级有关规定，对全公司在电力营销活动中的业扩报装、装表接电、电能计量、用电检查、营业抄核收、供用电合同、服务窗口及从事用电营业工作人员的行为进行稽查监督，使有关部门及其工作人员遵章守纪，为客户提供优质服务。

(2) 制订供电单位、营业（供电）所营销稽查岗位职责、工作标准，定期组织召开公司营销稽查工作例会（季），并负责组织撰写全公司市场营销的质量评估报告。

(3) 负责稽核上报省公司的营业工作报表，确认无误后经主管领导批准后报出。

(4) 修订电费、业务、代（预）收款增减账的稽核审批权限。

（5）逐月按比例抽查各供电分（区）公司营销稽查员负责稽核的用电营业工作环节的账簿、表、册、工作单，以工作日志方式记载，对抽查中发现的遗漏或未处理的问题应以业务工作单的方式予以纠正并督促完成，对违反营业工作责任事故与差错的行为，要督促基层单位进行处理，同时向公司市场营销部主任报告。

（6）配合有关部门查处在电力营销工作中涉及以电谋私的违纪、违法案件。

（7）负责公司本部受理的电力营销环节中的信访和投诉工作。配合行风办检查全公司服务质量，提出整改意见并督办。

（8）负责稽查法定抄表日程执行情况。

（9）负责审查由本公司签（修）订的供用电合同。

（10）负责稽核查获的违章用电、窃电处理是否符合有关规定及应、实收等。

2. 各分（区）公司稽查科（营销科）稽查岗位职责

（1）负责组织本单位稽查工作的开展，根据国家的法律、法规和上级的有关规定，对本单位在电力营销活动中的业扩报装、装表接电、电能计量、用电检查、营业抄核收、供用电合同、服务作风，以及从事用电营业工作人员的行为进行稽查监督，使有关部门及其工作人员遵章守纪，为客户提供更好的优质服务。

（2）负责撰写本单位市场营销工作质量的评估报告、稽查工作总结（每季度一次）。

（3）负责稽查电价及其他有关收费标准是否正确，负责法定抄表日程的严格执行。

（4）负责稽核本单位各类应、实收营业报表的准确性。

（5）负责本单位电力营销工作责任事故和营销差错的管理工作，对营销工作责任事故的调查分析，并及时按规定上报。

（6）负责稽查用电营业人员的行业作风，配合上级和纪检部门查处本单位职工在电力营销活动中涉及以电谋私的违纪、违法案件。

（7）对上级转办和受理的违章、违纪及窃电案件进行跟踪督办。

（8）负责本单位稽查工作资料、台账、档案及统计，并负责有关信息的传递、反馈及统计上报工作。

（9）负责审查本单位签（修）订的供用电合同，稽核用电定量、定比是否按期核定和正确实施。

（10）负责本单位营销管理记分考核办法执行与检查，并定期向公司市场营销部汇报执行情况。

（11）负责10kV的分线考核工作和公变台区线损考核工作。

（12）负责10kV出线计量表和所辖公变台区计量表的抄表和计量装置的管理。

（13）负责专变、专线的抄表质量和计量装置的监管工作。

3. 各分（区）公司营销科稽查岗位工作标准

（1）开展抄表服务作风质量跟踪工作，对各营业所稽查员已跟踪的工作进行抽查，并建立质量跟踪专用记录，记录内容包括工本册号、户号、跟踪户数、跟踪时间、发现问题、处理结果、质量评估等。

（2）定期抽查申请书、工作单的运转及时限，对超时限户要有记录并跟踪稽核。

（3）每月对所属营业所稽查员已稽核的上月有动态发生或电量突增突减（±30%）的630kVA及以上客户应进行稽查。凡发生营业收入、营业外收入、代收款收入增减账时，金额达1000元以上，无论以何种方式支付，都须经稽查人员核准签字后，再报请公司分管领导批准办理；金额在10 000元以上需报公司稽查部门专题稽核，报分管领导批准。

（4）发现用电营销责任事故或发现用电营业人员严重违纪违法现象，除向本单位领导及时报告外，还应向公司稽查部门以书面形式报告。对营销责任事故（含未遂）应认真做好记录，对已造成的营销责任事故应及时配合单位领导召开事故分析会，提出处理意见，并填写有关报表，如实上报。其中重大营销责任事故分析会，必须通知公司市场营销部稽查人员参加。

（5）对抄表轮换制度、电费违约金制度、法定抄表日程管理规章制度执行负有监督检查责任。对查实的执行情况做好记录，以备上级稽查人员抽查核实。

4. 营业（供电）所稽查专职岗位职责

（1）负责营销活动质量，稽查本所有关人员在业扩报装、装表接电、电能计量、用电检查、执行电价、营业收费、营业账务、柜台服务及日常营业、抄、核、收等工作中的行为，督促照章办事。

（2）负责稽查贪污、挪用、透支电费、业务费等违法行为，以及违反现金管理制度的行为。

（3）负责稽查电价及其他收费标准是否正确，负责法定抄表日程的严格执行；负责其他各项工作的稽查记录，以备上级稽查人员抽查核实。

（4）负责本所内电力营销工作责任事故和营销差错的核实、分析，提出处理意见并登记上报。

（5）负责对违章用电与窃电是否按规定时限和程序正常处理进行稽查。

（6）负责稽查用电营业人员的行业作风，配合有关部门查处以电谋私的各类违纪违法案件。

（7）负责落实对用电营业人员的工作质量提出分析意见及建议。

（8）完成领导和上级稽查部门交办的任务，并按时报送电力营销稽查工作总结、评估和报表。

（9）负责稽核营业（供电）所各类应实收营业报表的准确性。

（10）对上级转办和受理的违章、违纪及窃电案件进行跟踪督办。

（11）负责本所营销管理记分考核办法实施与执行，并做好原始记录及报表。

5. 营业（供电）所稽查岗位工作标准

（1）严格把住营业差错关，各所稽查人员对凡有动态发生的高压供电客户、三相低压客户和电量突增突减可能构成营业责任事故的高低压客户，在电费发票出门前须逐户进行审核并签章，因稽查人员未进行稽核或稽核未发现问题而引起的责任事故，稽查人员应负主要责任。

（2）开展抄表服务作风质量跟踪工作，要求所稽查人员每月每人至少跟踪6册抄表工本（其中含各类抄表工本），每册工本的跟踪户数不得低于跟踪工本总户数的40%，并建立抄表质量跟踪专用记录，记录内容包括工本册号、户号、跟踪户数、跟踪时间、发现问题、处理结果、质量评估等。

（3）凡发生营业收入、营业外收入、代收款收入增减账时，无论以何种方式支付，金额在1000元及以下，都需经稽查人员核准签字后，再报请分管领导批准办理；金额在1000元以上的报上级稽查稽核，分管领导批准。

（4）稽查人员发现用电营销责任事故，或发现用电营销人员严重违纪违法现象，除向本单位领导及时报告外，还应向上级稽查部门报告。营销责任事故（含未遂）应认真做好记录，对已造成的营销责任事故应及时配合单位领导开事故分析会，必须通知分（区）公司稽查参加，并填写有关报表，如实上报。

（5）负责稽查用电定量定比是否正确执行，负责检查法定抄表日程和抄表轮换制度是否严格执行，并做好记录。

（6）稽查人员均应按公司统一印制的稽查台账、报表，登录、统计稽查工作情况，应认真填写，按月逐级上报，不得弄虚作假。

（7）认真稽核申请书、工作单的运转及时限，对超时限户要有记录并跟踪稽核。

模块二 营业质量管理

【模块描述】本模块介绍营业质量管理基本知识。通过知识讲解，掌握营业质量管理的含义、方法、考核指标、标准和营业工作差错的认定及处理方法。

一、营业质量管理的方法

营业质量管理是指电力企业在营业部门推行全面质量管理活动，以提供客户满意的电能产品为核心，不断提高营业管理工作质量和服务质量，为社会和企业创造最佳的经济效益。

营业质量管理是电力企业管理中一个重要的组成部分。营业部门作为电力企业的销售环节，作为企业与客户之间的联系纽带，推行全面质量管理具有重要的意义。

营业质量管理的方法有全过程质量管理和全员质量管理两种。

（一）全过程质量管理

开展营业质量管理，同样需要在营业工作的全过程中、在营业工作的主要环节或工序上加强管理和控制。

实行营业全过程的质量管理，首先要科学地划分营业工作的环节，然后再加强对营业工作各个环节的管理，特别注意要严格把好营业质量的审核关。要做到层层把关，尽量防止和减少各个环节质量差错的发生。

（二）全员质量管理

营业质量管理应是营业部门全体人员共同参与的质量管理，把营业部门的各项工作都纳入质量轨道的质量管理为全员质量管理。

实行全员质量管理，必须落实营业质量管理的目标。目标的落实可以采取以下做法：

（1）把营业质量目标落实到每个工作岗位；

（2）动员各岗位人员参加质量管理；

（3）建立职工质量管理小组。

营业质量目标可按科室、班组的职责范围加以层层分解，最后落实到每个工作岗位。也就是根据职责分工不同，建立和健全岗位职责和质量标准，作为岗位质量目标。营业质量目标落实到具体工作岗位之后，可通过各种激励措施，动员各岗位人员参加质量管理，努力实现岗位质量目标。实行全员质量管理，还要根据营业质量目标的要求与存在的质量差距，确定质量控制点，建立职工质量管理小组对其进行控制，并组织职工开展现场质量管理和提高质量的活动。

二、营业质量管理的考核指标及标准

全面质量管理要求营业部门设立营业质量目标，并围绕设立的营业质量目标开展管理活动。

(一) 营业质量目标

营业工作质量主要是指业扩报装、日常营业和电费抄、核、收的质量。其中，业扩报装、日常营业的工作质量称为业务工作质量，电费抄、核、收的工作质量称为电费工作质量。

1. 业务质量目标

(1) 报装接电率。报装接电率是反映报装接电工作的完成情况的相对指标，其计算公式为

报装接电率＝装表供电容量/申请容量×100％

(2) 工作票填写质量。在业务工作的各个环节或各道工序之间运转、传递的工作传票，在登记、填写和传递时要求做到清楚、准确、完整、及时。业务工作的各个环节和各工序所办理的事项和结果，都要在工作传票上详细而准确地填写清楚等，都是对各项具体业务工作所提出的质量要求。

(3) 供电方案的确定期限。在用电报装工作的供电方案制定时规定了其确定期限。

低压客户的供电方案的确定期限为居民客户最长不超过5个工作日，低压电力客户最长不超过10个工作日。

高压客户的供电方案，其确定期限为10kV单电源供电客户最长不超过1个月，10kV及以上双（多）电源供电客户最长不超过2个月。

2. 电费工作质量指标

电费工作的主要质量指标有实抄率、实收率、差错率、均价、线损率等。

(1) 实抄率。实收率是反映抄表工作任务完成情况的相对指标，其计算公式为

实抄率＝实抄户数/应抄户数×100％

供电公司要求动力户实抄率应达100％，照明实抄率应达98％以上；对居民客户无法抄录止码的，可作暂收处理，但最多不能超过2次；若特殊情况不能到现场抄录电能表止码的，需打缺抄，7天之内将止码抄回。

(2) 实收率。实收率是反映收费工作任务完成情况的相对指标，其计算公式为

实收率＝应收电费金额/实收电费金额×100％

供电公司要求月实收率达到100％。

(3) 差错率。差错率是综合反映电费工作质量的相对指标，其计算公式为

差错率＝差错件数/实抄户数×100％

供电公司要求月差错率应低于0.04％

(4) 线损率。供电公司对线损率的要求是，根据城区、农村、山区不同电压等级的电网而分别下达不同的线损率标准。可采用四分管理技术开展线损的统计分析工作。

(二) 营业质量管理的关键

营业管理工作面广、点多，情况复杂，任务艰巨，因此，在全面抓好质量管理的基础上，必须抓住重点和关键，才能有效地防止发生和消灭重大差错，提高整个营业工作的质量。

营业质量管理的重点是大工业客户。大工业客户从户数上来看，只占全部客户的百分之几，但从售电量来看，约占总售电量的70％以上，从经营业务上来看，大工业客户的业务工作较为复杂，工作量和工作难度也较大，容易发生问题。因此，抓好大工业客户的质量管理，对提高营业质量的整体水平起着决定性的作用。

营业质量管理的关键有以下四个方面：

关键一：制定供电方案。

供电方案正确与否将直接影响电网的结构与运行是否合理、灵活，客户必需的供电可靠性是否能得到满足，电压质量能否保证，客户变电所的一次投资与年运行费用是否经济等，因此，正确制订供电方案是保证安全、经济、合理地供用电的重要环节。

同时，供电方案的正确与否，关系着营业工作中能否正确执行分类电价，能否正确选择和安装电能计量装置，能否合理收取电费，能否合理建立供用电双方的关系，能否很好地解决日常用电中的各种问题等，关系着能否创造必要的条件和奠定相应的基础。所以说，在营业质量管理过程中，从客户申请用电开始，就要抓住供电方案这个关键。

关键二：建账立卡（含更换账卡）。

客户办妥业扩报装手续、装表接电后，电力营业部门应及时搜集、清点、整理各项资料，建立客户户务档案和客户分户账页（即电费卡片），即立户。立户以后，电力企业营业部门就承认用电单位从装表接电之日起成为正式（或临时）用电的客户。如不及时建卡立户，就有可能造成漏户而长期漏收电费。营业管理部门有义务和责任做好客户服务工作和定期向客户收回电费。

关键三：电费审核。

电费审核是电费管理工作的中枢。电费是否按照规定及时、准确地收回，财务是否清楚，统计数字是否准确，关键在于电费审核。

在电费审核过程中，审核人员必须根据《供用电规则》，即当地电业主管机关指定的实施细则，现行电价制度、办法、规定及电费审核方法，对营业（业务）上转入的各项传单与凭证、票据，对抄表人员返转的卡、据、表单，对收费人员返转的单据、凭证、报表等，进行严格审查、核算及认真登记。发现差错应及时更正，并通知（或会同）有关人员处理，保证卡、单、据、票及凭证等正确无误。

此外，电费审核人员尚应定期核对各种账、卡、表，办理电量调整及电费退补事宜，发放和保管各种单据，保管和使用收费专用章，填写及编制有关报表，以保证电费的准确回收和及时反映情况，以确保电力营业质量。

关键四：装表接电。

装表接电是供电公司将申请用电者的受电装置接入供电网的行为，这是业务扩充工作中的最后一个环节，一般安装电能计量装置与接电同时进行，故又称作装表接电。

客户输、变、配电工程全部竣工，经过竣工检查确定变电所具备送电条件以后，监察人员应做好一系列装表接电前的准备工作，并经电力调度同意后，变电所方可投入运行。

在变电所投入运行后，应检查电能表运转是否正常、相序是否正确，并立即抄录电能表底数，作为计费起端的依据。

营业质量管理若能突出重点、抓住关键，就能产生事半功倍的效果。同时，重点和关键所在之外的质量提高后，又将推动和促进营业质量管理工作的开展，有利于提高整体质量水平。

三、营业差错的认定及处理

从事电力营销工作的单位（部门）或职工，因违反电力营销管理有关规定、业务流程或因工作失职和服务质量低劣，造成经济损失、影响营业工作质量、损害企业声誉或损害客户利益的，依据情节认定为营业工作责任事故与差错。

（一）营业差错的认定

1. 重大营业责任事故的认定

（1）造成电量多收或少收超过 10 万 kW·h 及以上的，电费多收或少收超过 5 万元及以上的。

（2）情节严重、损失较大或影响较大的，认定为重大营业责任事故。

2. 营业工作责任事故的认定

凡有下列情形之一的，认定为营业工作责任事故。

（1）因工作过失（抄表时错抄、估抄、漏抄，时段电量、需量读数错抄，倍率、表码、用电容量等计费参数不对造成计算错误等）造成电量、电费多收或少收在 1 万 kW·h 或 5 千元及以上者。

（2）不按规定的电价类别及价格标准执行电价，造成经济损失在 5 千元及以上者。

（3）业务工作单流转过程中未按承诺、规定时限处理，造成追补或退还电量、电费在 1 万千瓦时或 5 千元及以上者。

（4）因工作过失造成电能计量装置接线错误，错装、错换电能计量装置，或电能表参数设置错误（时段时间等），造成追补或退还电量、电费在 1 万 kW·h 或 5 千元及以上者。

（5）电能表校验不准，错写试验报告，互感器未经试验即投入运行，未按周期校验或未定期轮换计量装置及故障表未及时处理，造成电量、电费多收或少收在 1 万 kW·h 或 5 千元及以上者。

（6）由于保管、使用不当造成价值 2000 元及以上的仪器、仪表、设备等损坏或丢失者。

（7）丢失收费专章、封印钳、封印、启封器、加有供电部门封印的电能表、抄表机者。

（8）违反现金管理制度，致使电费款被盗、丢失者。

（9）在营销部门管理范围内，因工作失职造成电力营销信息系统、95598 系统和负荷控制系统等大量数据丢失，网络瘫痪影响工作或硬件设备损坏者。

（10）丢失电费、业务费、增值税票等各种发票或收据（含空白票据），以及丢失银行结算票据、客户用电资料、供用电合同、整册抄表簿、电费账者。

（11）因工作失职，出现整册的收费单据漏盖收费专章或被他人盗盖收费专章者。

（12）电费账科目不清或记账造成严重错误，致使电费回收受到严重影响者。

（13）电费收入（含违约使用电费、电费违约金）未按规定及时上缴者。

（14）报表数据严重错误及连续 3 个月迟报或漏报者。

（15）违反《中华人民共和国统计法》，营销报表弄虚作假，致使统计数据严重失真者。

（16）在供电服务过程中，有下列行为之一的认定为服务事故：

1）收受客户礼品礼金或接受客户宴请者；

2）公开或变相索要客户钱物或故意侵占客户利益者；

3）服务态度蛮横，与客户发生争吵，故意刁难客户者；

4）接待客户查询和咨询时，敷衍推诿者。

3. 营业差错的认定

上述不够认定为营业工作责任事故的为营业差错。营业差错分为报省差错和一般差错两种。凡造成 2000kW·h 或 1000 元及以上损失的，认定为报省差错；凡造成 2000kW·h 或 1000 元以下损失的，认定为一般差错。

（二）营业质量事故与差错的处理

1.“四不放过”处理原则

对发生的营业工作责任事故，必须严肃对待，做到四不放过，即“事故原因查不清不放过，事故责任者未受到处罚不放过，有关人员没有受到教育不放过，没有防范措施不放过”，对直接责任人及相关责任人要严肃处理。

2. 营业质量事故与差错报告

（1）发生营业责任事故后，责任单位要在3个工作日内向地（市）供电公司市场营销部报告，重大营业责任事故要同时报省公司市场营销部，并组织有关人员进行调查分析。

（2）每起营业工作责任事故要求在当月内填写营业工作责任事故报告（见表8-1），报地（市）供电公司市场营销部；重大营业责任事故要求填写《重大营业责任事故专题报告》（见表8-2），报省公司市场营销部。责任事故、报省差错要按月填入目标管理快报。

3. 营业质量事故与差错考核

（1）认定的一般差错由基层站所统计考核，认定的报省差错由县供电公司市场营销部门统计考核，认定的营业工作责任事故由地（市）供电公司市场营销部考核，认定的重大营业责任事故由省公司市场营销部考核。各单位应按有关规定做好统计，填写营业工作责任事故报告（见表8-1）和重大营业责任事故专题报告（见表8-2），并逐级上报。

表8-1　　营业工作责任事故报告

填报单位（盖章）：

（1）发生事故单位：＿＿＿＿＿＿　发生时间：＿＿＿年＿＿＿月＿＿＿日

（2）事故责任者姓名：＿＿＿＿＿＿　工作岗位：＿＿＿＿＿＿

（3）事故经过：

（4）事故责任分析：

（5）事故损失（电量、电费发生数额）：

（6）预防措施：

（7）处理意见：

（8）主管部门意见：

单位负责人：　　填报人：　　填报日期：

表 8-2 重大营业责任事故专题报告

(1) 报告单位：______________ (2) 报告日期：______________ (3) 报告编号：______________ (4) 存档号：______________ (5) 事故经过： (6) 事故损失（电量、电费发生数额）： (7) 预防措施： (8) 处理意见： (9) 主管部门意见：

注 1. 依据《营业工作责任事故与差错的管理规定》制定，凡“营业责任事故中，如造成电量、电费多收、少收超过 10 万 kW·h 或 5 万元及以上者，列为重大营业责任事故”，应按本表规定要求填写报告。

2. 本报告由各县（市）供电公司填制，报地（市）供电公司三份，地（市）供电公司上报省公司一份，内页不够可添页、加页。

（2）各级供电公司营销管理部门和各基层营业站（所）应有专人负责对营业责任事故和差错进行考核、监督，应建立事故与差错的记录台账，以考核营销工作人员的工作质量，并建立相应的奖惩制度。

模块三 违章用电及窃电的查处

【模块描述】本模块主要介绍违约用电与窃电的含义及类别，寻找窃电嫌疑和判断窃电行为的方法以及违约用电的处罚和窃电案件的处理。通过知识讲解，能够区别违约用电与窃电，掌握用仪器判断客户有无窃电行为的方法，了解违约用电者具体的处罚办法和窃电案件的处理方法。

一、违约用电与窃电的含义及类别

违约用电从国家对供用电关系规范来说，属于违规行为；对国家赋予供电单位的权益以及用电单位签订供电合同条款而言，属于违约行为。因此，一般把因违约用电而追补的电费及处罚金称为违约金。

窃电是一种盗窃电力商品的行为。电力是一种资源性商品，窃电无疑会造成电力资源配置短缺，同时对电力企业经济利益造成损害，为此原能源部和公安部于1990年联合发布了《关于严禁窃电的通告》。因此，追补窃电的电量、电费和罚金是电力企业的合法权益。

1. 违约用电

违约用电是指危害供用电安全，扰乱供用电秩序的行为。违约用电轻者会造成供用电秩序的混乱，使供用电企业或其他客户的利益受到损害，重者则会引起电网事故，造成供用电中断，使财产受损甚至引起人身伤亡事故。客户有下列危害供用电秩序，扰乱正常供电秩序的行为属于违约用电：

(1) 擅自改变用电类别；

(2) 擅自超过合同确定的容量用电；

(3) 擅自使用已在供电单位办理暂停手续的电气设备，或启用已被供电单位查封的电气设备；

(4) 擅自迁移、更动或擅自操作供电单位的电能计量装置、电力负荷管理装置、供电设施及约定由供电单位调度的客户受电设备；

(5) 未经供电单位许可，擅自引入（供出）电源，或将自备电源擅自并网。

2. 窃电

窃电是一种以非法侵占使用电能为形式，实质以盗窃供电公司电费为目的的行为，是一种严重的违法犯罪行为，窃电不仅破坏了正常的供用电秩序，盗窃了电能，使供电公司蒙受了经济损失，而且窃电还危及到供用电的安全与电能的经济合理使用，特别在缺电时期，进一步加剧了电力供应的紧张程度。窃电行为包括：

(1) 在供电单位的供电设施上，擅自接线用电；

(2) 绕越供电单位安装的电能计量装置用电；

(3) 伪造或开启供电单位电能计量装置；

(4) 故意损坏供电单位电能计量装置；

(5) 故意使供电单位的电能计量装置不准或失效；

(6) 采用其他方法窃电。

二、违约用电与窃电的现场调查取证

1. 违约用电的现场调查取证工作

(1) 封存和提取违约使用的电气设备、现场核实违约用电负荷及其用电性质。

(2) 采取现场拍照、摄像、录音等手段。

(3) 收集违约用电的相关信息。

(4) 填写用电检查现场勘查记录、当事人的调查笔录要经用电客户法人代表或授权代理人签字确认。

2. 窃电的现场调查取证工作

(1) 现场封存或提取损坏的电能计量装置，保全窃电痕迹，收集伪造或开启的加封计量装置的封印；收缴窃电工具。

（2）采取现场拍照、摄像、录音等手段。

（3）收集用电客户产品、产量、产值统计和产品单耗数据。

（4）收集专业试验、专项技术检定结论材料。

（5）收集窃电设备容量、窃电时间等相关信息。

（6）填写用电检查现场勘查记录、当事人的调查笔录要经用电客户法人代表或授权代理人签字确认。

记录现场调查取证结果，根据调查取证的情况，记录客户是否存在违约用电、窃电情况，形成初步的处理意见，并转入后续流程处理。

三、违约用电和窃电事实的认定

认定违约用电和窃电事实的核心与关键在于证据，这两类案件在证据的形式和取证注意事项等方面是相通的。

证据的形式有以下几种：

（1）物证。物证是指窃电时使用的工具或与窃电有关的，能够证明窃电时存在的物品和留下的痕迹。如窃电时使用的工具，对计量装置、互感器、导线等电力设施和设备的毁坏及留下的痕迹。

（2）书证。书证是指能够证明窃电案件真实情况的文字材料。例如用电检查结果通知书、违章用电、窃电通知书，现场调查笔录、检查笔录或询问笔录，以及抄表卡、用电记录、电费收据、客户生产记录等。

（3）勘验笔录。勘验笔录是指公安机关或电力管理部门、电力企业对窃电现场进行检查、勘验所作的笔录，这些笔录应由勘验人员、见证人签名。

（4）视听资料。视听资料是指以录音、录像、照片、磁带所记录的影像，音响以及电子计算机中所储存的数据、资料及其载体等用以证明案件真实情况的资料。

（5）鉴定结论。鉴定结论是指为查明案件情况，由公安机关、司法机关或聘请有专门知识的人进行鉴定后得出的结论性报告。如公安机关指定或聘请电力科研、技术监督、计量单位对计量装置、互感器、导线的检测鉴定。

（6）证人证言。证人证言是指知道案情的人，就其所了解的情况向电力部门或公安机关的陈述证词。

（7）当事人陈述。当事人陈述是指供电、用电双方就案件的有关情况，向电力管理部门和公安机关所作的陈述或供述。

取证时应注意手段要合法，物证、书证要提取原件，证人证言、当事人陈述要签字确认，鉴定结论要具有法律效力，视听资料要妥善保管。

四、违约用电与窃电的处理

根据调查取证的结果，按照违约用电处理的有关规定，针对客户的违约用电情况确定处理方式。对违约用电者，应根据违约情况分别处理。情节严重的，可中止供电；后果严重的，应依法追究法律责任。一般处罚办法有以下几点：

（1）在电价低的供电线路上，擅自接用电价高的用电设备或私自改变用电类别的，应按实际使用日期补交其差额电费，并承担2倍差额电费的违约使用电费。使用起迄日期难以确定的，实际使用时间按3个月计算。

（2）私自超过合同约定的容量用电的，除应拆除私增容设备外，属于两部制电价的客户，应补交私增设备容量使用月数的基本电费，并承担3倍私增容量基本电费的违约使用电费；其他客户应承担私增容量每千瓦（千伏安）50元的违约使用电费。如客户要求继续使用者，按新装增容办理手续。

（3）擅自超过计划分配的用电指标的，应承担高峰超用电每次每千瓦1元和超用电量与现行电价电费5倍的违约使用电费。

（4）擅自使用已在供电公司办理暂停手续的电气设备或启用供电公司封存的电气设备的，应停用违约使用的设备。属于两部制电价的客户，应补交擅自使用或启用封存设备容量和使用月数的基本电费，并承担2倍补交基本电费的违约使用电费；其他客户应承担擅自使用或启用封存设备容量每次每千瓦（千伏安）30元的违约使用电费。启用属于私增容被封存的设备的，违约使用者还应承担本条第2项规定的违约责任。

（5）私自迁移、更动和擅自操作供电公司的用电计量装置、电力负荷管理装置、供电设施及约定由供电公司调度的客户受电设备者，属于居民客户的，应承担每次500元的违约使用电费；属于其他客户的，应承担每次5000元的违约使用电费。

（6）未经供电公司同意，擅自引入（供出）电源或将备用电源和其他电源私自并网的，除当即拆除接线外，应承担其引入（供出）或并网电源容量每千瓦（千伏安）500元的违约使用电费。

对窃电行为，根据调查取证的结果，按照窃电处理的有关规定，针对客户的窃电行为确定处理方案。《供电营业规则》第102条规定，供电公司对查获的窃电者应予制止，并可当场中止供电。窃电者应按所窃电量补交电费，并承担补交电费三倍的违约使用电费。《供电营业规则》第九章第103条规定窃电量按下列方法确定：

（1）在供电公司的供电设施上，擅自接线用电的，所窃电量按私接设备额定容量（千伏安视同千瓦）乘以实际使用时间计算确定。

（2）以其他行为窃电的，所窃电量按计费电能表标定电流值（对装有限流器的，按限流器整定电流值）所指的容量（千伏安视同千瓦）乘以实际窃用的时间计算确定。窃电时间无法查明时，窃电日数至少以180天计算，每日窃电时间电力客户按12小时计算，照明客户按6小时计算。

拒绝承担窃电责任的，供电公司应报请电力管理部门依法处理。窃电数额较大或情节严重的，供电公司应提请司法机关依法追究刑事责任。

因违约用电、窃电造成供电单位供用电设施损坏的，责任者应承担供电设备的修复费用或进行赔偿；导致他人财产或人身安全受害时，受害人在要求违约用电或窃电者停止侵害、赔偿损失时，供电单位应予以协助。

五、判断窃电行为的常用方法

稽查人员可以采用一些简便方法对电能计量装置进行带电检查，快速判断客户有无窃电行为。判断原则是：通过测试电能表上的电流或一定负载下的转数或脉冲数，分析、判断整体运行状态是否正常。

1．钳形电流表法

钳形电流表是由电流互感器和电流表组成的便携式仪表，使用方便，能在不断开电源的情况下测量电路电流，它是根据电流互感器的工作原理制作的。被测电流导线相当于电流互感器的一次绕组。被测导线从钳形电流表的钳头中心穿过，这样测量得更准。

在使用钳型电流表时应注意以下几点：

(1) 测量电流时，应按动手柄使铁芯张开，把被测导线（必须是单根）穿到钳口中央，就可以从表盘上读出被测电流值。

(2) 测量前应首先估计被测电流的大小，选择合适的量程，或先选用较大量程，然后再视读数的大小，逐渐减小量程。特别是在测量电动机启动电流时，冲击电流很大，更应注意使用这个方法。

(3) 测量小于5A以下电流时，为了读数准确，若条件允许，可把导线多绕几圈放进钳口测量，但实际电流值应为读数除以放进钳口内导线的圈数。

(4) 测量完毕一定要把转换开关放在最大电流量程的位置上，以免下次使用时由于未经选择量程，而造成仪表损坏。

(5) 进行测量时，应注意操作人员对带电部分的安全距离，以免发生触电危险。

(6) 在使用中，如发现钳口有杂音，可检查结合面上有无污垢存在，如有污垢可用汽油清擦干净。

在测试过程中无论负载电流大或小，电能表的进、出电流一定是平衡的，否则可能存在漏计现象。这就是用钳形电流表法判断窃电行为的基本原理。因此，钳形电流表法就是现场在线测试电能表中的进、出电流，判断计量装置的接线是否正常。由于需要直接测量供电线路中的电流，因此这种方法一般用于低压配电线路中单相电能表或三相四线电能表的接线检查。

例如单相电能表的检查，电源侧进出单相电能表的只有一根相线和一根中性线，正常供电时相线、中性线的电流之和应为零，测试时可依照下述步骤：

(1) 若将相线和中性线一同置于钳形电流表的钳口中心，读数为零，再测试其中一根线的电流时不为零，且电能表正向转动，则计量装置基本正常。若相线、中性线合测电流值为零，相线，中性线单侧电流值也为零，则客户可能未用电。

(2) 若相线电流不等于零线电流，且单独侧相线、中性线电流值不为零，则该客户电能表的计量存在问题，需要进一步查明。

2. 瓦秒法

瓦秒法也称实负载比较法，其检查原理是将运行中计量装置计量的功率与线路中的实际功率进行比较，定性地判断电能计量装置接线是否正确。实际中常采用比较时间的方法进行判断，具体操作方法：在已知负荷相对稳定时，用一只秒表记录电能表转盘转 N(r) 圈或电子式电能表脉冲灯闪动 N 次实际所用时间 t(s)，若已知电能表的实际负载为 P_0，则电能表应用的理论时间 T 的计算公式为

$$T=\frac{3600\times 1000\times N}{C\times P_0}\quad (\text{s})$$

式中 N——选定的电能表转数或脉冲灯闪动次数，r 或 imp；

T——对应 N 转的理论时间，s；

C——有功电能表的铭牌常数，r/(kW·h) 或 imp/(kW·h)；

P_0——电能表的实际负载功率，W。

则计量装置的测量误差

$$r=\frac{T-t}{t}\times 100\%$$

式中　t——对应 N 转实际所需时间，由标准钟测量。

若误差未超过电能表的误差范围，则说明接线正确；若超过了电能表的准确度等级允许范围，则说明该套计量装置计量有误，现场检查三相电能表时除了需带秒表外，还需带相位伏安表一块。例如A-13型手持式数字双钳伏安相位表不仅可以测量交流电压、电流，而且还可以测量两电压之间、两电流之间、电压与电流之间的相位角，由于此仪器具有上述基本功能，因此可以用来判别电路的感性和容性；检查有功电能表接线正确与否；判断电能表运行快慢，合理收缴电费；还可以检查变压器接线组别。所以它是用电检查中比较理想的手持式相位测量及多功能仪器。

【例8-1】 用电检查人员2005年7月30日检查时，发现某大工业客户将已报停并经供电公司封存的用电设备私自启封投入运行，设备容量为1600kVA，时间已无法查明，只知道该设备停运时间为2005年5月10日，问供电公司应收取多少违约使用电费？［基本电价为22元/(kVA·月)］

解　补交基本电费＝5月份基本电费＋6月份基本电费＋7月份基本电费

＝1600×22×21/30＋1600×22＋1600×22

＝95 040（元）

违约使用电费＝95 040×2＝190 080（元）

【例8-2】 某工厂客户供电电压为380/220V，越表用电锯一台，容量为10kW，问供电企业应收取多少追补电费及违约使用电费？［销售电价为0.672元/(kW·h)］

解　根据《供电营业规则》规定，窃电时间无法查明时，窃电日数至少以180天计算，每日窃电时间电力客户按12小时计算，照明客户按6小时计算。则有

追补电量＝窃电容量×窃电时间＝10×12×180＝31 600（kW·h）

追补电费＝31 600×0.672＝21 265.2（元）

违约使用电费＝21 265.2×3＝63 705.6（元）

电费合计＝21 265.2＋63 705.6＝84 940.8（元）

模块四　营业厅服务规范

【模块描述】本模块主要介绍营业厅功能区的划分、营业厅引导服务规范、营业厅柜台服务规范及营业厅特殊事件处理规范。通过知识讲解，了解营业厅功能区划分的基本要求，掌握营业厅引导服务规范、营业厅柜台服务规范及营业厅特殊事件处理规范。

一、营业厅功能区域划分

营业厅是供电营业现场服务窗口，直接面对客户提供各项用电服务。营业厅内应美观大方、布局合理、舒适安全、整洁卫生，分设咨询引导区、业务受理区、客户交费区、自助服务区、产品展示区、客户休息区、VIP客户服务区、宣传资料区等区域。农村供电营业场所视实际情况设置功能区。营业厅各功能区域划分的基本要求如下：

（1）业务受理区。设置于营业厅与入口相对应的位置，为客户提供各种用电业务办理的服务。

（2）咨询引导区。设置于营业厅大门入口处，距离大门2～3m，为客户提供咨询引导服务。

（3）客户交费区。设置于营业厅的角落处，为客户提供电费收费、业务费收费服务。

（4）自助服务区。设置于营业厅大门入口旁靠墙处，紧邻客户休息区，为客户提供排队叫号、自助查询、自助交费等服务。

（5）产品展示区。应视营业厅等级和实际情况设置企业文化展示区、电力科普教育区及电力生活馆等，在为客户办理业务的同时，展示供电公司的企业文化、用电设备、绿色电能、安全用电、智慧用电等。

（6）客户休息区。设置于营业厅大门入口旁，紧邻客户交费区。

（7）VIP 客户服务区。应视营业厅等级和实际情况设置相对独立的区域，为大客户提供差异化服务。

（8）宣传资料区。应视营业厅等级和实际情况来设置，放置营业厅相关资料。

二、营业厅服务规范

营业厅客户服务人员直接面对广大电力客户，日常工作中的行为、态度、服务质量不仅关系到客户服务人员在广大电力客户心目中的个人形象，更重要的是关系到电力行业在社会中的企业形象。因此，营业厅客户服务人员应做到：

（1）统一着装，挂牌上岗，仪容仪表大方得体，行为举止自然、文雅、端庄，精神饱满，以良好的精神面貌上岗服务。

（2）使用普通话服务，并按标准的服务用语应答。做到有问必答，耐心解释，对客户不训斥、不责备，不与客户发生争执。

（3）注意语言礼仪。服务开始前应使用如“您好”、“节日快乐”等问候语。服务结束时应表示感谢，如说“谢谢”、“欢迎再次使用”、“很高兴为您服务”等结束语。服务过程中，注意语调和语速，不得使用服务忌语。

（4）客户来办理业务时，应主动接待，不因遇见熟人或接听电话而怠慢客户。如果前一位客户业务办理时间过长，应礼貌地向下一位客户致歉。

（5）临下班时，对于正在处理中的业务应照常办理完毕后方可下班；下班时如仍有等候办理业务的客户，应继续办理。

下面介绍具体的营业厅引导服务、柜台服务、特殊事件处理服务规范。

（一）营业厅引导服务规范

1. 迎宾服务规范

迎送客户时，主动迎送，做到迎三步、送三步，面带微笑，目光亲切自然；迎送中使用标准的请姿，并致以“早上好”、“您好”、“××节快乐”等问候语。

送离客户时，使用标准的送宾姿，致以“请走好，再见”送别语，目送客户离开。

2. 营业厅秩序维持服务规范

随时关注进厅、出厅、排队等候、展示区及休息区客户。

随时维持营业厅秩序，引导分流客户，保持良好的服务氛围。

3. 业务办理引导服务规范

引导客户办理相关用电业务时，应了解客户需求，正确引导客户办理相关业务。

如有自动叫号排队系统，引导客户取号并指导客户正确使用自动叫号排队系统，然后引导客户到客户休息区等候，并提醒客户注意听取电脑自动叫号。如自动叫号排队系统出现故障时，应及时联系维修人员，并妥善安排客户排队或人工排号，维持好营业厅秩序。

如无自动叫号排队系统，应主动引导客户到相应的营业柜台。

4. 咨询、查询服务规范

当客户咨询、查询时，应仔细倾听，准确、迅速分析并详细记录客户的咨询查询内容，通俗易懂地解答、说明、引导，做到真诚、耐心、准确、快速。对无法答复的咨询，应说明情况请客户谅解并做好记录，留下客户的联系电话。

咨询查询过程中，遇到其他客户咨询时，应向正在咨询的客户表示歉意，请其稍后。

（二）营业厅柜台服务规范

1. 营业厅柜台服务遵循的原则

（1）首问负责制。无论办理业务是否对口，接待人员都要认真倾听，热心引导，快速衔接，并为客户提供准确的联系人、联系电话和地址。

（2）先外后内。当客户来办理业务时，应立即停下内部事务，马上接待客户。

（3）先接先办。在办理业务过程中，如有其他客户咨询时，若客户需要在本柜台办理相关业务，应用标准用语礼貌请其稍候。当客户需要办理的业务不在本柜台时，应用标准用语、标准手势热情引导至相关岗位，但不能因此怠慢了正在办理业务的客户。

（4）接一待二顾三。在办理业务过程中，若本柜台有多位客户排队等待办理业务时，柜台人员应在接待当前客户的同时，礼貌招呼第二顺位客户，并用眼神与第三顺位客户交流，示意请其等候。

（5）暂停服务亮牌。在办理业务过程中，柜台服务人员若需离开柜台时，应先办完正在办理的客户业务，并用规范用语向最近的等待客户表示歉意，然后将“暂停服务”指示牌正面朝向客户放在柜台上离开柜台。

（6）领导接待公示。公示领导接待日以及接待领导。

2. 柜台迎送规范

客户来到柜台前时，应主动用眼神礼貌迎接，当没有正在处理的业务时，应起身微笑示座，待客户落座后方可坐下，并用规范用语问候。

客户离开柜台时，应微笑与客户告别，微笑目送客户。

3. 受理服务行为规范

接待客户时，应起身相迎，微笑示座，认真倾听，准确答复。

受理用电业务时，应主动向客户说明该项业务需客户提供的相关资料、办理的基本流程、相关的收费项目和标准，并告知95598客户服务热线。

客户填写业务登记表时，应将表格双手递给客户，主动向客户提供书写示范样本，给予热情地指导和帮助，并认真审核，如发现填写有误，应及时向客户指出。

审核客户证件和资料时，应审核客户是否按规定提供了相关的证件和资料，证件和资料的是否有效；若客户证件或资料不符合要求，应用规范用语向客户说明；证件和资料中的信息是否与申请表中客户填写的内容一致，若不一致，应用规范用语告知客户并指导客户重新填写。

遇到熟人时，应点头或微笑示意，不能因此影响手中的工作或怠慢了正在办理业务的客户。

当受理客户投诉或举报时，应向客户致谢，详细记录具体情况后，立即转递相关部门或领导处理。处理客户投诉应以事实和法律为依据，以维护客户的合法权益和保护国有财产不受侵犯为原则。

对客户投诉、无论责任归于何方，都应积极、热情、认真进行处理，不得在处理过程中发生推诿、搪塞或敷衍了事的情况。

受理客户报修时，应详细了解客户信息和报修内容，做好记录，及时转相关部门处理落实。

当供电业务不能受理时，应向客户致歉，并向客户说明原因及解决问题的方法。例如，核查出客户电费尚未结清时，应用规范语言礼貌告知客户；核查出客户资料不全时，应请客户带齐证件和资料后再来办理，并将客户应带齐的证件和资料清单写在便签纸上，连同客户的证件资料及 95598 客户服务热线一并交给客户。

受理结束时，应告知客户所办业务的答复时间和注意事项以及下一步应办理的事项，并将相关票据、证件和资料双手交给客户。按照柜台送客服务规范送别客户。

4. 收费服务规范

收费时，应保持微笑，行注目礼，主动向客户问候，双手递接客户交费现金、转账单或电费通知单。

客户说明交费（退费）项目后，应认真核对客户信息、缴费金额、缴费类别。确认客户信息是否正确，核对传票中的收费标准、金额是否准确。当不符合退费条件或因流程未终结等原因暂时无法退费时，应向客户说明原因。

当客户采用现金交费时，实行唱收唱付，准备充足的零钱，告知客户应缴费的金额，并与客户核对缴费（欠费）金额。

当客户采用银行票据交费时，应核对银行票据是否有效。当客户银行票据有误时应礼貌告知客户原因，请客户更换。

当收到假钞时，应用规范用语要求客户按规定予以配合。

开具发票后，应将发票和找零双手递给客户并唱付。

5. 自助服务规范

（1）自动叫号排队系统或触摸式查询系统服务规范。上班前检查自动叫号排队系统或触摸式查询系统是否完好，当发现问题时，应贴上“暂停使用”的提示，并告知大厅主管通知有关部门进行维修。指导客户正确使用自动叫号排队系统或触摸式查询系统。触摸式查询系统中的内容应包括电力公司及部门介绍，相关电力法律法规，电价政策及目录，用电报装、变更工作流程，安全用电、节约用电基本常识，停电预告等。及时更新触摸式查询系统中的内容。保持自动叫号排队系统或触摸式查询系统清洁。

（2）宣传资料展示使用规范。

宣传资料的制作：必须符合国家电网公司 VI 应用规范。

宣传资料的种类：相关电力法律法规、办理用电业务须知、电价政策与电价目录表、安全用电常识、节约用电常识、有偿服务项目及收费标准、报纸等。

宣传资料的发放：专人领用、放置，客户免费赠阅。

宣传资料的管理：每日班前班后整理宣传资料，及时补充，保证宣传资料齐全，摆放整齐有序。

宣传资料的更新：及时更新新的电价政策、电力法规，按规定更换报纸和电力期刊。

（3）产品展示服务规范。提供各种民用电能表、互感器等设备的展示，提供各种家用电器的展示，有条件的营业所应提供使用电、气、煤不同能源的经济比较、智慧用电展示，向客户提供节约用电、安全用电等方面的信息服务。

（4）便民服务规范。供电营业厅应放置雨伞、便民箱。便民箱内应放置老花眼镜、针线、笔等便民用品。

供电营业厅应提供客户休息区，为客户办理业务等待时提供休息场所。客户休息区应舒适安全，光线明亮。

供电营业厅应放置饮水机，设置卫生间，为客户提供方便。

有条件的营业所应设置自动售电机、IC卡磁卡电话、手机充电站、银行专设柜台等。

便民服务设施应由专人保管，班前、班后应检查，如便民设施不足应及时补齐，便民设施损坏应及时向大厅主管报告修理，保持便民设施在营业时段内始终处于可用状态。

饮水机应经常清洗，饮用水应在保质期内，饮水杯应干净充足。

当客户使用便民设施需要帮助时，应主动提供并帮助，协助客户使用。

（三）营业厅特殊事件处理规范

营业人员因特殊情况必须暂时停办业务时，应列示“暂停营业”标牌。

营业厅发生营销系统故障严重影响业务办理事件时，大厅主管应及时联系系统维护人员处理。若短时间内可以恢复，应请客户稍候并致歉。若需较长时间才能恢复，除向客户说明情况并道歉外，应请客户留下联系电话，以便另约服务时间。对于办理业务的客户，可根据实际情况留下客户资料，待营销系统正常后再输入资料，并电话通知客户业务办理进程。对于交纳电费的客户，可向客户推介电信万能卡、银行代扣等其他交费方式，供客户自行选择。

营业厅发生收费高峰期排班人数无法满足客户需求事件时，大厅主管应随时查看厅内客户人数，发现单个收费窗口连续30分钟排队5人及以上者，应立即启动应急预案，增加收费窗口，调整收费员排班表，并抽调其他人员参与临时收费工作，缓解收费压力，减少收费矛盾。

营业厅发生客户在厅内大声喧哗、滋事事件时，大厅主管或引导员应及时上前与大声喧哗、滋事的客户进行沟通。若发现事态不能在短时间内控制时，积极引导客户到封闭式的接待室内面谈，以免影响整个营业厅内服务秩序。若客户长时间情绪激动且不愿离开营业厅时，大厅主管应请保安员协助处理。

营业厅及周围发生人员伤亡等紧急事件时，工作人员应在第一时间致电“120”，同时立即通知客户家属。

为老弱病残、行动不方便的客户提供服务时，应主动给予特别的照顾和帮助。对听力不好的客户，应适当提高语音，放慢语速。接待聋哑人（或外宾）时，应使用手语（或外语）交流，若不能理解聋哑人（或外宾）表达的意思时，应请示大厅主管，由具有较好手语（英语）能力的营业员接待。

当新闻媒体、律师来访时，应立即报告大厅主管，由大厅主管联系相关人员接待，不得随意接受来访，不随意回答问题。接待媒体时，可告知：“您好，对不起，我正在工作期间，不方便接受采访，我们已通知公司专门接洽部门，请您稍候。”

当发现暗访时，应保持镇静，主动提供热情服务，认真准确地回答相关提问。当遇到不能准确回答的提问时，应请教业务熟悉的相关人员，并真诚的告知“请稍等”或告知对方待向相关人员咨询后给予回复。

当接到检查、参观、访问通知时，应提前做好相关的准备工作，指定迎宾员讲解员，准备好多媒体演示设备，交代相关接待的注意事项。

第二部分　习　　题

一、填空题

1. 经查证电力营销稽查人员有________等违法、违纪行为或在稽查岗位上经考核评定不称职者，应取消其任职资格。

2. 专变、专线的抄表质量和计量装置的监管工作由________负责。

3. 营销责任事故（含未遂）应认真做好记录，对已造成的营销责任事故应及时配合单位领导召开________，必须通知分（区）公司稽查参加，并填写有关报表，如实上报。

4. 各营业所稽查人员对凡有动态发生的高压供电客户、三相低压客户和电量突增突减可能构成营业责任事故的高低压客户在____________前须逐户进行审核，并签章，因稽查人员未进行稽核或稽核未发现问题而引起的责任事故，稽查人员应负________________。

5. 营业所稽查人员建立的抄表质量跟踪专用记录内容包括工本册号、户号、____________、____________、发现问题、处理结果、____________等。

6. 营业质量管理的方法有全过程质量管理和________质量管理两种。

7. 营业质量目标可按________、________的职责范围加以层层分解，最后落实到每个工作岗位。

8. 报装接电率是反映报装接电工作的________情况的相对指标。

9. 低压客户的供电方案的确定期限是：居民客户最长不超过________个工作日，低压电力客户最长不超过________个工作日。

10. 高压客户的供电方案，其确定期限为：10kV单电源供电客户最长不超过________个月，10kV及以上双（多）电源供电客户最长不超过________个月。

11. 电费工作的主要质量指标有实抄率、实收率、________、________、线损率等。

12. 实收率的计算公式为____________________。

13. 客户办妥业扩报装手续，装表接电后，电力营业部门应及时搜集、清点、整理各项资料，建立客户____________和客户____________，即立户。

14. 营业差错中，造成电量多收或少收超过10万kW·h及以上的属________事故；电费多收或少收超过5万元及以上的属________事故。

15. 因工作过失造成电能计量装置接线错误，错装、错换电能计量装置，或电能表参数设置错误（时段时间等），造成追补或退还电量、电费在________kW·h或________元及以上者被认定为营业工作责任事故。

16. 擅自改变用电类别属于________行为。

17. 违约用电、窃电的检查依据，一般有公民举报、例行工作发现、有组织的营业普查和用电检查。处理违约用电和窃电一定要有工作凭据，并据实按________。

18. 在电价低的供电线路上擅自接用电价高的用电设备，若使用起始日期难以确定的，实际使用日期按________个月计算。

19. 认定违约用电和窃电事实的核心与关键在于________。

20. 营业厅内应________、________、________。

21. 迎送客户时，主动迎送，做到________、________，面带________，目光________迎送中使用标准的________，并致以________等问候语。送离客户时，使用标准的________，致以________送别语，目送客户离开。

22. 首问负责制是指无论办理业务是否对口，接待人员都要________，________，________，并为客户提供准确的________、________和________。

23. 收费时，应保持________，行________，主动向客户________，________递接客户交费现金、转账单或电费通知单。

二、选择题

1. 以下业务不属于营业稽查的是（　）。

A. 用电报装及业务变更稽查　　B. 电能计量业务稽查

C. 电费账务稽查　　D. 电压稽查

2. 电力营销稽查人员一般应取得省电力公司统一颁发的（　）。

A.《用电检查证》　　B.《进网电工证》

C.《职业资格证》　　D.《营销人员证》

3. 10kV 的分线考核工作和公变台区线损考核工作由（　）负责。

A. 市场营销部稽查岗位

B. 分（区）公司稽查科（营销科）稽查岗位

C. 分（区）公司营销科稽查岗位

D. 营业（供电）所稽查专职岗位

4. 10kV 出线计量表和所辖公变台区计量表的抄表和计量装置的管理由（　）负责。

A. 市场营销部稽查岗位

B. 分（区）公司营销科稽查岗位

C. 分（区）公司稽查科（营销科）稽查岗位

D. 营业（供电）所稽查岗位

5. 凡发生营业收入、营业外收入、代收款收入增减账时，无论以何种方式支付，金额在（　）元及以下，都须经稽查人员核准签字后，再报请分管领导批准办理。

A. 1000　　B. 800　　C. 1200　　D. 1500

6. 供电公司要求动力户实抄率应达 100%，照明实抄率应达到 98%以上，对居民客户无法抄录止码的，可作暂收处理，但最多不能超过（　）次，若特殊情况不能到现场抄录电能表止码的，需打缺抄，（　）天之内将止码抄回。

A. 2、5　　B. 2、7　　C. 3、5　　D. 3、7

7. 供电公司要求月差错率应低于（　）。

A. 0.04%　　B. 4%　　C. 5%　　D. 5‰

8. 不按规定的电价类别及价格标准执行电价，造成经济损失在 5 千元及以上者属（　）事故。

A. 重大营业责任事故　　B. 营业质量事故

C. 营业差错　　D. 营业工作责任事故

9. 认定的一般差错由（　　）统计考核。

A. 地（市）供电公司市场营销部　　B. 基层站所

C. 县供电公司市场营销部门　　D. 省公司市场营销部

10. 认定的报省差错由（　　）统计考核。

A. 地（市）供电公司市场营销部　　B. 基层站所

C. 县供电公司市场营销部门　　D. 省公司市场营销部

11. 认定的营业工作责任事故由（　　）考核。

A. 地（市）供电公司市场营销部　　B. 基层站所

C. 县供电公司市场营销部门　　D. 省公司市场营销部

12. 认定的重大营业责任事故由（　　）考核。

A. 地（市）供电公司市场营销部　　B. 基层站所

C. 县供电公司市场营销部门　　D. 省公司市场营销部

13. 擅自使用已在供电公司办理暂停手续的电气设备的，除两部制电价客户外，其他客户应承担擅自使用封存设备容量每次每千瓦（千伏安）（　　）元的违约使用电费。

A. 20　　B. 30　　C. 40　　D. 50

14. 在电价低的供电线路上，擅自接用电价高的用电设备，除应按实际使用日期补交其差额电费外，还应承担（　　）倍差额电费的违约使用电费。

A. 1　　B. 2　　C. 3　　D. 5

15. 未经供电公司同意擅自供出电源的，除当即拆除接线外，应承担其供出电源容量（　　）元/kW 的违约使用电费。

A. 100　　B. 300　　C. 500　　D. 800

16. 私自迁移供电公司的电能计量装置者，属于居民客户的，应承担（　　）元/次的违约使用电费。

A. 300　　B. 500　　C. 800　　D. 100

17. 窃电者除应按所窃电量补交电费外，还应承担补交电费（　　）倍的违约使用电费。

A. 3　　B. 4　　C. 5　　D. 6

18. 钳型电流表测量电流，可以在（　　）电路电压上使用。

A. 380/220V　　B. 35kV　　C. 6kV　　D. 10kV

19. 使用钳型电流表测量电流时，可将量程放在（　　）上进行粗测，然后再根据粗测，将量程开关放在合适的量程上。

A. 最大位置　　B. 任意位置　　C. 估计位置　　D. 最小位置

20.《电力供应与使用条例》所禁止的窃电行为有（　　）类。

A. 5　　B. 6　　C. 7　　D. 4

21. 某用电户生产形势发生变化后，受电设备容量富裕。某月其周边新建居民住宅，于是该户利于其设备向居民户供电，其行为属（　　）。

A. 窃电行为　　B. 违章用电行为

C. 正当行为　　D. 违反治安处罚条例行为

22. 因违约用电或窃电造成供电公司的供电设施损坏的责任者，（ ）供电设施的修复费用或进行赔偿。

A. 必须承担 B. 必须办理 C. 不承担 D. 可以交纳

23. 咨询引导区设置于营业厅大门入口处，距离大门（ ）m，为客户提供咨询引导服务。

A. 1～2 B. 2～3 C. 3～4 D. 4～5

24. 大厅主管应随时查看厅内客户人数，发现单个收费窗口连续30分钟排队（ ），应立即启动应急预案，增加收费窗口。

A. 5人及以上者 B. 8人及以上者 C. 10人及以上者 D. 12人及以上者

三、判断题

1. 核算电费属于电力营业稽查的范畴。（ ）

2. 市场营销部稽查岗位负责公司本部受理的电力营销环节中的信访和投诉工作，配合行风办检查全公司服务质量提出整改意见并督办。（ ）

3. 各所稽查人员对凡有动态发生的高压供电客户、三相低压客户和电量突增突减可能构成营业责任事故的高低压客户，电费发票应逐户进行审核并签章，因稽查人员未进行稽核或稽核未发现问题而引起的责任事故，稽查人员应负次要责任。（ ）

4. 稽查人员均应按公司统一印制的稽查台账、报表，登录、统计稽查工作情况，应认真填写，按月逐级上报，不得弄虚作假。（ ）

5. 要求所稽查人员每月每人至少跟踪6册抄表工本（其中含各类抄表工本），每册工本的跟踪户数不得低于跟踪工本总户数的60%。（ ）

6. 营业工作质量主要是指业扩报装、日常营业和电费抄、核、收的质量。（ ）

7. 在业务工作的各个环节或各道工序之间运转、传递的工作传票，在登记、填写和传递时要求做到清楚、准确、完整、及时。（ ）

8. 差错率是综合反映电费工作质量的绝对指标。（ ）

9. 由于保管、使用不当造成价值2000元及以上的仪器、仪表、设备等损坏或丢失的差错被认定为重大营业责任事故。（ ）

10. 营业差错分为报省差错和一般差错两种，凡造成2000kW·h或1000元及以上损失的，认定为一般差错；凡造成2000kW·h或1000元以下损失的，认定为报省差错。

（ ）

11. 电费账科目不清或记账造成严重错误，致使电费回收受到严重影响者被认定为营业工作责任事故。（ ）

12. 发生营业责任事故后，责任单位要在3个工作日内向地（市）供电公司市场营销部报告。重大营业责任事故要同时报省公司市场营销部，并组织有关人员进行调查分析。

（ ）

13. 营业稽查人员均应按局统一印制的稽查台账、报表，登录、统计稽查工作情况，应认真填写，按周逐级上报，不得弄虚作假。（ ）

14. 擅自引入（供出）供电公司电源或将备用电源和其他电源私自并网的，应承担违约容量30元/kW或30元/kVA的违约使用电费。（ ）

15. 客户擅自超过合同约定的容量用电应视为窃电行为。（ ）

16. 窃电时间无法查明时，窃电月数至少以 6 个月计算；每日窃电时间，动力按 12h、照明按 6h、商业按 10h 计算。（　）

17. 窃电者应按所窃电量补交电费，并承担补交电费的 3～6 倍的违约使用电费。（　）

18. 伪造或者开启供电公司加封的电能计量装置封印用电的属窃电行为。（　）

19. 私自迁移、更改和擅自操作供电公司的电能计量装置按窃电行为处理。（　）

20. 在电价低的供电线路上擅自接用电价高的用电设备或私自改变类别的违约用电，应承担 1～2 倍差额电费的违约使用电费。（　）

21. 在使用电流、电压表及钳型电流表的过程中，都应该从最大量程开始，逐渐变换成合适的量程。（　）

22. 在供电公司的供电设施上擅自接线用电属于违约用电行为。（　）

23. 钳型电流表使用方便，但测量准确度不高。（　）

24. 营业厅客户服务人员应做到统一着装，挂牌上岗。（　）

25. 在办理业务过程中，柜台服务人员若需离开柜台时，可将“暂停服务”指示牌放在柜台上离开柜台。（　）

26. 营业厅发生客户在厅内大声喧哗、滋事事件时，大厅主管应立刻请保安员前来请其离开营业厅。（　）

四、问答题

1. 什么叫营业稽查？
2. 电力营销稽查人员应具备哪些基本条件？
3. 营业（供电）所稽查岗位有哪些工作标准？
4. 什么叫营业质量管理？
5. 营业质量管理的关键有以下哪些方面？
6. 在供电服务过程中，哪些认定为服务事故？
7. “四不放过”处理原则有哪些？
8. 客户窃电量如何确定？
9. 怎样用秒表和实际负荷核对有功电能表的准确度？
10. 如何判断窃电？为什么说窃电行为是违法行为？
11. 如何正确使用钳型电流表及简单的维护？
12. 营业厅功能区域划分为哪几个部分？
13. 引导服务规范包括哪些内容？
14. 柜台服务规范包括哪些内容？

五、计算题

1. 某城市一居民客户越表用电，用电容量为 100W 灯泡 6 个，60W 灯泡 5 个，100W 电冰箱 1 个，供电公司应收取多少追补电费和违约使用电费？[销售电价为 0.56 元/(kW·h)]

2. 供电公司抄表人员在 9 月 30 日对某大工业客户抄表时，发现该客户私增 320kVA 变压器 1 台，当日已拆除。经核实私增时间为 8 月 25 日，供电公司应收取多少违约使用电费？[基本电价为 26 元/(kVA/月)]

第三部分 实 训 任 务

实训任务1 营业工作质量检查

一、实训目的

通过营业工作质量检查的实训，使学生学会对营业工作质量进行跟踪检查及对营业差错进行正确处理的方法。

二、任务描述

营业工作质量检查操作主要是在营销生产系统中对营业工作质量进行跟踪检查和营业差错处理训练。通过训练，使学生掌握营业工作质量检查操作的基本职业技能。

三、稽查任务管理系统介绍

1. 稽查任务管理

稽查任务管理流程图如实训图8-1所示。

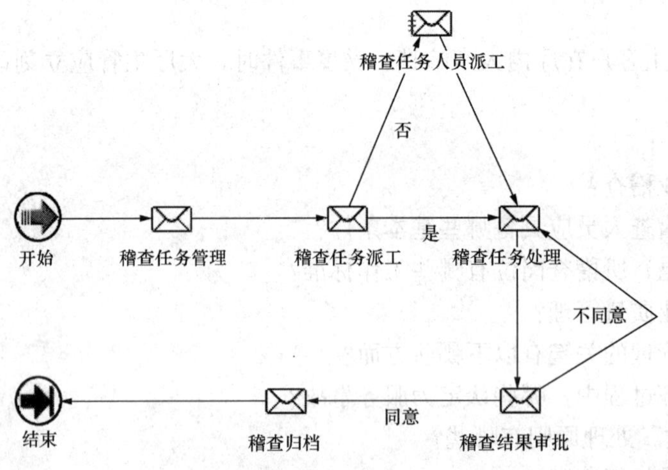

实训图8-1 稽查任务管理流程图

稽查任务管理的操作说明如下：

(1) 根据稽查主题的分类可以查到不同分类下的主题，点击主题后页面右下方会显示基于这个主题所制定过的所有任务情况。

(2) 如果想生成月度的稽查任务，则选择稽查主题后点击【任务生成】。如果该稽查主题的SQL中有年月或单位的输入要求，则会弹出输入框输入单位和年月。

(3) 输入的年月是可以选择的，但选择需要配置实现，具体配置在下面的“相关参数配置”中说明。

(4) 生成完稽查任务后，点击【任务调整】链接，弹出的页面展示了所有的符合稽查主题的客户。如果要对某些客户做具体的稽查，可以选中该客户点击【保存】按钮，提示成功后关闭该页面，可以在“月度稽查任务信息”的标签页中看到该客户的任务工作单。该工作单有【任务调整】链接，可再次调整稽查客户；【删除】链接可以删除该工作单；【发送】链接可以将该工作单发送到“稽查任务派工”环节，如实训图8-2所示。

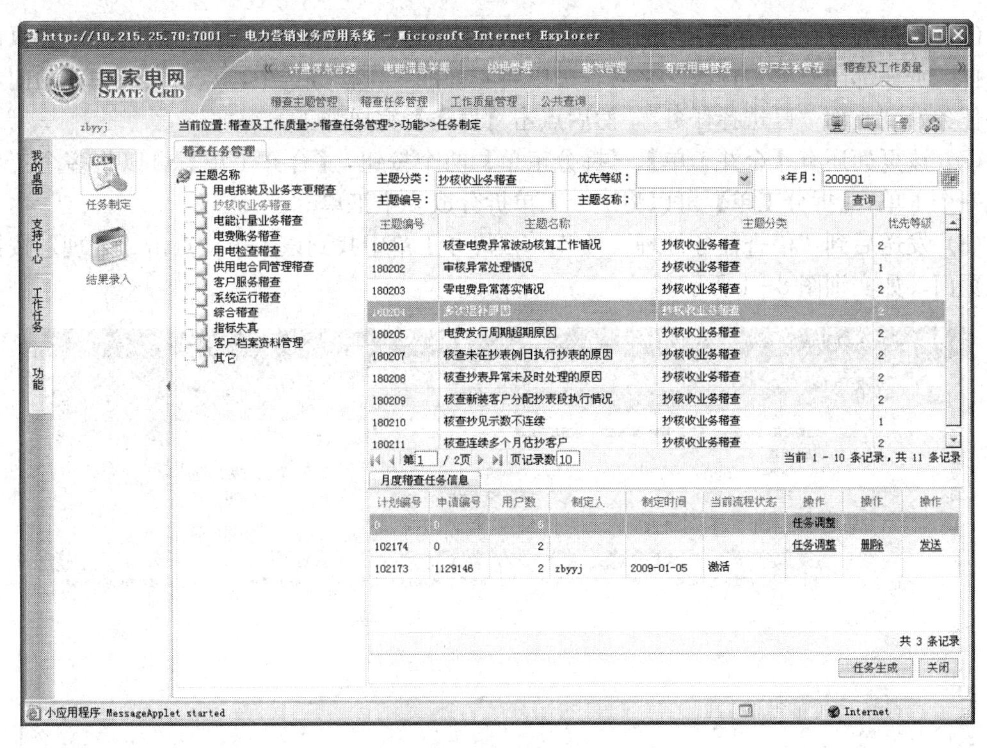

实训图 8-2　稽查任务管理页面

(5) 发送后到“稽查任务派工”环节，在待办工单中找到该工单，点击【处理】按钮进入该页面，如实训图 8-3 所示。

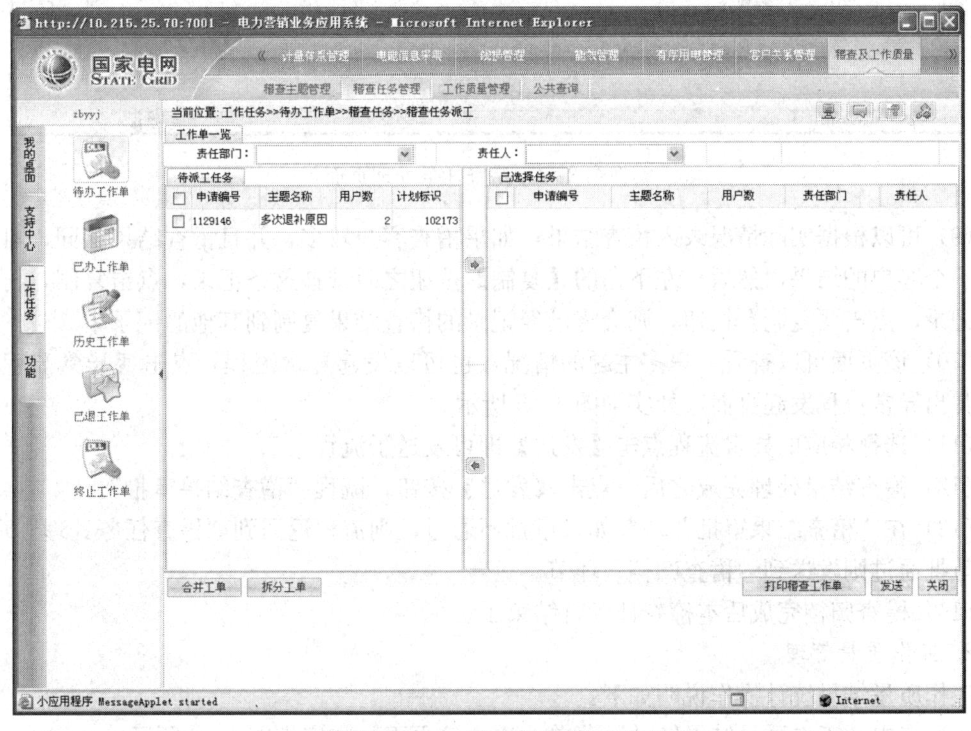

实训图 8-3　稽查任务派工页面

(6) 该页面分左右区域，左面区域是“待派工任务”，右面是“已选择任务”，在页面上方选择“责任部门”、“责任人”之后，可以将左面的工作任务选中，点击页面中间的向右箭头将任务发到右面“已选择任务”，然后点击【发送】完成派工。

(7) 该页面还有【合并工单】、【拆分工单】两个按钮，【合并工单】可以将多个工单合并成一个工单，【拆分工单】可以将一个工单拆分成多个工单。

(8) 发送后到“稽查任务处理”环节，在待办工单中找到该工单，点击【处理】按钮进入该页面，如实训图 8-4 所示。

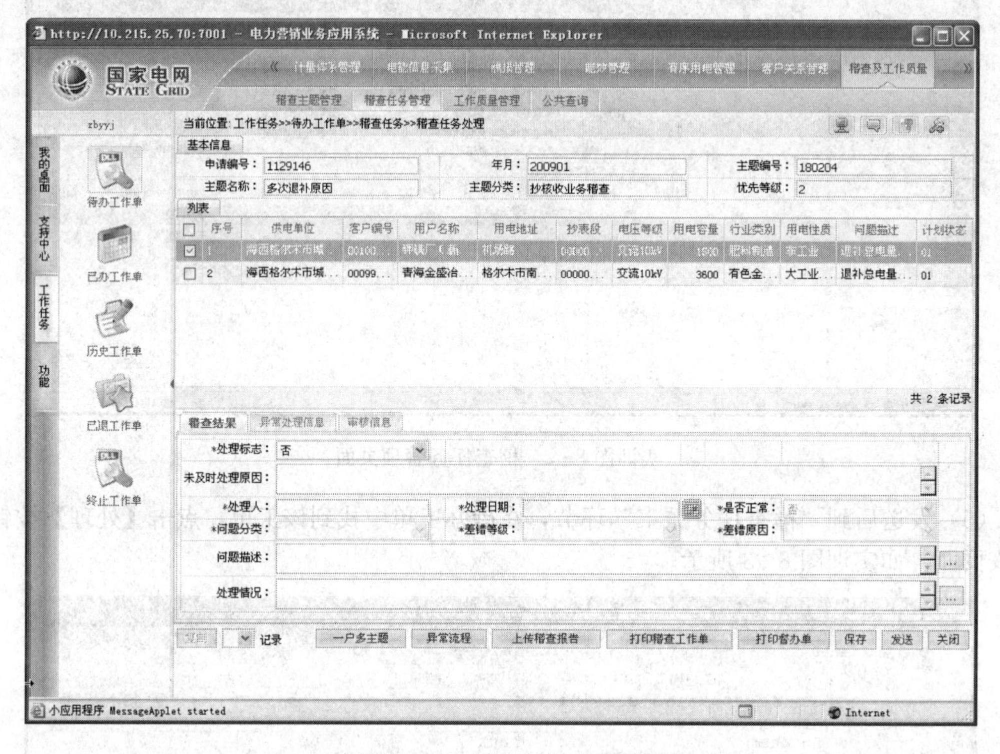

实训图 8-4 稽查任务处理页面

(9) 可以根据实际情况录入稽查结果，如果稽查客户较多，并且稽查结果相同，可以先录入一个客户的结果，然后在左下角的【复制】按钮之后选择这条记录，点击复制，再选择其他记录，点击【复制】按钮，则会将已经记录的稽查结果复制到其他的记录中。

(10) 该页面可以查看一户多主题的情况，也可以发起异常流程，点击【异常流程】按钮，弹出异常流程发起页面，如实训图 8-5 所示。

(11) 选择相应的异常流程点击【发送】即可发送子流程。

(12) 稽查结果处理完成之后，点击【发送】按钮，流程“稽查结果审批”。

(13) 在“稽查结果审批”环节如果审批不通过，则流程返回到“稽查任务处理”环节，如果审批通过则发送到“稽查归档”环节。

(14) 稽查归档完成后本稽查任务就结束了。

2. 工作质量管理

工作质量结果统计操作说明如下：

(1) 点击“工作质量结果统计”菜单，进入该页面，如实训图 8-6 所示。

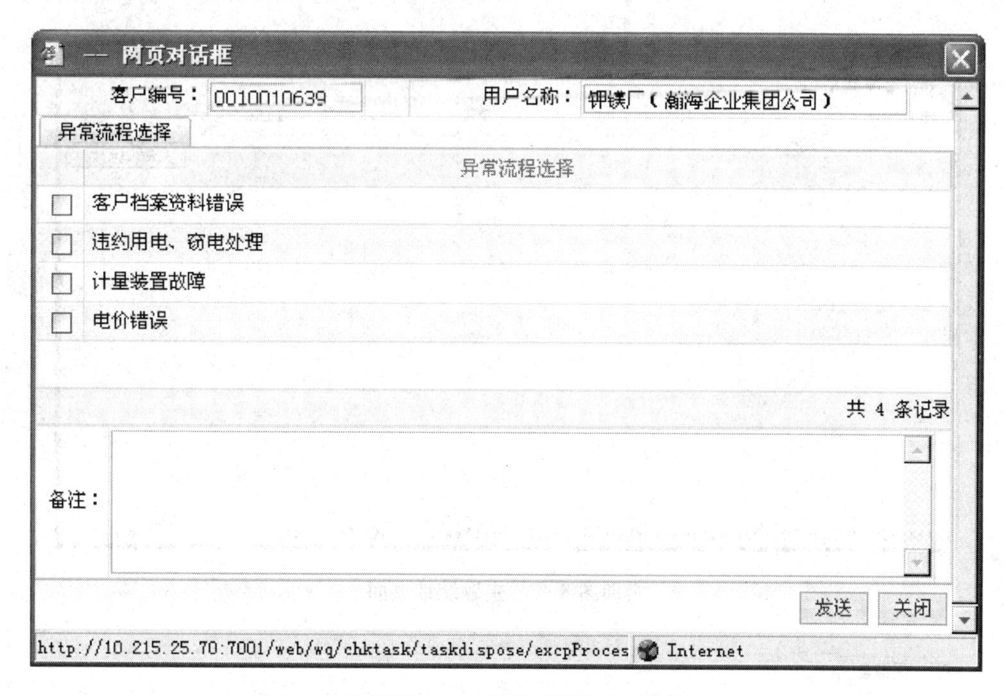

实训图 8-5　异常流程发起页面

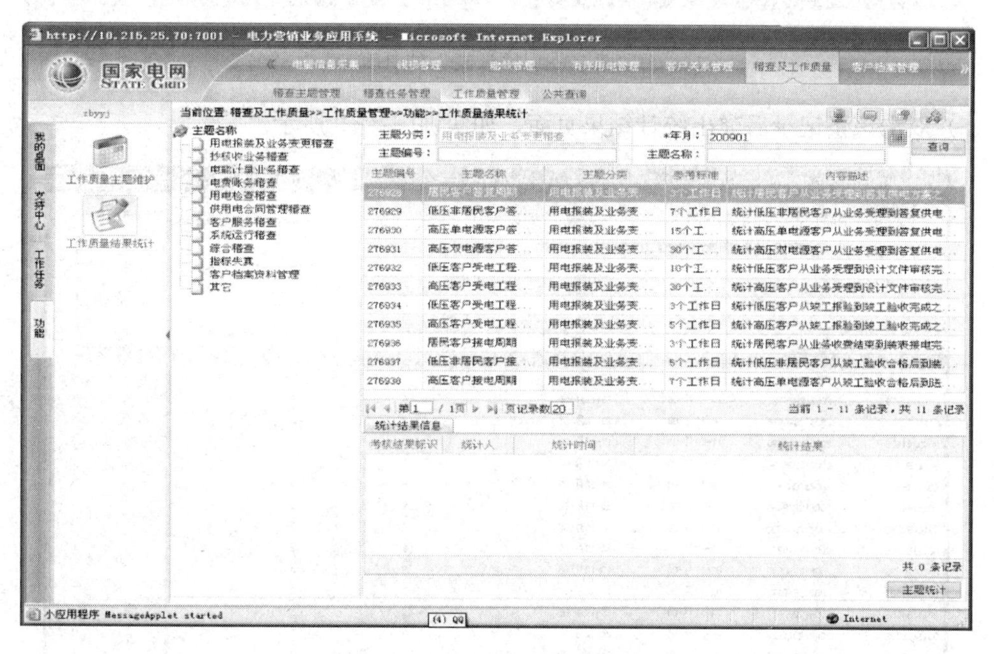

实训图 8-6　工作质量结果统计页面

(2) 点击左面的主题分类可以查看该分类下的所有主题，选中需要统计的主题后点击【主题统计】按钮，如果需要输入条件则会弹出输入页面，如实训图 8-7 所示。

(3) 输入相应的条件后点击【主题统计】按钮，完成统计。

(4) 统计完成后会在“统计结果信息”标签页中显示出该结果，如实训图 8-8 所示。

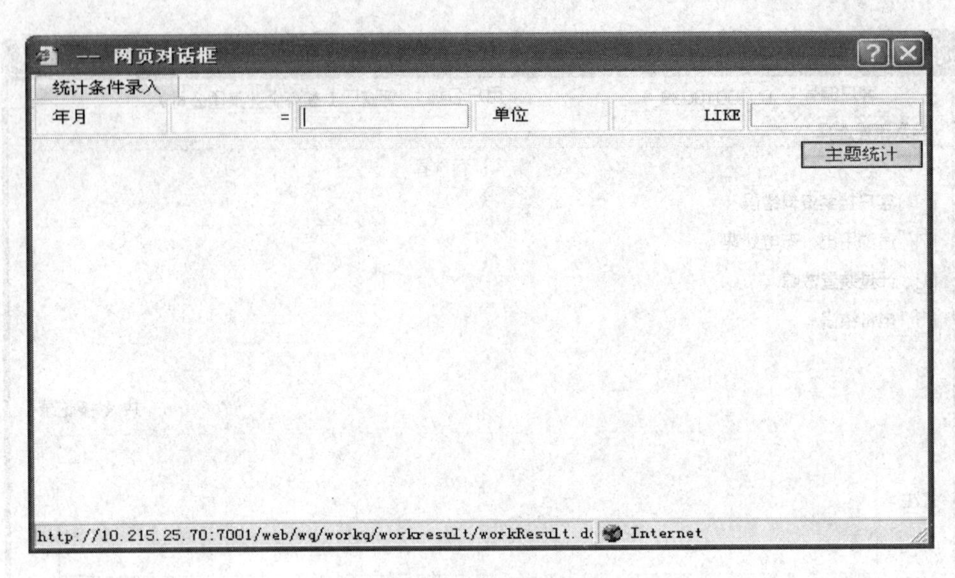

实训图 8－7　主题统计页面

统计结果信息

考核结果标识	统计人	统计时间	统计结果
102175	zbyyj	2009-01-05 11:48:28	统计条件：年月= 200812单位LIKE 6340；统计结果：1761条

实训图 8－8　统计结果信息页面

（5）双击该条记录后弹出统计结果页面，如实训图 8－9 所示。

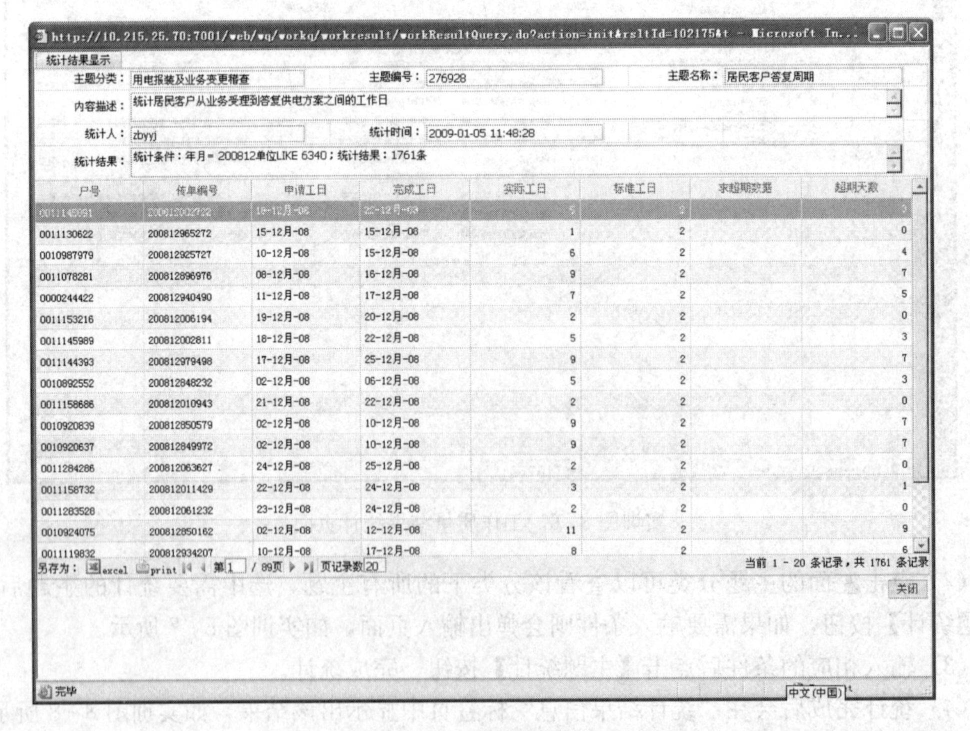
http://10.215.25.70:7001/web/wq/workq/workresult/workResultQuery.do?action=init&rsltId=102175&t - Microsoft In...

统计结果显示

主题分类：用电报装及业务变更稽查　主题编号：276928　主题名称：居民客户答复周期

内容描述：统计居民客户从业务受理到答复供电方案之间的工作日

统计人：zbyyj　统计时间：2009-01-05 11:48:28

统计结果：统计条件：年月= 200812单位LIKE 6340；统计结果：1761条

户号	传单编号	申请工日	完成工日	实际工日	标准工日	求超期数据	超期天数
0011145091	200812002722	18-12月-08	22-12月-08	5	2		3
0011130622	200812965272	15-12月-08	15-12月-08	1	2		0
0010987979	200812925727	10-12月-08	15-12月-08	6	2		4
0011078281	200812896976	08-12月-08	16-12月-08	9	2		7
0000244422	200812940490	11-12月-08	17-12月-08	7	2		5
0011153216	200812006194	19-12月-08	20-12月-08	2	2		0
0011145989	200812002811	18-12月-08	22-12月-08	5	2		3
0011144393	200812979498	17-12月-08	25-12月-08	9	2		7
0010892552	200812848232	02-12月-08	06-12月-08	5	2		3
0011158686	200812010943	21-12月-08	22-12月-08	2	2		0
0010920839	200812850579	02-12月-08	10-12月-08	9	2		7
0010920637	200812849972	02-12月-08	10-12月-08	9	2		7
0011284286	200812063627	24-12月-08	25-12月-08	2	2		0
0011158732	200812011429	22-12月-08	24-12月-08	3	2		1
0011283528	200812061232	23-12月-08	24-12月-08	2	2		0
0010924075	200812850162	02-12月-08	12-12月-08	11	2		9
0011119832	200812934207	10-12月-08	17-12月-08	8	2		6

另存为：excel print 第1 / 89页 页记录数20　当前 1 - 20 条记录，共 1761 条记录

关闭

完毕　中文(中国)

实训图 8－9　统计结果页面

四、操作实训任务单

营业工作质量检查操作实训任务单

专业领域：市场营销（电力市场方向）
学习领域：用电营业管理　　学习情境八：营业稽查
实训任务：营业工作质量跟踪检查与营业差错处理　　课时：2学时

前提条件	教学载体	营销生产系统
	教学环境	供电公司
	教师素质	熟练掌握运用营销生产系统
	学生素质	具有团队合作精神，互教互学能力 实施专业：市场营销（电力市场方向）、供用电技术
实训任务	任务描述	（1）深入企业现场学习调研营销系统 （2）学习营业差错处理方法 （3）学习营业质量差错和事故调查的方法 （4）营业工作质量跟踪检查（营销系统）
	拓展任务	营销生产系统的学习运用
能力目标	学习能力	（1）具备电力市场营销专业知识 （2）具有质量管理意识 （3）能熟练运用电脑操作系统
	职业能力	（1）会对营业工作质量进行跟踪检查（营销系统） （2）会对营业差错进行正确处理（营销系统）
	社会能力	（1）团队协作能力、沟通能力 （2）职业道德和工作责任感 （3）团队分析问题、解决问题能力 （4）团队组织和实施能力

续表

	教学步骤	时间	主要内容	教学方法	媒介
任务实施步骤	导入任务	15分钟	学习营销生产系统的操作	讲述法及演示法	仪表
	分组讨论	10分钟	组织学生团队讨论工作任务，使每一位学生都能理解任务要求，明确任务目标	分组讨论法	实训指导书
	团队定操作方案	10分钟	经过团队的讨论选择，定出完成工作任务的最佳检查步骤	分组讨论法	实训指导书
	操作方案实施	20分钟	根据团队定出的方案实施操作任务 要求团队每位成员都会操作		
	过程检查	30分钟 全过程	教师在学生操作过程中对完成情况进行检查，作为教师评分依据		
	小结、评价	15分钟	教师在各团队任务都完成后，对各团队的完成情况进行总结评价，也可通过团队之间交流、点评的方式进行总结评价。学生团队根据个人表现进行自评、互评	汇报交流法 过程点评法	
实训成果	实训报告	(1) 实训目的、要求、任务 (2) 实训操作方案 (3) 实训实施过程 (4) 实训能力目标实现与否感想			

五、实训任务报告单

《用电营业管理》课程实训任务报告单

<table>
<tr><td>学习情境</td><td colspan="3"></td></tr>
<tr><td>任务名称</td><td colspan="3"></td></tr>
<tr><td>时间期限</td><td></td><td>实施地点</td><td></td></tr>
<tr><td colspan="4">任　务　目　的</td></tr>
<tr><td colspan="4"></td></tr>
<tr><td colspan="4">任　务　内　容</td></tr>
<tr><td colspan="4"></td></tr>
<tr><td colspan="4">使　用　设　施</td></tr>
<tr><td colspan="4"></td></tr>
<tr><td colspan="4">操　作　步　骤</td></tr>
<tr><td colspan="4"></td></tr>
<tr><td>训练归纳</td><td colspan="3"></td></tr>
</table>

小组成员签字：　　　　　　　　　　　　　　　　　　　日期：

教师签字：　　　　　　　　　　　　　　　　　　　　　日期：

实训任务2 违约用电、窃电处理操作

一、实训目的

通过违约用电和窃电处理的实训，使学生学会在营销生产系统中进行违约用电和窃电处理的处理方法。

二、任务描述

违约用电与窃电操作处理主要是在营销生产系统中进行违约用电与窃电处理，通过填单处理训练，使学生掌握基本的职业能力。

三、违约用电、窃电处理子系统介绍

1. 操作说明

(1) 登录系统后，打开【用电检查管理】主菜单项，单击子菜单项【违约用电、窃电管理】，在左侧展开的“功能”列表中可以看到“现场调查取证”选项，单击“现场调查取证”进入现场调查取证页面，如实训图8-10所示。

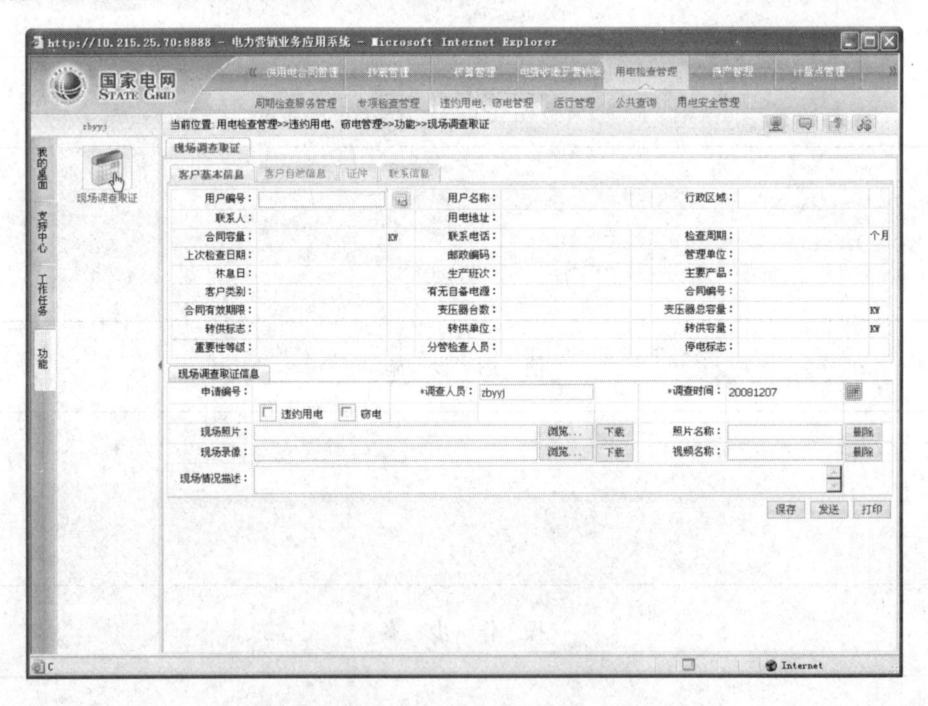

实训图8-10 现场调查取证页面

(2) 如果是用电客户有违约用电或窃电的情况，则点击“客户编号”后的图片按钮，弹出客户选择页面，在该页面根据实际情况录入查询条件点击【查询】按钮，系统查询出符合条件的客户后，选中违约用电后窃电的客户后点击【确定】按钮，系统返回现场调查取证的页面，如实训图8-11所示。

(3) 如果不是用电客户有违约用电或窃电的情况（即黑户，也就是在系统中没有该客户)，则在现场调查取证页面直接点击【保存】按钮，系统会提示“没有客户编号，是否发起无档案客户违约窃电流程”，如实训图8-12所示。

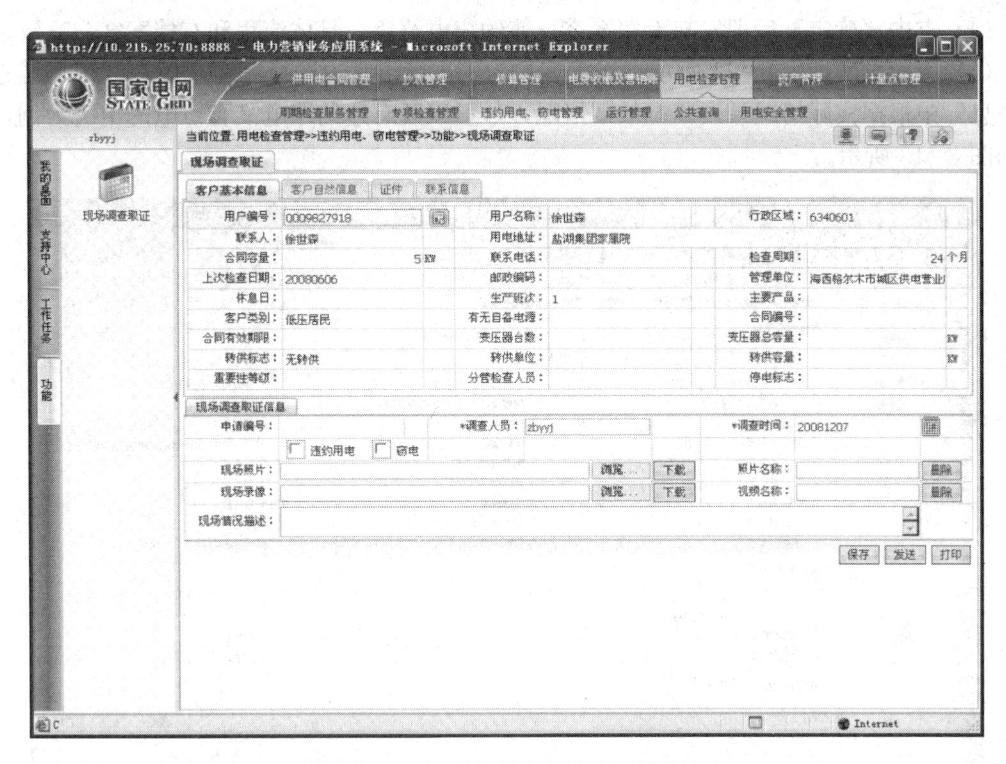

实训图 8 - 11　用电客户有违约用电或窃电

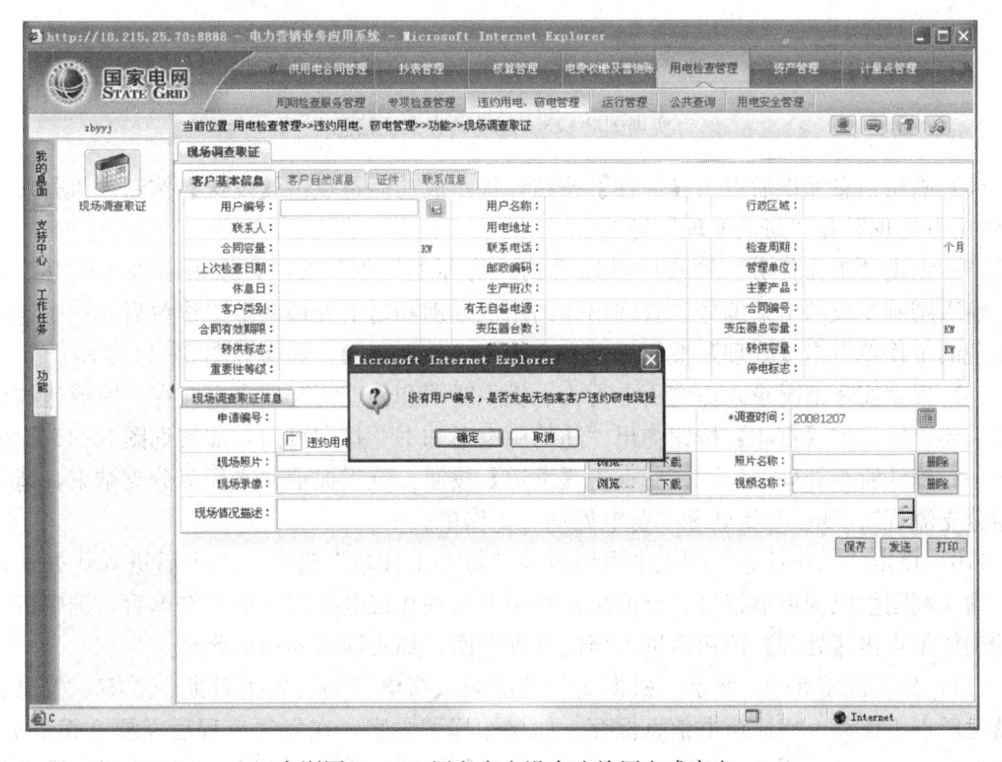

实训图 8 - 12　用电客户没有违约用电或窃电

(4) 点击【确定】后即发起无档案客户违约窃电流程，具体流程和有档案客户一致。

(5) 下面以实训图 8-11 所示有档案客户为例进行讲解。选择完客户后在“现场调查取证信息”中根据实际情况录入调查取证情况，这里以既有违约用电又有窃电的情况为例，如实训图 8-13 所示。

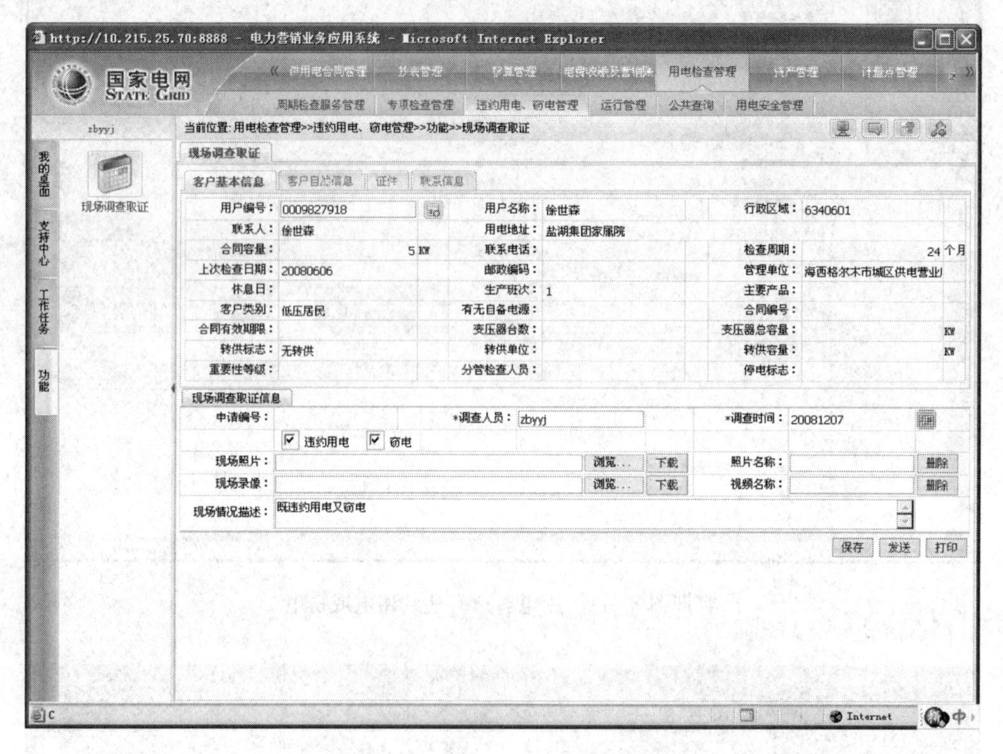

实训图 8-13 现场调查取证信息

(6) 确认信息无误后点击【保存】按钮，提示成功后再点击【发送】按钮，流程发送到“违约用电处理”和“窃电处理”环节。

(7) 点击“工作任务”列表中可以看到“待办工作单”选项，点击后进入代办工单页面，输入刚刚生成的申请编号，查询出违约用电处理和窃电处理两个工作单后，选中违约用电处理的工作单点击【处理】按钮后进入违约用电处理页面，如实训图 8-14 所示。

(8) 根据实际情况录入违约用电行为、发生时间和处理情况后点击保存，完成违约用电处理。还可以点击【打印】按钮弹出“违约用电通知书”打印页面，如实训图 8-15 所示。

(9) 确认所有处理工作做完后点击【发送】按钮，流程提示“本环节分支结束，请等待其他分支流程”，现在开始处理“窃电处理”工作单。

(10) 点击“工作任务”列表中可以看到“待办工作单”选项，点击后进入代办工单页面，输入刚刚生成的申请编号，查询出违约用电处理和窃电处理 2 个工作单后，选中窃电处理的工作单点击【处理】按钮后进入窃电处理页面，如实训图 8-16 所示。

(11) 如实训图 8-17 所示，根据实际情况录入窃电行为、发生日期、立案、停电、处理情况后点击保存，完成窃电信息保存。如果选择了立案，在发送流程后需要立案的流程；如果选择停电，则需要录入“停电人员”、“停电原因”、“停电时间”，这里的停电不需要走停电流程，而是直接停电。

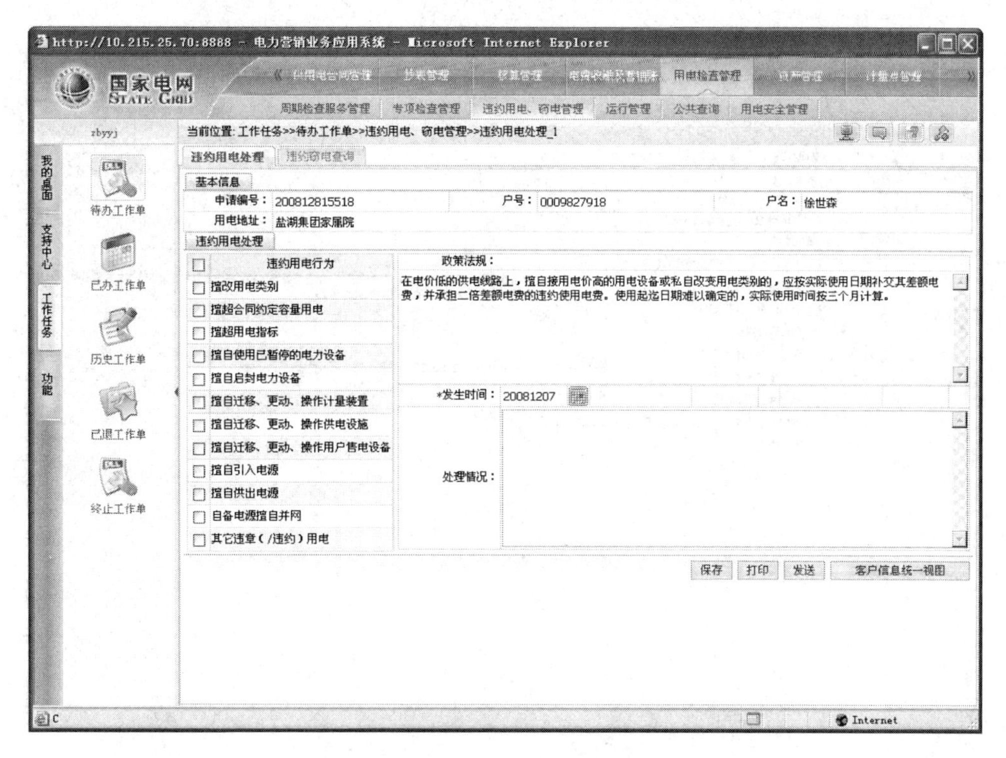

实训图 8-14　违约用电处理

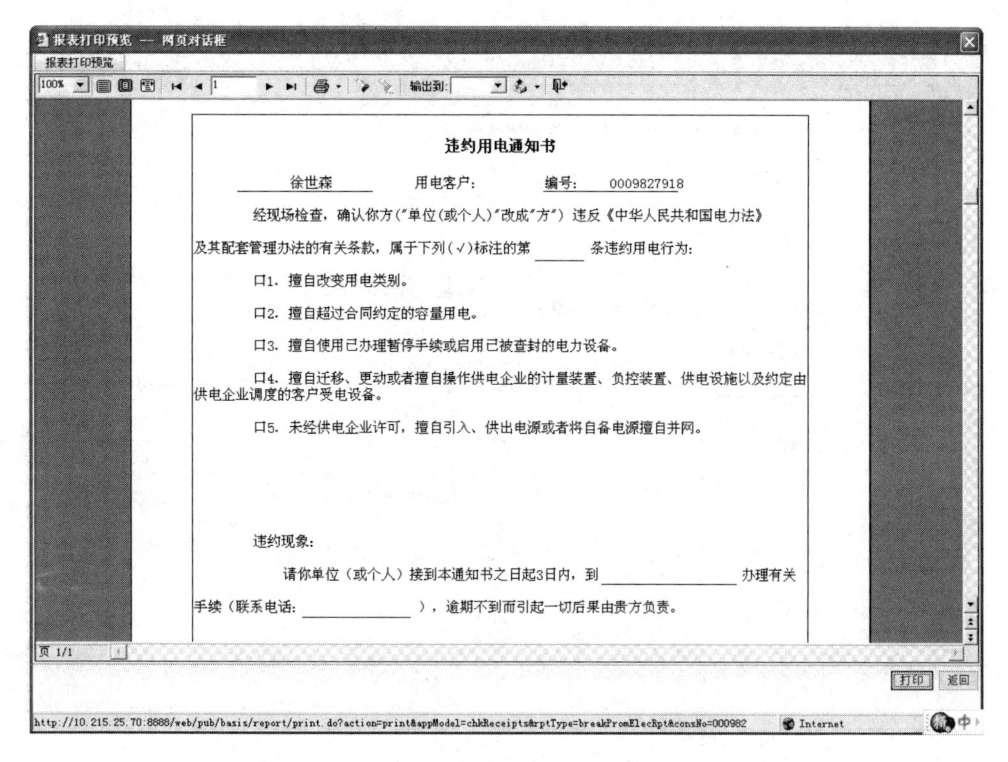

违约用电通知书

徐世森　用电客户:　编号: 0009827918

经现场检查，确认你方("单位(或个人)"改成"方")违反《中华人民共和国电力法》及其配套管理办法的有关条款，属于下列(√)标注的第＿＿条违约用电行为:

□1. 擅自改变用电类别。

□2. 擅自超过合同约定的容量用电。

□3. 擅自使用已办理暂停手续或启用已被查封的电力设备。

□4. 擅自迁移、更动或者擅自操作供电企业的计量装置、负控装置、供电设施以及约定由供电企业调度的客户受电设备。

□5. 未经供电企业许可，擅自引入、供出电源或者将自备电源擅自并网。

违约现象:

请你单位(或个人)接到本通知书之日起3日内，到＿＿＿＿＿＿办理有关手续(联系电话:＿＿＿＿＿＿)，逾期不到而引起一切后果由贵方负责。

实训图 8-15　违约用电通知书打印页面

实训图 8-16 窃电处理

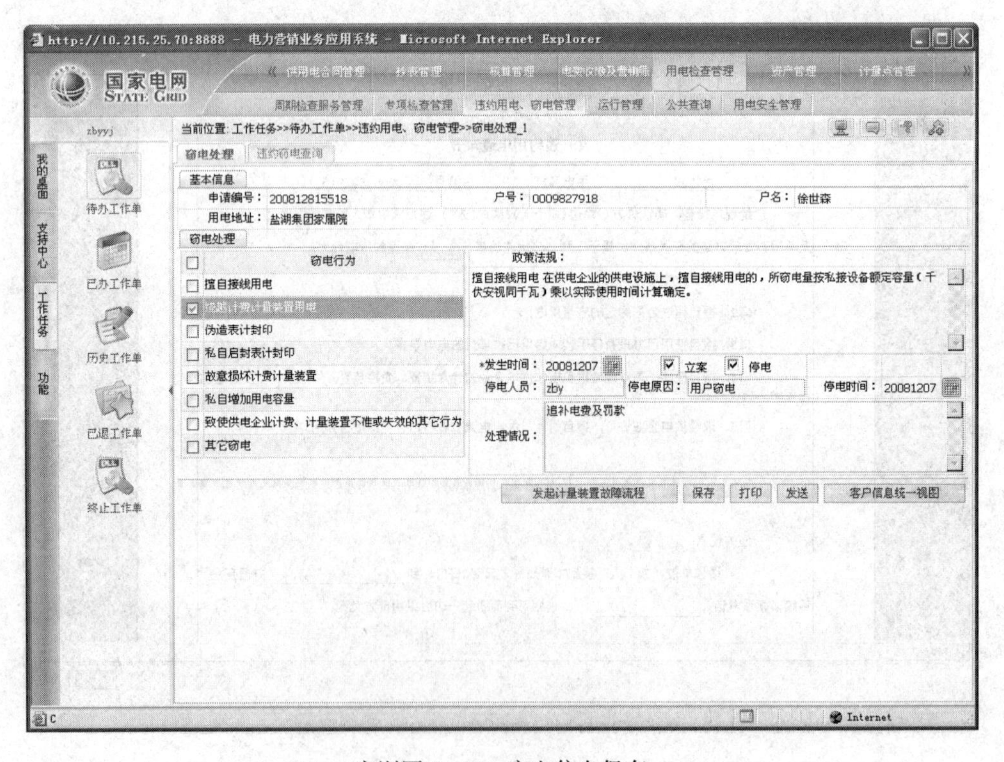

实训图 8-17 窃电信息保存

（12）在“窃电处理”页面可以直接发起计量装置故障的子流程，点击【发起计量装置故障流程】按钮，弹出子流程发起页面，录入“处理部门”、“处理人员”、“备注”之后，点击【发送】后子流程发起成功，如实训图 8 - 18 所示。

发起子流程 -- 网页对话框

户号：0009827918　户名：徐世森

用电地址：盐湖集团家属院

处理部门：　处理人员：

备注：

发送　关闭

http://10.215.25.70:8888/web/chk/penalty/violateManager.do?action=openAppFlow&　Internet

实训图 8 - 18　发起子流程页面

（13）在“窃电处理”页面点击【打印】按钮后弹出窃电通知书打印页面，如实训图 8 - 19 所示。

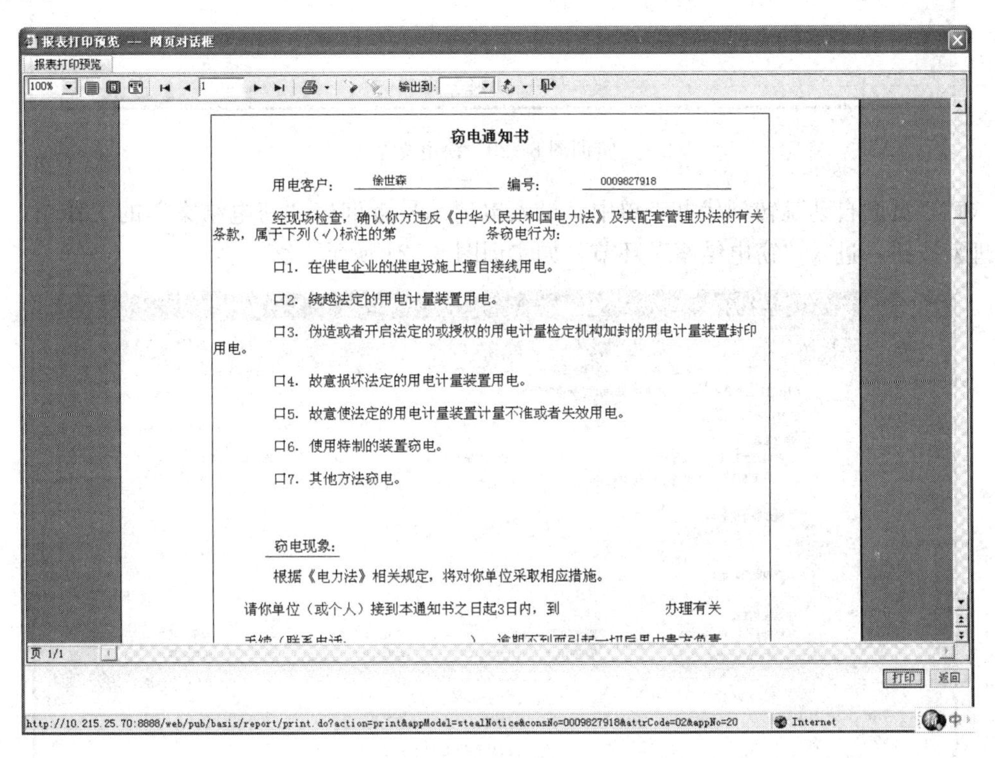

窃电通知书

用电客户：徐世森　编号：0009827918

经现场检查，确认你方违反《中华人民共和国电力法》及其配套管理办法的有关条款，属于下列（√）标注的第　条窃电行为：

口1. 在供电企业的供电设施上擅自接线用电。

口2. 绕越法定的用电计量装置用电。

口3. 伪造或者开启法定的或授权的用电计量检定机构加封的用电计量装置封印用电。

口4. 故意损坏法定的用电计量装置用电。

口5. 故意使法定的用电计量装置计量不准或者失效用电。

口6. 使用特制的装置窃电。

口7. 其他方法窃电。

窃电现象：

根据《电力法》相关规定，将对你单位采取相应措施。

请你单位（或个人）接到本通知书之日起3日内，到　办理有关

实训图 8 - 19　窃电通知书打印页面

（14）确认录入信息无误后点击【发送】按钮，流程发送到“窃电立案”环节。

（15）页面自动跳转到代办工单中，录入申请编号查询出“窃电立案”的工作单，点击【处理】按钮，进入“窃电立案”环节，如实训图 8 - 20 所示。

（16）根据实际情况录入“受理部门”、“立案日期”、“涉案金额”后点击【保存】按钮，再点击【发送】按钮，流程发送到“窃电结案”环节。

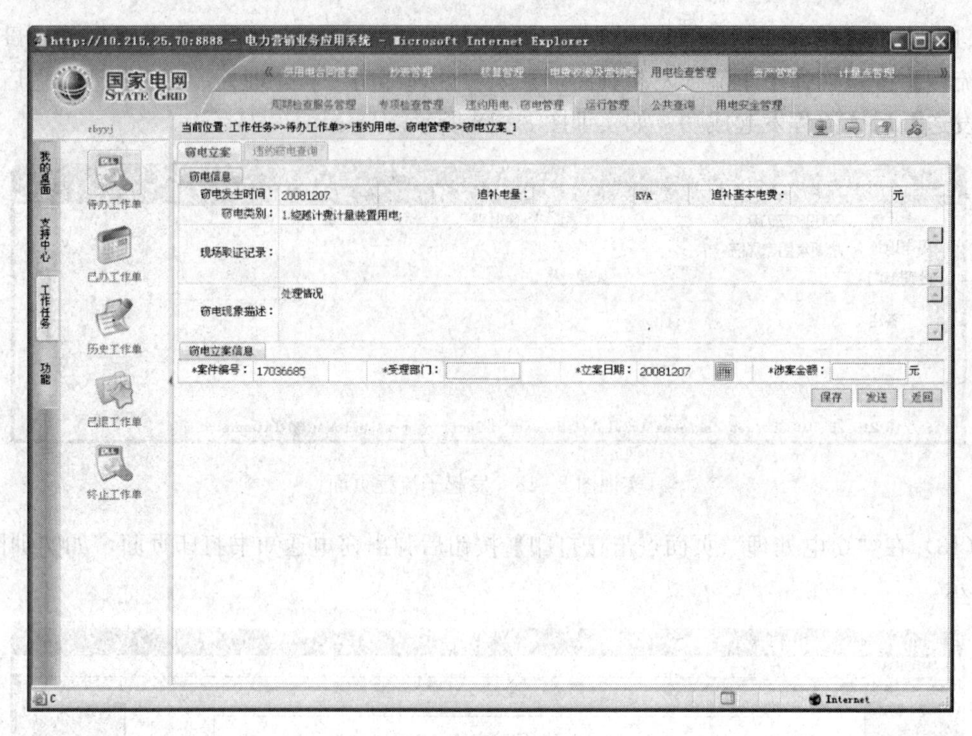

实训图 8-20 窃电立案

(17) 页面自动跳转到代办工单中，录入申请编号查询出“窃电结案”的工作单，点击【处理】按钮，进入“窃电结案”环节，如实训图 8-21 所示。

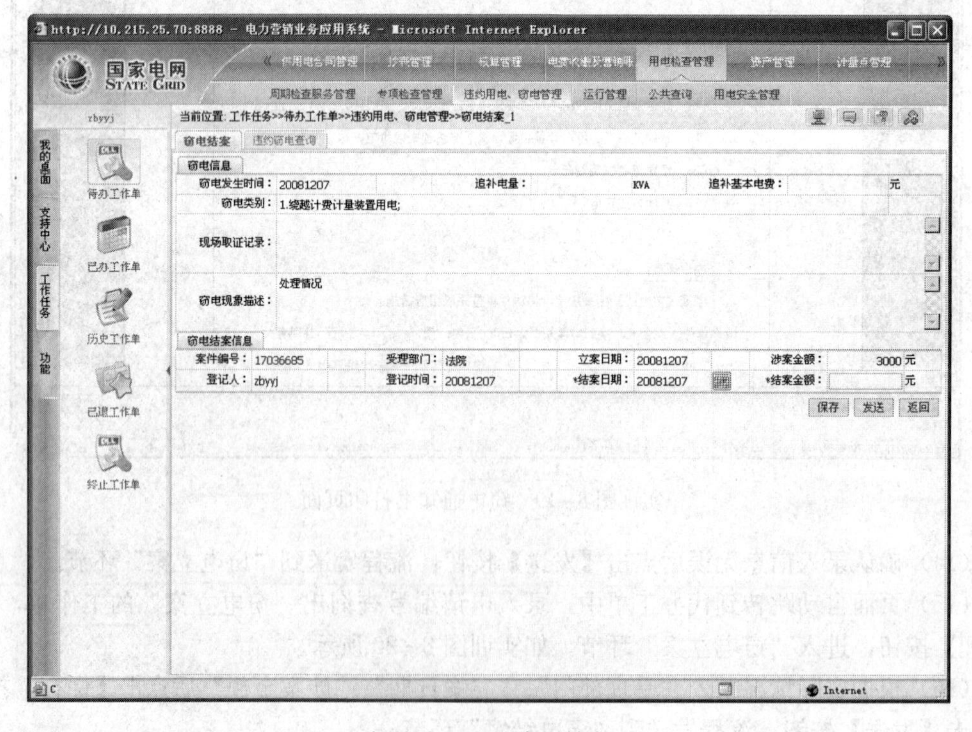

实训图 8-21 窃电结案

(18) 录入“结案日期”、“结案金额”后点击【保存】按钮，再点击【发送】按钮，流程发送到“确定追补及违约电费”环节。

(19) 页面自动跳转到代办工单中，录入申请编号查询出“确定追补及违约电费”的工作单，点击【处理】按钮，进入“确定追补及违约电费”环节。默认展示的页面是“违约用电退补处理”，如果只做窃电则默认显示的是“窃电退补处理”，如实训图 8 - 22 所示。

实训图 8 - 22 违约用电退补处理

(20) 违约用电一般只做罚款，不追补电费；窃电一般既罚款又追补电费。在这里对追补一部分电费，再做罚款。在“退补处理分类标志”中选择“追补电费”，然后录入其他信息后点击【保存】，完成保存操作后点击【调整电费】按钮，弹出“追补电费”页面，如实训图 8 - 23 所示。

(21) 在“电价选择方式”中，如果追补的电费是当前该客户制定的点击，则选择“当前档案”；如果是该客户曾经执行过的电价，则可以选择“电费台账”；如果不是上面两种，则可以选择“电价表”。选择后点击【新增】按钮，系统会将电价显示出来，如实训图 8 - 24 所示。

(22) 选择追补的电价，在“结算电量”中录入需要追补的电量，然后点击【保存】按钮，系统会自动计算出“目录电度电费”、“各个代征项电费”、“电度电费”。确定好费用后点击【返回】按钮，回到“违约用电退补处理”页面。

(23) 点击“窃电退补处理”标签页，按照上面的流程在对窃电做追补电费。

(24) 违约用电和窃电的电费都追补之后再点击“确定追补电费及违约使用电费”标签页，进入“确定追补电费及违约使用电费”页面，如实训图 8 - 25 所示。

(25) 可以对罚款的倍数进行更改，也可以在“其他违约使用电费”中直接定义罚款数

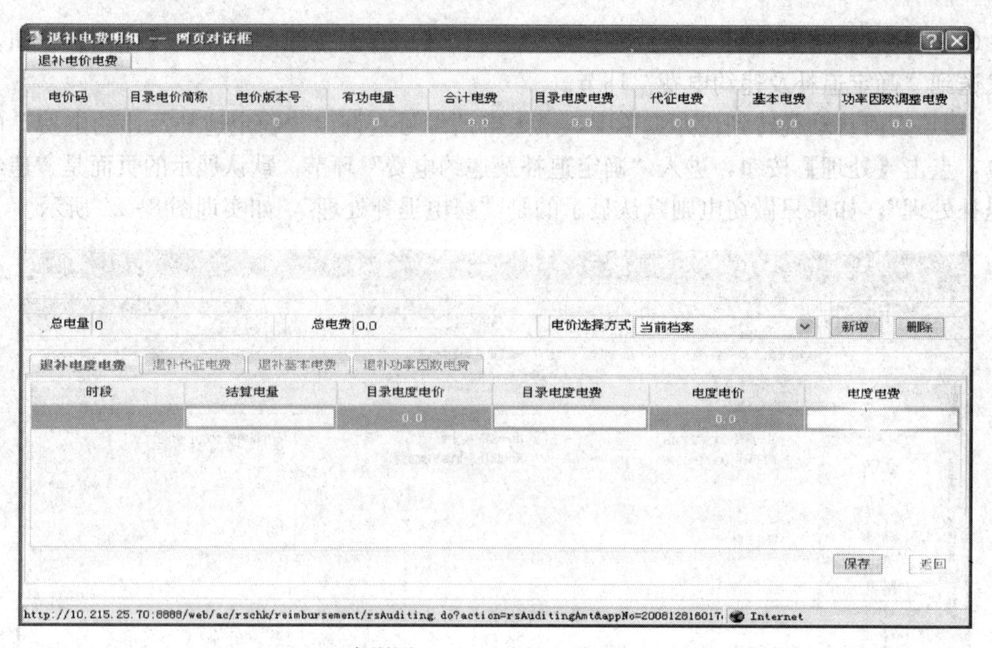

实训图 8-23 追补电费页面

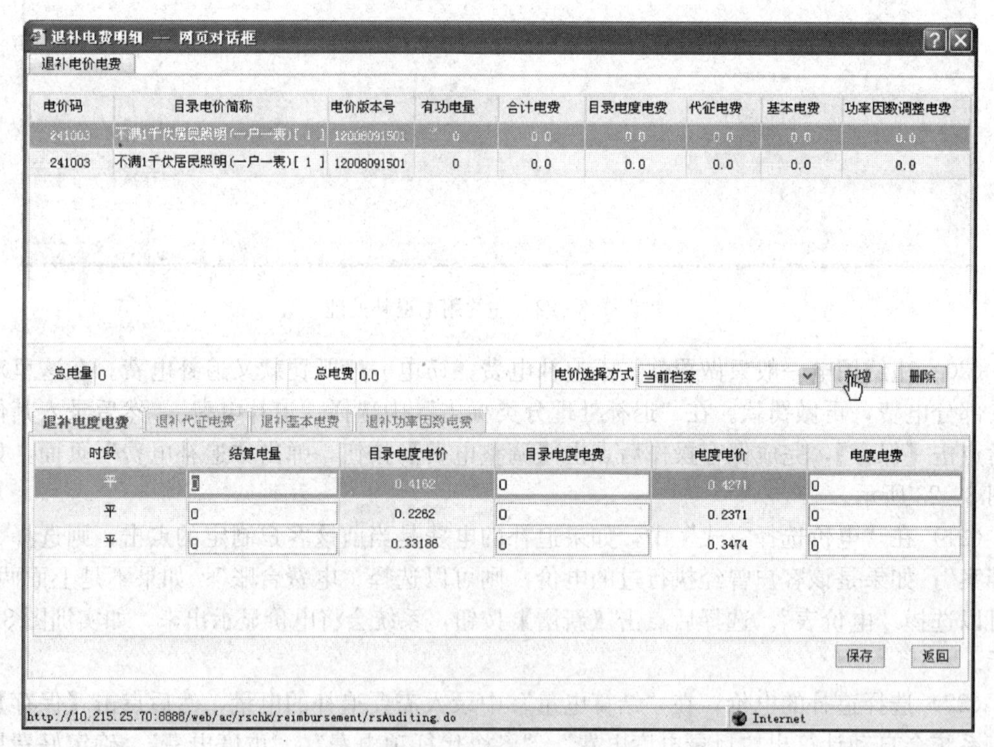

实训图 8-24 网页对话框

额，录入完成后点击【保存】按钮，完成罚款的录入，确认无误后点击【发送】按钮，流程发送到“追补违约电费审批”环节。

(26) 页面自动跳转到代办工单中，录入申请编号查询出“追补违约电费审批”的工作单，点击【处理】按钮，进入“追补违约电费审批”页面，如实训图 8-26 所示。

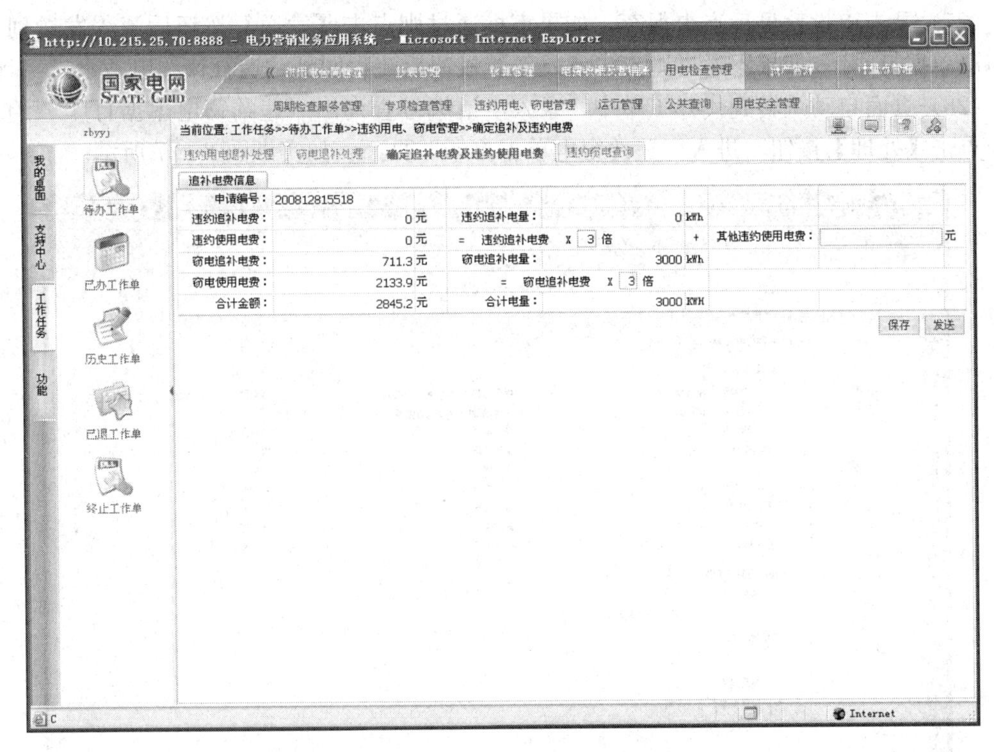

实训图 8-25　确定追补电费及违约使用电费

实训图 8-26　追补违约电费审批

(27) 录入审批意见后点击保存，如果审批通过则点击【发送】按钮后流程发送到“违约窃电单据打印”；如果不通过则点击【发送】按钮后流程回到“追补违约电费审批”环节。

(28) 页面自动跳转到代办工单中，录入申请编号查询出“违约窃电单据打印”的工作单，点击【处理】按钮，进入“违约窃电单据打印”页面，如实训图 8-27 所示。

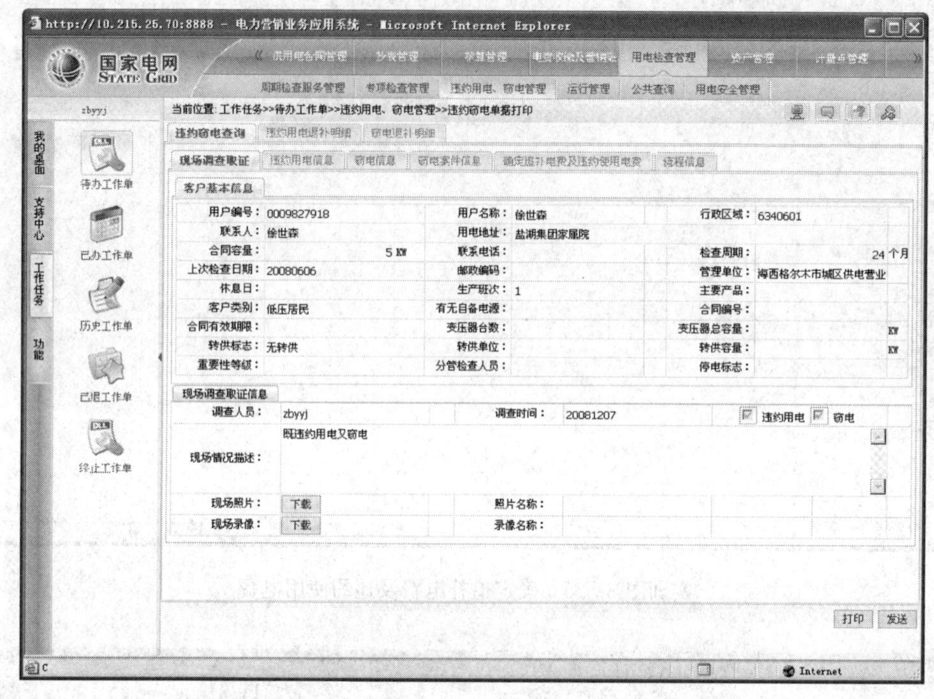

实训图 8-27 违约窃电单据打印

(29) 该页面可以查看违约用电窃电的所有情况，点击【打印】按钮，弹出打印单据选择页面。目前只有一个“缴费通知单”的选项，选中后点击【确定】按钮，弹出缴费通知单的打印页面，如实训图 8-28 所示。

(30) 点击【打印】按钮，完成打印，关闭页面后点击【发送】按钮，流程发送到“退补电费发行”页面。

(31) 页面自动跳转到代办工单中，录入申请编号查询出“退补电费发行”的工作单，点击【处理】按钮，进入“退补电费发行”页面，如实训图 8-29 所示。

(32)“退补电费发行”页面可以点击“违约用电退补明细”和“窃电退补明细”来查看退补电费的明细，确定无误后点击【发送】按钮，执行电费发行和流程发送的功能，流程发送到“电费收费”环节。

(33) 页面自动跳转到代办工单中，录入申请编号查询出“电费收费”的工作单，点击【处理】按钮，进入“电费收费”页面，如实训图 8-30 所示。

(34) 电费收费一般是由台收员来收取的，因此需要在收费账务模块中的电费坐收中收取，这里是流程控制人员进入后查看电费是否收取，如果已经收取可以执行【发送】操作，流程发送到“业务费收费”环节。

(35) 回到代办工单中，录入申请编号查询出“业务费收费”的工作单，点击【处理】按钮，进入“业务费收费”页面，如实训图 8-31 所示。

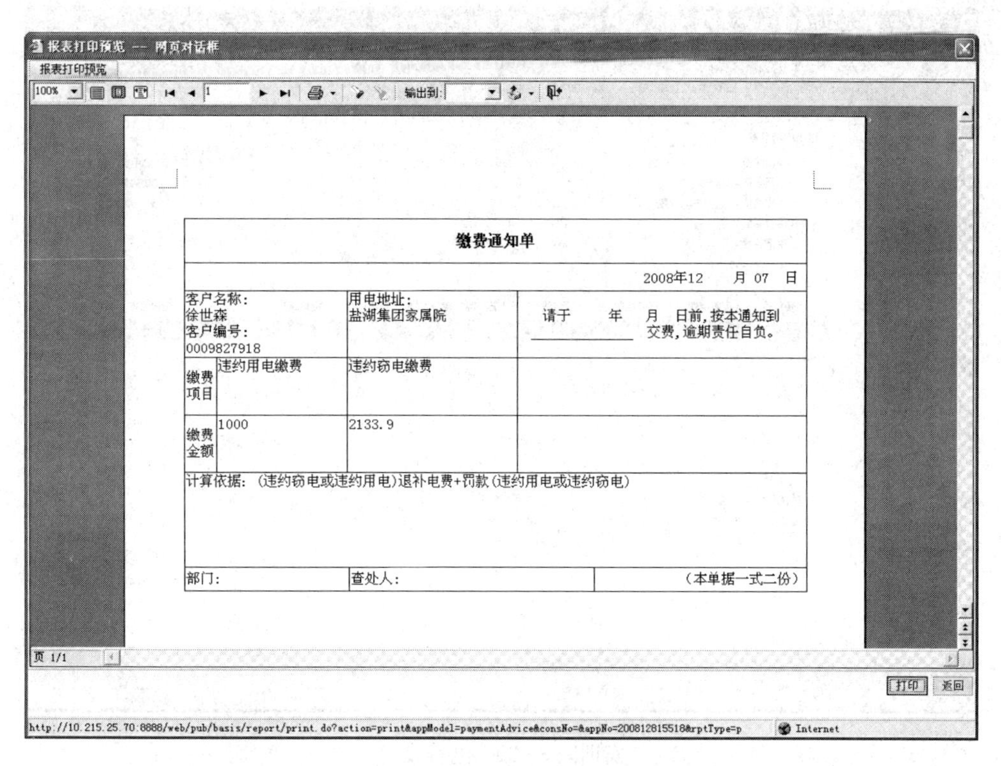

实训图 8-28　缴费通知单打印页面

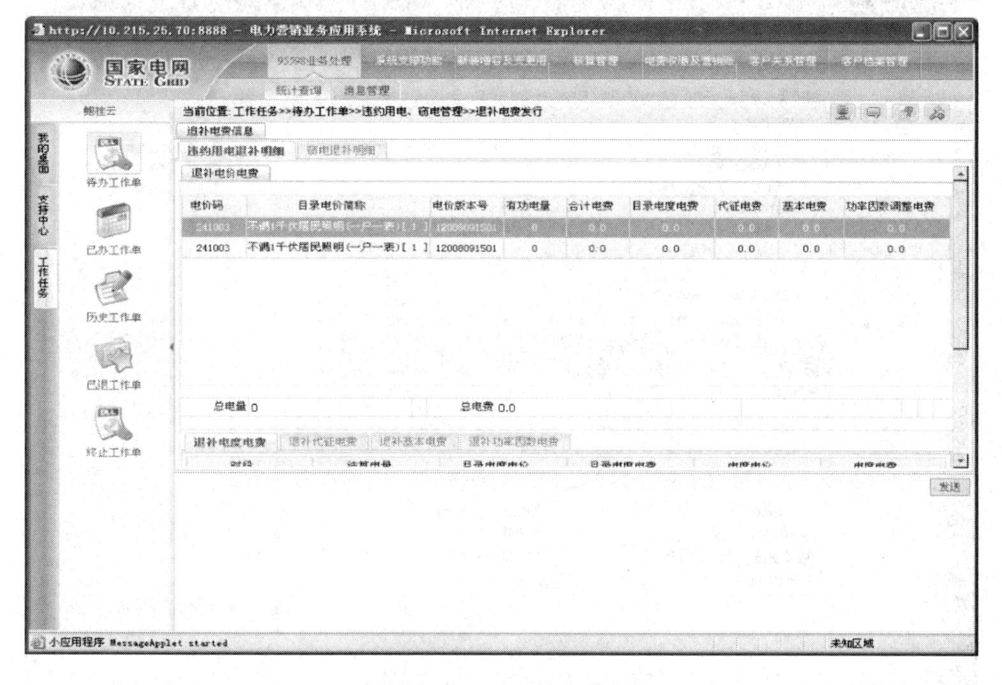

实训图 8-29　退补电费发行

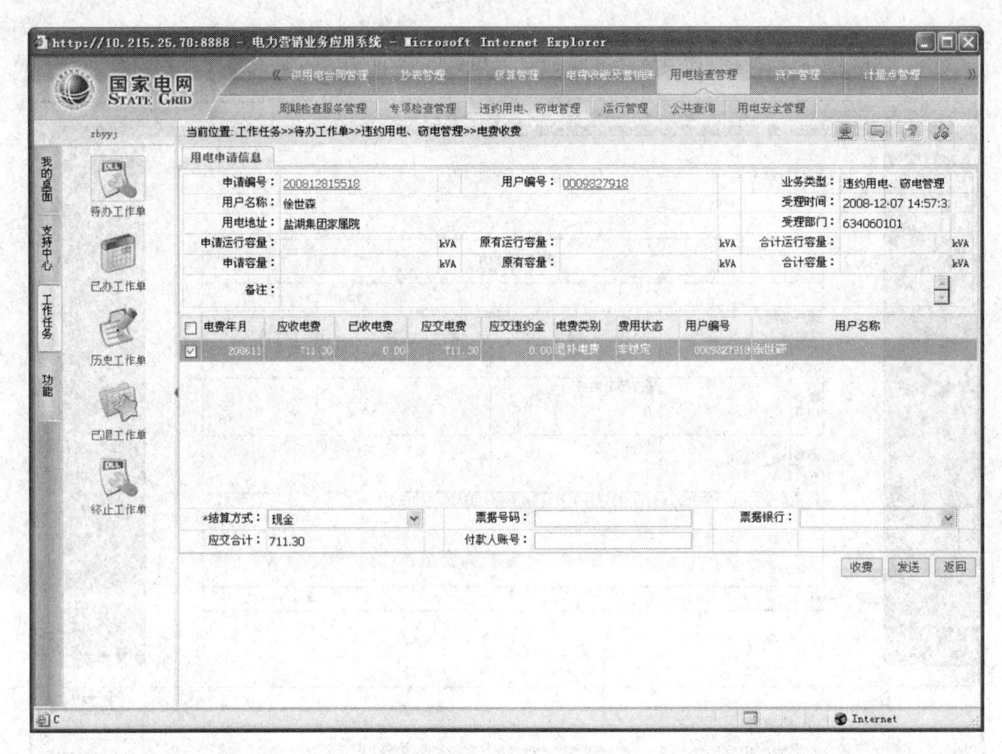

实训图 8-30　电费收费

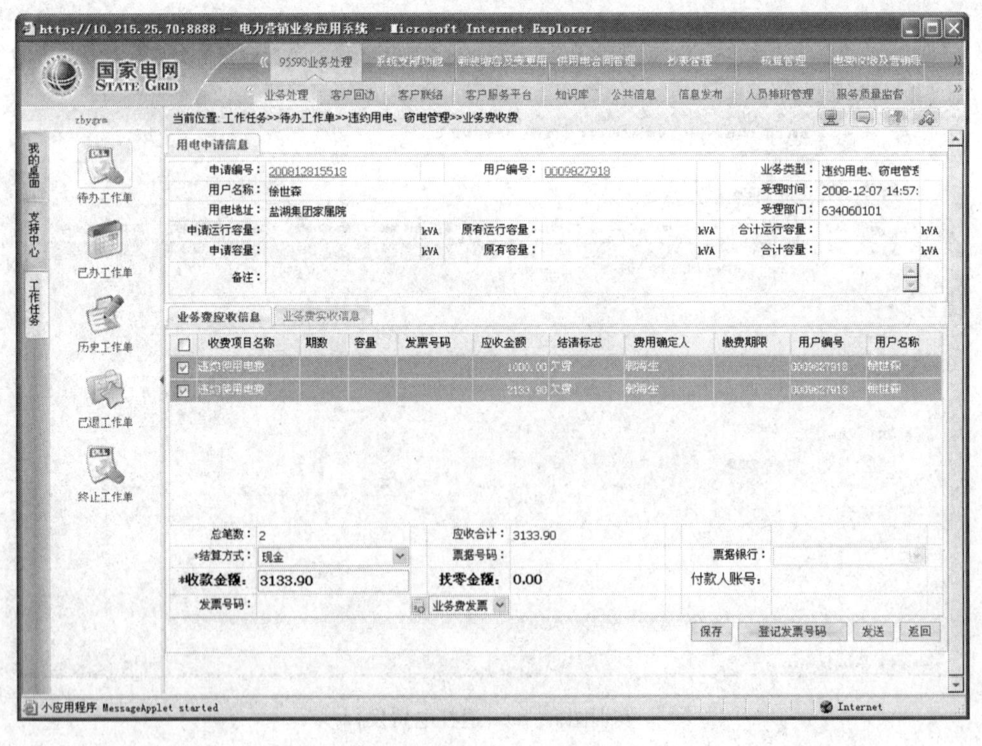

实训图 8-31　业务费收费

(36) 业务费收费的情况与电费收费类似，也是由台收员在业务费坐收功能中收取，收费员不直接操作流程，因此流程控制人员进入后查看业务费是否收取，如果已经收取可以执行【发送】操作，流程发送到“归档”环节。

(37) 页面自动跳转到代办工单中，录入申请编号查询出“归档”的工作单，点击【处理】按钮，进入“归档”页面，如实训图 8 - 32 所示。

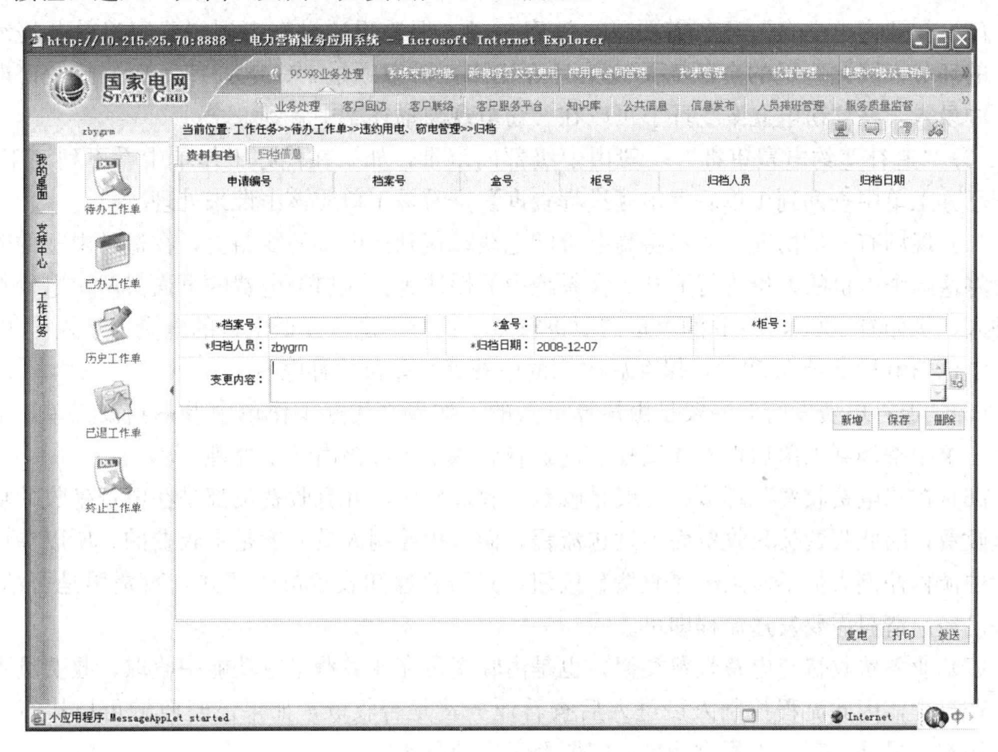

实训图 8 - 32　归档

(38) 在“归档”环节，录入档案的存放位置后点击【保存】按钮，完成档案保存。

(39) 点击【打印】按钮可以打印“窃电行为报告”。

(40) 如果有窃电行为，在归档的时候会出现【复电】按钮，如果该客户已经停电，并且电费和罚款已经结清则点击【复电】按钮，系统弹出复电发起页面，如实训图 8 - 33 所示。

发起子流程 —— 网页对话框
户号：0009827918　户名：徐世森
用电地址：盐湖集团家属院
计划复电时间：
复电原因：
发送　关闭
http://10.215.25.70:8888/web/chk/penalty/pigeonhole.do?action=openPowerRestartI　Internet

实训图 8 - 33　复电发起页面

(41) 录入“计划复电时间”、“复电原因”后点击【发送】按钮，复电子流程发起。

(42) 关闭复电发起页面回到“归档”页面，点击【发送】按钮后流程结束。

2. 注意事项

(1) 在“现场调查取证”环节可以上传照片和录像，也可以将已经上传的照片和录像删除。

(2) 在“窃电立案”环节需要录入涉案金额，但流程还没有走到“确定追补及违约电费”的环节，因此这里的金额需要人为计算出来，可以通过“窃电处理”环节的“窃电情况”中录入，在“窃电立案”环节可以在“窃电现象描述”中看到。

(3)“追补违约电费审批”一般由上级部门审批，如果在代办工作单中看不到该工单，请到已办工单中查询到工单后点击【进程查询】查看该工单应该由谁来处理。

(4) 现场有一种情况，客户将高电价的电线私接到低电价的线路上，在追补电费的时候需要将这两个电价的差价进行追补，在系统中的做法为：在追补电费的页面将两个电价都添加进入，例如有 5000kW·h 的电量需要进行差价追补，那么在低电价的电量上录入−5000，在高电价的电量上录入 5000，保存后出来的电费就是差价追补电费。

(5)“退补电费发行”一般是由核算员做的，如果在代办工作单中看不到该工单，请到已办工单中查询到工单后点击【进程查询】查看该工单应该由谁来处理。

(6) 在“电费收费”环节，一般是收费员收取费用，并且收费员都是在电费坐收的功能区里收费，因此收费员只收费而不发送流程，而流程控制人员一般是不收费的。所以在这个功能中流程控制人员不需点击【收费】按钮，只需要通知收费员收费并查看费用是否结清，如果已经结清只需要发送流程即可。

(7) 业务费收费与电费收费类似，也是由收费员在业务费坐收功能中收取，收费员不直接操作流程，因此流程控制人员进入后查看业务费是否收取，如果已经收取可以执行“发送”操作。另外，需要提醒收费员一定要登记发票号码。

(8) 业务费收费页面的【保存】按钮就是收费，因此提醒流程操作人员不要点击。

(9) 需要注意的是，在窃电流程中停电时不需要发起流程，但复电是需要发起复电流程。

四、违约用电与窃电处理实训任务单

违约用电与窃电处理实训任务单

专业领域：市场营销（电力市场方向）

学习领域：用电营业管理　　　　学习情境八：营业稽查

实训任务：违约用电与窃电处理　　　　课时：2 学时

前提条件	教学载体	营销生产系统
	教学环境	一体化教室或供电公司
	教师素质	具有违约用电与窃电处理经验并能言传身教
	学生素质	具有团队合作精神，互教互学能力 实施专业：市场营销（电力市场方向）、发电厂及电力系统、供用电技术
实训任务	任务描述	(1) 违约用电处理 (2) 窃电处理
	拓展任务	窃电检查

续表

能力目标	学习能力	（1）学生具有营销生产系统的操作能力 （2）学生具有违约用电处理的能力 （3）学生具有窃电处理的能力			
	职业能力	（1）能正确进行违约用电工作处理 （2）能正确进行窃电工作处理 （3）能正确进行营销生产系统的操作			
	社会能力	（1）团队协作能力、沟通能力 （2）职业道德和工作责任感 （3）团队分析问题、解决问题能力 （4）团队组织和实施能力			
任务实施步骤	教学步骤	时间	主　要　内　容	教学方法	媒介
	导入任务	15分钟	调动和激发学生的积极性和主动性	讲述法及演示法	仪表
	分组讨论	10分钟	组织学生团队讨论工作任务，使每一位学生都能理解任务要求，在清楚任务之后，发挥学生的想象力，针对工作任务提出自己检查步骤	分组讨论法	实训指导书
	团队定操作方案	10分钟	经过团队的讨论选择，定出完成工作任务的最佳检查步骤	分组讨论法	实训指导书
	操作方案实施	20分钟	根据团队定出的方案实施操作任务 要求团队每位成员都会操作		
	过程检查	30分钟 全过程	教师在学生操作过程中完成情况进行检查，作为教师评分依据		
	小结评价	15分钟	教师在各团队任务全部完成后，对各团队的完成情况进行总结评价，也可通过团队之间交流、点评的方式进行总结评价 学生团队根据个人表现进行自评、互评	汇报交流法 过程点评法	
实训成果	实训报告	（1）实训目的、要求、任务 （2）实训操作方案 （3）实训实施过程 （4）实训能力目标实现与否感想			

五、实训报告

《用电营业管理》课程实训任务报告单

<table>
<tr><td>学习情境</td><td colspan="3"></td></tr>
<tr><td>任务名称</td><td colspan="3"></td></tr>
<tr><td>时间期限</td><td></td><td>实施地点</td><td></td></tr>
<tr><td colspan="4">任 务 目 的</td></tr>
<tr><td colspan="4"></td></tr>
<tr><td colspan="4">任 务 内 容</td></tr>
<tr><td colspan="4"></td></tr>
<tr><td colspan="4">使 用 设 施</td></tr>
<tr><td colspan="4"></td></tr>
<tr><td colspan="4">操 作 步 骤</td></tr>
<tr><td colspan="4"></td></tr>
<tr><td>训练归纳</td><td colspan="3"></td></tr>
</table>

小组成员签字： 日期：

教师签字： 日期：

实训任务3 营业厅服务礼仪演练

一、实训目的

通过营业厅服务礼仪演练的实训，培养学生塑造良好客户服务人员形象的能力，具有营业厅引导服务和柜台服务的能力，具有自主处理营业厅特殊事件的能力。

二、任务描述

（1）坐姿、行姿、蹲姿、请姿、奉茶等基本礼仪的训练。

（2）将基本礼仪串入营业大厅各种场景中实施训练。

三、营业厅服务礼仪演练训练任务单

营业厅服务礼仪演练训练任务单

专业领域：市场营销（电力市场方向）

学习领域：用电营业管理　　学习情境八：营业稽查

实训任务：营业厅服务礼仪演练　　课时：2学时

前提条件	教学载体	PPT
	教学环境	一体化教室
	教师素质	具有营业厅行为规范和礼仪实践经验并能言传身教
	学生素质	具有团队合作精神，互教互学能力 实施专业：市场营销（电力市场方向）
实训任务	任务描述	（1）营业厅客户服务人员形象塑造（仪容、仪表、仪态） （2）营业厅引导服务 （3）营业厅柜台服务
	拓展任务	营业厅特殊事件处理
能力目标	学习能力	（1）学生具有领会任务要求的能力 （2）学生具有塑造良好客户服务人员形象的能力 （3）学生具有营业厅引导服务和柜台服务的能力 （4）学生具有自主处理营业厅特殊事件的能力
	职业能力	（1）能正确运用营业厅引导服务规范 （2）能正确运用营业厅柜台服务规范 （3）能正确处理营业厅特殊事件

续表

<table>
<tr><td>能力目标</td><td>社会能力</td><td colspan="4">（1）团队协作能力、沟通能力
（2）职业道德和工作责任感
（3）团队组织和实施能力</td></tr>
<tr><td rowspan="8">任务
实施步骤</td><td>教学步骤</td><td>时间</td><td>主 要 内 容</td><td>教学方法</td><td>媒介</td></tr>
<tr><td>导入任务
明确要求</td><td>5分钟</td><td>布置任务、明确能力训练基本内容，调动和激发学生的积极性和主动性</td><td>讲述法</td><td>PPT</td></tr>
<tr><td rowspan="3">亲身示范
实训内容</td><td>5分钟</td><td>营业厅引导服务规范</td><td>示范法</td><td></td></tr>
<tr><td>10分钟</td><td>营业厅柜台服务规范</td><td>示范法</td><td></td></tr>
<tr><td>10分钟</td><td>营业厅特殊事件处理规范</td><td>示范法</td><td></td></tr>
<tr><td>分组演练</td><td>20分钟</td><td>根据团队定出的方案实施演练任务
要求团队每位成员都能参加演练</td><td>练习法</td><td></td></tr>
<tr><td>礼仪展示
检查评价</td><td>30分钟</td><td>教师对完成情况进行检查、作出评价，以此作为评分依据</td><td>汇报交流法</td><td></td></tr>
<tr><td>小结</td><td>10分钟</td><td>教师在各团队任务全部完成后，对各团队的完成情况进行总结评价，也可通过团队之间的交流、点评的方式进行总结评价
学生团队根据个人表现进行自评、互评</td><td>过程点评法</td><td></td></tr>
<tr><td>实训成果</td><td>实训报告</td><td colspan="4">（1）实训目的、要求、任务
（2）实训操作方案
（3）实训实施过程
（4）实训能力目标实现与否感想</td></tr>
</table>

四、实训报告

《用电营业管理》课程实训任务报告单

<table>
<tr><td>学习情境</td><td colspan="3"></td></tr>
<tr><td>任务名称</td><td colspan="3"></td></tr>
<tr><td>时间期限</td><td></td><td>实施地点</td><td></td></tr>
<tr><td colspan="4">任 务 目 的</td></tr>
<tr><td colspan="4"></td></tr>
<tr><td colspan="4">任 务 内 容</td></tr>
<tr><td colspan="4"></td></tr>
<tr><td colspan="4">演 练 动 作 要 领</td></tr>
<tr><td colspan="4"></td></tr>
<tr><td>演练归纳</td><td colspan="3"></td></tr>
</table>

小组成员签字： 日期：

教师签字： 日期：

附录 习题标准答案

绪论

一、填空题

1. 组成
2. 能源形态、物质基础
3. 机械能、化学能
4. 三
5. 经营业务
6. 供电营业厅、电费收缴点
7. 定期抄录
8. 电能损失
9. 业务扩充
10. 供用电合同
11. 电费管理、市场与需求侧
12. 19、138、762

二、选择题

1.B 2.D 3.D 4.C 5.A 6.B

三、判断题

1.√ 2.√ 3.× 4.√ 5.√

四、问答题

1. 用电营业管理的主要学习内容包括抄表管理、核算管理、收费及账务管理、线损管理、新装与增容、变更用电、供用电合同管理、营业稽查管理等。

2. 电能是优质的能源，电能是方便的能源，电能是洁净的能源，电能是高效的能源，电能不能大量储存。

3. 用电营业管理工作的特点：政策性强，生产和经营的整体性，技术和经营的统一性，电力发展的先行性，营业窗口的服务性。

学习情境一 抄表管理

一、填空题

1. 抄表
2. 连续两次
3. 负荷控制装置
4. 年初
5. 受潮、磕碰
6. 直接、电流互感器、电流互感器和电压互感器

7. r/(kW·h)

8. 无功、单相

9. 装表

10. 潜动

11. 2

二、选择题

1. A	2. B	3. A	4. A	5. C
6. D	7. C	8. A	9. B	10. D
11. C	12. C	13. C	14. B	15. C
16. B	17. B	18. A		

三、判断题

1. ×	2. √	3. ×	4. √	5. ×
6. √	7. ×	8. ×	9. √	10. √

四、问答题

1. 电费通知单上应填写的主要内容有：①抄表日期；②客户编号；③户名；④户号；⑤地址；⑥表号；⑦当月使用的电量和电费及代收款项的金额；⑧预收余额。

2. 对于确有某种原因抄不到电表时，要尽一切努力设法解决。如遇客户周休日，则必须在当天或次日补抄，或允许客户代抄，并要求在 3 日内通知电费管理单位对确因“锁门”不能抄表者，则可与客户协商，按前一个月的实用电量或按本月用电情况预收当月电费。但无论由于何种原因当月未抄到电能数时，必须在下次抄表时进行复核。要求居民客户实抄率达 99%以上，非居民客户实抄率达 100%。

3. 现场抄表时，应仔细核对抄表机客户户名、地址、电能表的厂号、表号、TA、TV、倍率等记载与现场是否一致，特别对新增客户第一次抄表或老客户变更后的第一次抄表，应在现场认真核对计量装置与记录是否相符，确保其正确无误。如发现问题，应做好现场记录，待抄表结束后，及时反映并出内部工作单。

4. (1) 抄表日程在年初一次性排定，要求按时抄表，不得随意变更。

(2) 每月 25 日以后的抄表电量不得少于月售电量的 70%，其中，月末 24 时的抄表电量不得少于月售电量的 35%。

(3) 对于照明及小电力客户，抄表例日安排在每月 25 日之前。对于大宗电力客户，一般安排在每月的最后一周或最后 2～3 天内抄表，对此类客户的抄表日期，一般是要求不变的。但对大电力客户，均安排在月末 24 时抄表，要求准时抄表，不得变更。

(4) 对于实现预付费的客户，也应与普表客户一样，统一编制抄表日程。

(5) 根据管理单位、客户类型、抄表方式、抄表周期、抄表例日、分变分线、地理环境、便于线损管理等综合因数划分抄表段。

(6) 根据管理单位范围内客户数量、客户用电量和客户分布情况确定客户抄表例日。

(7) 一个台区可以有多个抄表段，需要进行台区线损考核的，同一台区下的多个抄表段的抄表例日必须相同。

5. 抄表时进行计量装置外观完好情况检查，如电能表运行情况、接线情况、表计封印等是否存在异常。如发现表计烧坏、停走、空走、倒走、卡字、封印缺失、客户违章用电、窃电、用电量突增、突减等情况，需计录下来待抄表结束后，填写工作单报告有关部门必要时应理解电话汇报，并保护现场。电能表记录不准时，当月应收电费，原则上可按上月用电量计数，个别情况可与客户协商解决。

6. 根据有关规定，电能表误差超过允许范围时，应按实际误差及起迄时间退还或补收电费。对误差起迄时间查不清的照明客户，按一个月计算退补电费；对电力客户，可从上次校验或换表之日起，按1/2计算，但最多按6个月退补。一般以电能表试验报告的实际误差为修正电量的计算依据，其计算公式为

应退、补电量＝月抄见电量×(±实际误差率％)/(1±实际误差率％)×月份

其中，误差为正值应退电量，误差为负值应补电量。

7. 抄表员每月抄录的客户电量是供电公司按时将电费收回并上缴的依据，也是考核供电部门的线路损失、供电成本指标、客户的单位产品耗电量、计划分配用电量指标以及各行业售电量统计和分析的重要原始资料。因此，保证定期抄表及抄表质量十分重要。

8. 目前供电公司采用的主要抄表方式有手工抄表、普通抄表器抄表、远红外抄表器抄表、集抄、远程遥测抄表等。

9. 普通抄表器抄表方式是将抄表器通过接口与用电营业系统微机接口，将应抄表客户数据传入抄表器，抄表员携带抄表器赴客户用电现场，将用电计量表记录数值输入抄表器内，回营业所后将抄表器现场存储的数据通过计算机接口传入营业系统微机进行电费计算。目前，这种抄表方式广泛应用在全国大、中型城市。

10. 电能表的型号

第一部分：类别代号，D—电能表。

第二部分：表示相线，D—单相，S—三相三线有功，T—三相四线有功表示用途，A—安培小时计，B—标准，D—多功能，H—总耗，J—直流，M—脉冲，X—无功，Z—最大需量，Y—预付费，F—复费率。

第三部分：S—全电子式。

第四部分：设计序号——阿拉伯数字。

11. 三相电子式多功能电能表具有计量和显示正、反向和各不同时段、不同费率的有功、无功电量功能，以及测量和显示所接入电压、电流功率因数及最大需量等数值的功能。可同时实现失压、失流、电压不合格记录和逆相序监视、超功率限额监视、窃电倒表等异常运行情况，以及当使用预付费功能时，在剩余电费低于限额时的报警、可与电力负荷控制系统或远程抄表系统接口，实现自动抄表等多种功能。

12. 对运行中电能表进行检查的内容有：①查电能表外壳是否完好；②查封；③查电能表的安装；④查电能表的运行情况。

13. 其电量按正常月份的用电量为基准进行追补，追补时间从最后一次电量抄收起至故障处理结束止。

14. 最大需量，就是在一个电费结算周期（如一个月）内每15min客户负载的平均功率最大值。

15. 机械式电能表常见故障有：①电能表转盘不转；②圆盘转但计度器不计数；③转盘转动不稳定；④有抖动现象；⑤转盘反转；⑥电能表接线盒烧坏用电情况不变；⑦计度增加或减少。

电子式电能表常见故障有：①死机；②倒拨卡字；③无脉冲输出；④低电压时计度器不翻字；⑤有脉冲输出，但误差较大等。

五、作图题

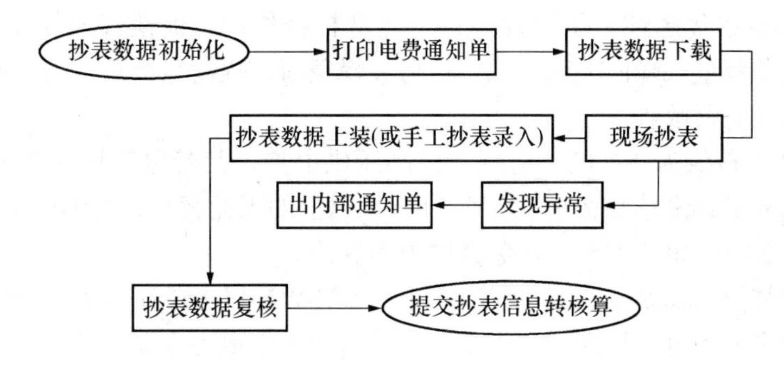

学习情境二 核 算 管 理

一、填空题

1. 电能、总称
2. 基本电价、电度电价
3. 改善电压质量、减少损耗
4. 需求关系对电价的影响、自然资源影响、时间因素的影响、季节因素的影响
5. 电费核算
6. 抄见电量
7. 空载、负载
8. 计费电量
9. 变压器容量、最大需量
10. 6 个月、2 年
11. 15 天、6 个月
12. 电价

二、选择题

1. C	2. C	3. A	4. B	5. C
6. D	7. A	8. A	9. A	10. C
11. D	12. A	13. A	14. C	15. A
16. C	17. A	18. B	19. D	20. D
21. C	22. A	23. C	24. A	25. A
26. B	27. A	28. C		

三、判断题

1. ×	2. √	3. ×	4. √	5. √
6. √	7. √	8. ×	9. √	10. √
11. ×	12. ×	13. ×	14. ×	15. ×

四、问答题

1. 制定电价的基本原则：合理补偿成本、合理确定收益、依法计入税金、坚持公平负担，要体现国家的能源政策、促进电力发展。

2. 两部制电价的优越性：①可发挥价格经济杠杆作用，促使客户提高设备的利用率，减少不必要的设备容量，降低电能损耗，压低尖峰负荷，提高负荷率；②可使客户合理负担费用，保证电力企业财政收入。

3. 功率因数考核值为0.9的，适用于以高压供电户，其受电变压器容量与不通过变压器接用的高压电动机容量总和在160kVA（kW）以上的工业客户；3200kVA（kW）及以上的电力排灌站；装有带负荷调整电压装置的电力客户。

功率因数考核值为0.85的，适用于100kVA（kW）以上的工业客户和100kVA（kW）及以上的非工业客户和电力排灌站；大工业客户未划入由电力企业经营部门直接管理的趸售客户。

功率因数考核值为0.8的，适用于100kVA（kW）及以上的农业客户和大工业客户划由电力企业经营部门直接管理的趸售客户。

4. 梯级电价制度是指将客户每月用电量划分成两个或多个级别，各级别之间的电价不同。梯级电价制度分为递增型梯级电价制度和递减型梯级电价制度。递增型梯级电价制度的后级比前级的电价高；递减型梯级电价制度的后级比前级的电价低。梯级电价制度的实施范围：电力供应充足或电力供应紧缺的地区或时间。

5. 影响企业功率因数的主要原因有：①电感性用电设备配套不合适和使用不合理，造成用电设备长期轻载或空载运行，致使无功功率的消耗量增大；②大量采用电感性用电设备（如异步电动机、交流电焊机、感应电炉等）；③变压器的负荷率和年利用小时数过低，造成过多消耗无功功率；④线路中的无功功率损耗，高压输电线路的感抗值比电阻值大好几倍；⑤无功补偿设备装置的容量不足，企业用电设备所消耗的无功功率主要靠发电机供给，致使输变电设备的无功功率消耗很大。

6. 有功电流与电压产生的功率称为有功功率，用 P 表示。无功电流与电压产生的功率称为无功功率，用 Q 表示。电压 U 和电流 I 的乘积 UI 虽有功率的量纲，但它不是电路实际消耗的功率，所以称之为视在功率，用字母 S 表示。

7. 客户受电点内难以按电价类别分别装设用电计量装置时，可装设总的用电计量装置，然后按其不同电价类别的用电设备容量的比例或实际可能的用电量，确定不同电价类价用电量的比例或定量进行分算，分别计价。供电公司每年至少对上述比例或定量核定一次，客户不得拒绝。

8. 电费管理工作的主要内容是：建立健全户务资料，完善抄表卡片和台账；按时准确抄录客户的用电量；严格、正确地计算和审核电费；及时、全额把电费收回收上交；对客户的用电量及应收电费进行综合分析统计并上报。

9. 在客户的电费结算中，还要实行功率因数调整电费的办法，是因为客户功率因数的高低，对发、供、用电的经济性和电能使用的社会效益有着重要影响。提高和稳定用电功率因数，能提高电压质量，减少供、配电网络的电能损失，提高电气设备的利用率，减少电力设施的投资和节约有色金属。由于电力部门的发供电设备是按一定功率因数标准建设的，故客户的用电功率因数也必须符合一定标准。因此，要利用功率因数调整电费的办法来考核客户的功率因数，促使客户提高功率因数并保持稳定。

10. 大工业客户的电费由三部分组成：①基本电费，根据客户设备容量或客户最大需量来计算；②电度电费，以客户实际使用的电量数计算；③功率因数调整电费，以客户的实际功率因数对客户的实用电费按功率因数调整办法进行调整（增、减）。

五、作图题

1. 湖北电网（已开征城市公用事业附加的地区）大工业用电销售电价表如下：

<table>
<tr><th colspan="3" rowspan="2">用电类别</th><th rowspan="2">电度电价（元）</th><th rowspan="2">销售电价（元）</th><th colspan="2">基 本 电 价（元）</th></tr>
<tr><th>按 容 量</th><th>按 需 量</th></tr>
<tr><td>1</td><td colspan="2">1～10kV</td><td>0.5234</td><td>0.5850</td><td>26</td><td>39</td></tr>
<tr><td>2</td><td colspan="2">20～35kV 以下</td><td>0.5184</td><td>0.5800</td><td>26</td><td>39</td></tr>
<tr><td>3</td><td colspan="2">35～110kV 以下</td><td>0.5034</td><td>0.5650</td><td>26</td><td>39</td></tr>
<tr><td>4</td><td colspan="2">110kV</td><td>0.4834</td><td>0.5450</td><td>26</td><td>39</td></tr>
<tr><td>5</td><td colspan="2">220kV 及以上</td><td>0.4634</td><td>0.5250</td><td>26</td><td>39</td></tr>
<tr><td>6</td><td rowspan="5">中小化肥</td><td>1～10kV</td><td>0.3104</td><td>0.3720</td><td>26</td><td>39</td></tr>
<tr><td>7</td><td>20～35kV 以下</td><td>0.3054</td><td>0.3670</td><td>26</td><td>39</td></tr>
<tr><td>8</td><td>35～110kV 以下</td><td>0.2904</td><td>0.3520</td><td>26</td><td>39</td></tr>
<tr><td>9</td><td>110kV</td><td>0.2754</td><td>0.3370</td><td>26</td><td>39</td></tr>
<tr><td>10</td><td>220kV</td><td>0.2604</td><td>0.3220</td><td>26</td><td>39</td></tr>
</table>

2. 并联电容器提高功率因数示意图如下：

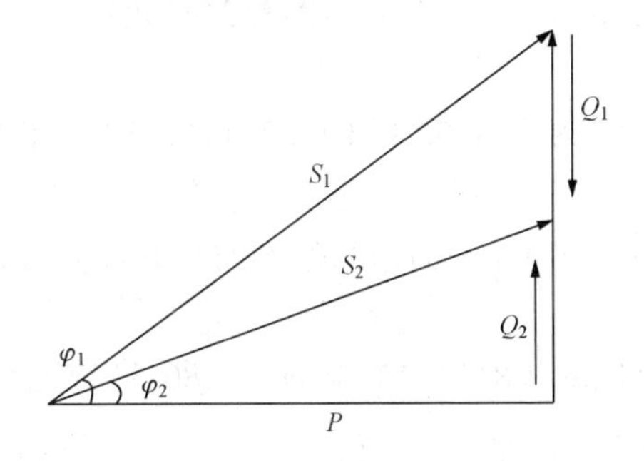

六、计算题

1. 解：抄见电量分别为

$$峰：(000\ 051-000\ 042)\times 400=3600(kW\cdot h)$$
$$谷：(000\ 026-000\ 024)\times 400=800(kW\cdot h)$$
$$平：(000\ 077-000\ 064)\times 400=5200(kW\cdot h)$$

因此，总表抄见电量为

$$3600+800+5200=9600\ (kW\cdot h)$$

无功电量为

$$(000\ 091-000\ 087)\times 400=1600\ (kvar\cdot h)$$

照明分表电量为 $(01\ 743-01\ 511)\times 15=3480\ (kW\cdot h)$

S7变压器，抄见电量 9600<28 900，查变损表得，有功电量 858kW·h，无功电量 4445kvar·h，所以

$$\tan\varphi \frac{1600+4445}{9600+858}=\frac{6045}{10458}=0.578$$

查表得，$\cos\varphi=0.87$ 功率调整比例为 1.5%。

动力变损分摊电量为

$$\frac{9600-3480}{9600}\times 858=547$$

照明分摊变损电量为

$$858-547=311\ (\text{kW}\cdot\text{h})$$

动力计费电量分别为

$$峰：3600+547\times\frac{6}{24}-3480\times\frac{6}{24}=2876(\text{kW}\cdot\text{h})$$

$$谷：800+547\times\frac{8}{24}-3480\times\frac{8}{24}=182.33(\text{kW}\cdot\text{h})(不够减,放入平段减)$$

$$平：5200+547\times\frac{10}{24}-3480\times\frac{10}{24}-70=3908(\text{kW}\cdot\text{h})$$

基本电费为

315×26=8190（元）

动力电费分别为：

峰：2867×0.4974×180%=2566.88（元）
谷：182.33×0.4974×48%=43.53（元）
平：3908×0.4974=1943.84（元）

功率因数调整电费为

(8190+2566.88+43.53+1943.84)×1.5%=191.16（元）

动力代征款为

(9600−3480+547)×0.0596=397.35（元）

照明电费为

(3480+311)×0.8654=3280.73（元）

照明代征款为

(3480+311)×0.0646=244.90（元）

总电费为

8190＋2566.88＋43.53＋1943.84＋191.16＋397.35＋3280.73＋244.90
＝16 858.39（元）

2. 解：该户当月电度电费为

40 000×0.50=20 000（元）

基本电费为

500×26=13 000（元）

该户当月无功电量为

25 000+5000=30 000（kvar·h）

功率因数为 0.8，力率标准应为 0.9，查表得功率因数调整率为 5%。所以该户当月的功率因数调整电费为

$$(20\ 000+13\ 000)\times 5\%=1650\ (元)$$

3. 解：根据《供电营业规则》因该厂暂停天数不足 15 天，因此应全额征收基本电费。该厂 4 月份基本电费金额为

$$315\times 26+250\times 26=14\ 690\ (元)$$

4. 解：根据供电营业规则有关规定，6 月份基本电费为

$$400\times 26+200\times 26\times (20/30)=10\ 400+3466.67=13\ 866.67\ (元)$$

学习情境三　电费收缴及账务管理

一、填空题

1. 坐收
2. 托收承付、托收无承付
3. 转账、契约书
4. 国家利益
5. 电费回收率

二、选择题

1. A　2. C　3. B　4. C　5. B
6. C　7. B　8. A

三、判断题

1. √　2. ×　3. ×　4. ×

四、问答题

1. 客户在供电公司规定的期限内未交清电费时，应承担电费滞纳违约责任。供电公司经国家批准向逾期交付电费的客户加收电费违约金，其目的是为了补偿供电公司增付的利息，也是一种维护供电公司和客户双方权益的经济措施。

2. 供电营业部门提供客户缴纳的电费的方式有走收、坐收、代收、代扣、特约委托、充值卡缴费、卡表购电、客户自助交费等。

3. 电费违约金从逾期之日起计算至交纳日止。每日电费滞纳违约金按下列规定计算：居民客户每日按欠费总额的 1‰计；其他客户当年欠费部分，每日按欠费总额的 2‰计；跨年度欠费部分，每日按欠费总额的 3‰计。

4. (1) 遵循账务集中处理的模式。
(2) 遵循“收支两条线”的原则。
(3) 遵循严格管理电费账户、电费单据的原则。
(4) 遵循电费“日清月结”的原则。

5. (1) 发票管理：即发票的领用、发放、登记、作废和清理。
(2) 台收、走收、托收账管理，即开设账本、登账、核账。
(3) 银行电费账户管理。
(4) 金融机构代收电费资料、数据准备/传送/接收。
(5) 金融机构代收电费对账。

(6) 账务报表，即各级在收费完成后应形成的清单和报表。

6. 卡表购电是指使用卡表的客户持卡在营业网点或具备购电条件的银行网点购电，通过读写卡器将客户购买的电量或电费等信息写入电卡的缴费方式。客户用电时将购电卡插入电能表，其电源开关就自动合上，即可用电。如卡中电量用完则自动断电。电费发票是预收电费凭证。

7. (1) 客户（即付款单位）名称、用电地址、用电分户账（即抄表卡片）户号、开户银行名称、存款户账号、供电管理部门（即收款单位）名称、开户银行名称、存款户账号等。

(2) 电费结算方式。

(3) 每月转账次数。

(4) 付款要求等。

8. 月客户电费回收率的考核时间为考核月份的1日至次月6日，考核标准为100%。

月客户电费回收率＝考核期内累计回收的客户电费总额/考核期内累计应收客户电费总额×100%

学习情境四 线 损 管 理

一、填空题

1. 可变损耗、不变损耗
2. 技术损耗
3. 损失因数法、均方根电流法
4. 空载
5. 介质损耗、铅包损耗
6. 增加、增加
7. 最大负荷功率损失
8. 分区管理、分台区管理
9. 供电区域
10. 行政管理单位
11. 降低、升高
12. 分级补偿、就地平衡
13. 配置设备的经济运行
14. 每月

二、选择题

1. B　2. A　3. C　4. B　5. A　6. B　7. A　8. C　9. D

三、判断题

1. √　2. ×　3. ×　4. ×　5. ×
6. √　7. √　8. ×　9. √　10. √
11. ×　12. √　13. ×　14. √

四、问答题

1. 管理损耗是指在供用电过程中，由于管理不善所造成的损失。如计量设备及仪表是否合理运行、电能表的计量误差是否准确、互感器的误差是否合格、电压互感器二次回路降压是否符合要求、计量方式是否合理、抄表差错、偷窃电问题及用电管理缺陷等都会造成损耗。

2. 台区、10（6）kV线路线损率计算的总体原则：

（1）按照上级下达的线损率计划原则；

（2）以理论线损及实测值为依据；

（3）结合上一年度各台区、10（6）kV线路实际完成情况；

（4）考虑计量改造、防窃电改造及管理降损等因素。

3. 分线管理是指对所管辖电网中各电压等级主设备（线路、变压器）的电能损耗进行单个元件统计分析的管理方式。

4. 四分管理工作的主要实施办法：

（1）建立"四分"管理工作架构；

（2）完善四分管理的各级表计对应关系，保证"四分"管理建立在一个数据对应正确、统计准确的平台上；

（3）在供电线路分压、分线进行电量统计，并及时对统计口径的正确性及各级表计电量的一一对应关系进行调整；

（4）区别制定不同的低压线损指标，以保证线损考核的公平和公正；

（5）建立与完善各线路、台区网络参数的基础资料，每年进行理论线损计算；

（6）锁定相关重点区域及重点客户进行用电检查，打击和查处偷、漏电及违章违约用电案件；

（7）有目的地进行网络优化工作；

（8）建立、健全计量装置的技术档案，定期轮换淘汰超期服役、准确度不够的表计；

（9）建立稳定的抄表制度；

（10）减少内部差错，开展经常性的营业普查、内部稽查，及时发现和降低因管理不善导致的电量损失，降低管理线损；

（11）建立、健全线损考核责任制。

5. 影响线损的主要因数有电流、电压、功率因数、负荷波动幅度、运行方式、设备运行损耗、计量装置、管理因数。

6. 降低线损的技术措施：

（1）科学规划和改造电网的布局和结构；

（2）合理选型，保证供配电设备的经济运行；

（3）加强高损耗电网的无功补偿。

7. 降低线损的管理措施：

（1）加强供电公司内部管理降低线损；

（2）加强线损管理人员队伍的建设；

（3）加强电能计量监督管理；

（4）加大用电稽查力度，确保精细化管理的效果。

8. 加强供电设备的经济运行管理包括以下几个主要环节：

（1）加强电力调度管理；

（2）加强设备运行管理；

（3）加强设备的巡查工作。

学习情境五 新装与增容

一、填空题

1. 售前服务 2. 供电点
3.220/380 4. 外勤工作人员
5.3 6. 客户编号
7. 客户征询 8. 报装资料
9. 低压居民客户 10. 变更用电
11. 三种 12. 可能性
13. 供多少 14. 容量
15. 三类 16. 时而停歇
17.40% 18. 四个
19. 越小 20. 差别不大
21. 单相 22.100kW
23. 电价分类 24.35kV
25. 临时用电 26. 供电可靠性
27. 受电设施 28. 外部工程
29.7 30.3

二、选择题

1.A 2.A 3.B 4.C 5.D 6.B 7.D 8.C 9.C 10.A

三、判断题

1.√ 2.√ 3.× 4.√ 5.×
6.√ 7.× 8.√ 9.√ 10.√

四、问答题

1. 业务扩充工作项目包括客户申请确认、用电大项目前期咨询、客户新装用电、增容用电、临时用电、变更用电的工作处理。

2. 用电大项目前期咨询业务指通过政府招商引资、批文或客户来函、来访等渠道收集的较大客户用电需求信息进行管理，并为客户提供报装前期的专业咨询服务业务。

用电大项目前期咨询业务包括业务受理、需求信息处理、现场勘查、答复前期咨询意见和归档等五个业务子项工作。

3. 新装用电包括：①用电前期咨询；②低压居民新装；③低压非居民新装；④小区新装；⑤高压新装；⑥装表临时用电；⑦无表临时用电新装。

4. 增容用电包括：①低压居民增容；②低压非居民增容；③高压增容。

5. 居民客户新装申请必备资料有：

(1) 履约人居民身份证原件或其他有效证件或其他有效证件及复印件；

(2) 用电申请书；

(3) 如委托他人待办，则需代办人的居民身份证原件或其他有效证件及复印件。

6. 无表临时用电新装适用于基建工地、农田水利、市政建设等非永久性用电的临时电源新装中的无表新装业务。

7. 供电方案的主要内容包括供电电源位置、出线方式、供电线路敷设、供电回路数、走径、跨越、客户进线方式、客户受（送）电装置容量、主接线、继电保护方式、电能计量方式、运行方式、调度通信等内容。

8. 制定供电方案时应遵守的原则：

（1）应能满足供用电安全、可靠、经济、运行灵活、管理方便的要求，并留有发展余度。

（2）符合电网建设、改造和发展规划的要求；满足客户近期、远期对电力的需求，具有最佳的综合经济效益。

（3）具有满足客户需求的供电可靠性及合格的电能质量。

（4）符合相关国家标准、电力行业技术标准和规程以及技术装备先进要求，并应对多种供电方案进行技术经济比较，确定最佳方案。

9. 确定供电电源和进户线应注意：

（1）进户点应尽可能接近供电电源线路处；

（2）容量较大的客户应尽量接近负荷中心处；

（3）进户线应错开泄雨水的沟、墙内烟道，并与煤气管道、暖气管道保持一定距离；

（4）一般应在墙外地面上看到进户点，便于检查、维修；

（5）进户点的墙面应坚固，能牢固安装进户线支持物。

10. 答复低压客户供电方案的期限是：居民客户，最长不超过3个工作日；低压电力客户，最长不超过7个工作日；低压供电方案的有效期为3个月。

11. 高压客户供电方案包括客户接入系统方案、客户受电系统方案、计量方案、计费方案等。

12. 客户接入系统方案包括供电电压等级、供电容量、供电电源位置、供电电源数（单电源或多电源）、供电回路数、路径、出线方式、供电线路敷设、继电保护等。

13. 客户受电系统方案包括进线方式、受电装置容量、主接线、运行方式、继电保护方式（类型）、调度通信、远动信息、保安措施、产权及维护责任分界点、主要电气设备技术参数等。

14. 计量方案包括计量点与采集点设置，电能计量装置配置类别及接线方式、安装位置、计量方式、电量采集终端安装方案等。

15. 批准变压器容量时还应遵守以下原则：

（1）在满足近期生产需要的前提下，变压器应保留合理的备用容量，为发展生产留有余地。

（2）在保证变压器不超载和安全运行的前提下，同时考虑减少电网的无功损耗。一般客户的计算负荷等于变压器额定容量的70%～75%是最经济的。

（3）对于用电季节性较强、负荷分散性大的客户，既要考虑能够满足旺季或高峰用电的需要，又要防止淡季和低谷负荷期间因变压器轻负荷、空负荷而使无功损耗过大的问题。此时可适当地降低变压器选择容量，增加变压器台数，在变压器轻负荷时切除一部分变压器以减少损耗，从而降低运行费用，增加灵活性，实现节电的原则。

16. 中断供电将产生下列后果之一者，为一级负荷：①引发人身伤亡的；②造成环境严重污染的；③发生中毒、爆炸和火灾的；④造成重大政治影响、经济损失的；⑤造成社会公共秩序严重混乱的。

17. 供电电源点确定的一般原则：

（1）电源点应具备足够的供电能力，能提供合格的电能质量，以满足客户的用电需求；在选择电源点时应充分考虑各种相关因素，确保电网和客户端变电所的安全运行。

（2）对多个可选的电源点，应进行技术经济比较后确定。

（3）根据城市地形、地貌和城市道路规划要求，就近选择电源点。路径应短捷顺直，减少与道路交叉，避免近电远供、迂回供电。

18. 中间检查的检查范围包括工程建设是否符合设计要求，工程施工工艺、建设用材、设备选型是否符合规范，技术文件是否齐全，安全措施是否符合规范及现行的安全技术规程的规定。

19. 中间检查的检查项目包括线路架设情况或电缆敷设检查，电缆通道开挖许可及开挖情况检查，封闭母线及计量箱（柜）安装检查，高、低压盘（柜）装设检查，配电室接地检查，设备到货验收及安装前的特性校验资料检查，设备基础建设检查，安全措施检查等。

20. 装表接电前应具备的以下总体条件，方能送电：

（1）新建的外部供电工程已验收合格；

（2）客户受（送）电装置已验收合格；

（3）工程款及其他费用结清；

（4）供用电合同及有关协议都已签定；

（5）电能计量装置已检验安装合格；

（6）电气工作人员考试合格并取得证件，客户安全运行规章制度已经建立。

五、作图题

1. 低压居民新装工作流程图如下：

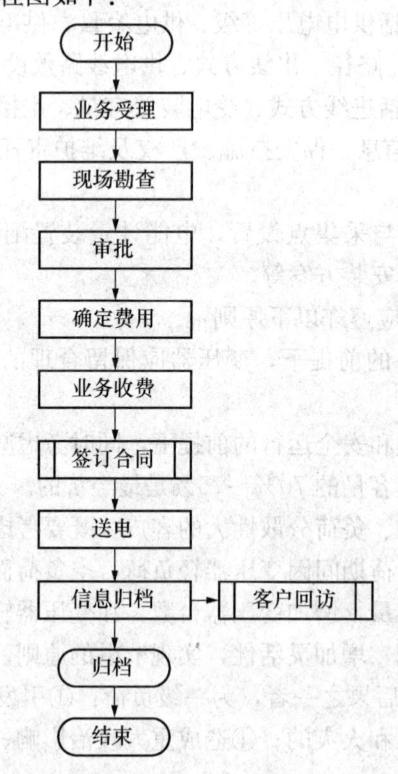

2. 无表临时用电新装工作流程图如下：

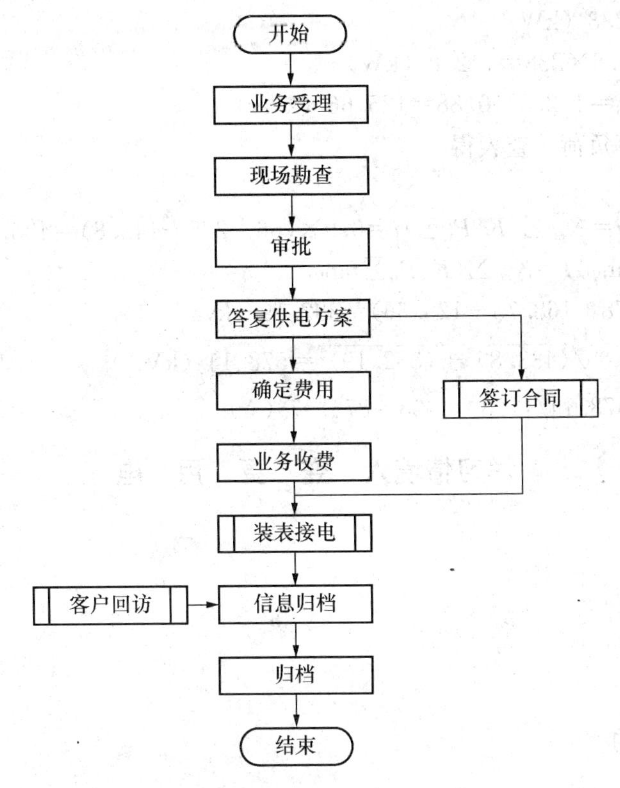

六、计算题

1. 解：查表得

$K_x=0.15$，$\cos\varphi=0.5$，$\tan\varphi=1.73$

$P_{n\Sigma}=20\times8+15\times10+10\times8+5\times10=440$（kW）

$P_c=K_xP_{n\Sigma}=0.15\times440=66$（kW）

$Q_c=P_c\times\tan\varphi=66\times1.73=114.18$（kvar）

$S_c=P_c/\cos\varphi=66/0.5=132$（kVA）

$I_c=P_c/\sqrt{3}U_n\cos\varphi=66/\sqrt{3}\times0.38\times0.5=200.6$（A）

2. 解：（1）机床组。查表得

$K_{x1}=0.2$，$\cos\varphi_1=0.6$，$\tan\varphi_1=1.33$

$P_{n1}=25\times10+10\times8=330$（kW）

$P_{c1}=K_{x1}P_{n1}=0.2\times330=66$（kW）

$Q_{c1}=P_{c1}\times\tan\varphi_1=66\times1.33=87.78$（kvar）

（2）水泵和通风机组。查表得

$K_{x2}=0.75$，$\cos\varphi_2=0.8$，$\tan\varphi_2=0.75$

$P_{n2}=30\times10=300$（kW）

$P_{c2}=K_{x2}P_{n2}=0.75\times300=225$（kW）

$Q_{c2}=P_{c2}\times\tan\varphi_2=225\times0.75=168.75$（kvar）

（3）卷扬机组。查表得

$K_{x3}=0.6$，$\cos\varphi_3=0.75$，$\tan\varphi_3=0.88$

$P_{n3}=17\times14=238$ (kW)

$P_{c3}=K_{x3}P_{n3}=0.6\times238=142.8$ (kW)

$Q_{c3}=P_{c3}\times\tan\varphi_3=142.8\times0.88=125.66$ (kvar)

(4) 求车间计算负荷。查表得

$K_{oQ}=K_{OP}=0.9$

$P_c=K_{op}\sum(P_c)i=K_{op}\sum(K_xP_n\sum)i=0.9\times(66+225+142.8)=433.8$ (kW)

$Q_c=K_{oq}\sum(P_c\tan\varphi)I=K_{oq}\sum(K_xP_n\sum\tan\varphi)I$

$=0.9\times(87.78+168.75+125.66)=382.19$ (kvar)

$S_c=\sqrt{P_{c^2}+Q_{c^2}}=\sqrt{(433.8)^2+(382.19)^2}=578.14$ (kVA)

$I_c=S_c/\sqrt{3}U_n=578.14/1.73\times0.38=875.97$ (A)

学习情境六　变　更　用　电

一、填空题

1. 供用电合同
2. 永久性减容
3. 电价类别
4. 大容量
5. 两个及以上的
6. 5
7. 单一制
8. 每次500元
9. 用电类别
10. 客户
11. 用电变更现场勘查工作单
12. 地址、减容容量
13. 整台或整组
14. 抄表
15. 比例
16. 计量信息

二、选择题

1. B	2. D	3. A	4. C	5. B
6. A	7. C	8. D	9. B	10. C
11. B	12. D	13. A	14. B	15. C

三、判断题

1. √	2. ×	3. ×	4. √	5. ×
6. √	7. ×	8. √	9. ×	10. √
11. √	12. ×	13. √	14. ×	15. √
16. ×	17. √	18. ×	19. √	20. ×

21. √　　22. ×　　23. √　　24. √

四、问答题

1. 减容是指客户正式用电后，由于生产经营情况发生变化，考虑到原用电容量过大，不能全部利用，为了减少基本电费的支出或节能需要，提出减少供用电合同规定的用电容量的一种变更用电事宜。

2. 暂停是指客户正式用电后，由于生产经营情况发生变化，需要临时变更或设备检修或季节性用电等原因，为了节省和减少电费支出，需要短时间内停止使用一部分或全部用电设备容量的一种变更用电业务。

3. 移表是指客户在原用电地址内，因修缮房屋、变（配）电室改造或其他原因，需要移动用电计量装置安装位置的业务。

4. 更改交费方式是指受理客户要求变更交费方式的需求，与客户变更供用电合同，完成客户资料的变更。

5. 客户申请改压，须向供电公司提出申请，供电公司应按下列规定办理：

（1）改高等级电压供电且容量不变者，由客户提供改造费用，供电公司予以办理；超过原容量者，按增容办理。

（2）改低等级电压供电时，改压后的容量不大于原容量者，由客户提供改造费用，供电公司按相关规定办理；超过原容量者，按增容办理。

6. 客户申请改类，须持有关证明向供电公司提出申请，供电公司应按下列规定办理：

（1）客户改变用电类别，须向供电公司提出申请；

（2）擅自改变用电类别，属违约用电行为。将依照《供电营业规则》第100条第1款的规定处理，即“按实际使用日期补交其差额电费，并承担2倍差额电费的违约使用电费”。

7. 客户申请暂换时，相关工作要求如下：

（1）客户需变更用电时，应事先提出申请，并携带有关证明文件，到供电公司用电营业场所办理手续，变更供用电合同；

（2）必须在原受电地点整台的暂换受电变压器；

（3）暂换的变压器经检验合格后才能投入运行；

（4）暂换变压器增加的容量不收取供电贴费，但对执行两部制电价的客户需在暂换之日起，按替换后的变压器容量计收基本电费。

8. 客户申请暂拆，须持有关证明向供电公司提出申请，供电公司应按下列规定办理：

（1）客户办理暂拆手续后，供电公司应在5天内执行暂拆。

（2）暂拆时间最长不得超过6个月。暂拆期间，供电公司保留该客户原容量的使用权。

暂拆原因消除，客户要求复装接电时，需向供电公司办理复装接电手续并按规定交付费用。上述手续完成后，供电公司应在5天内为该客户复装接电。

9. 过户时，客户提供的主要资料应包括：

（1）居民客户因更换房屋产权人等原因需过户时，应持有关证明，如上级的证明文件、工商变更证明、房产证、户口本、身份证。

（2）机关、企事业单位、社会团体、部队等过户时，应持工商行政管理部门注册登记执照及有关证明。

(3) 经办人的身份证及复印件，法定代表人出具的授权委托书。

10. 办理减容业务时，工作内容有：

(1) 通过获取的申请信息，需要通知客户备妥资料到营业厅办理相关手续或提供主动上门服务。

(2) 为客户提供信息宣传与咨询服务，引导并协助客户填写用电申请书。

(3) 查询客户以往的服务记录，获取该客户或同一法人主体的其他用电地址的以往用电历史、欠费情况、信用情况，并形成客户相关的附加信息。如有欠费则应给予提示。

(4) 查验客户材料是否齐全、申请单信息是否完整、判断证件是否有效。

(5) 记录减容的性质、减容容量、停（换）变压器、起止日期等申请信息，生成对应的变更工作单转入后续流程处理。

11. 办理减容业务时，工作要求如下：

(1) 在约定的时间内到现场进行勘查，现场勘查应携带用电变更现场勘查工作单。

(2) 接到勘查工作任务单后，应在规定的时限内进行现场勘查。

(3) 现场勘查应核对客户名称、地址、容量、用电性质等信息与勘查单上的资料是否一致，核实计量装置是否运行正常。现场勘查记录应完整详实准确。

(4) 如果用电性质发生变化，应要求新户办理改类业务。如果用电容量发生变化，应要求新户办理增容业务。如果地址发生变化，应根据具体情况更改客户的用电地址或办理迁址业务。

五、作图题

1. 过户业务流程如下：

2. 改类业务项流程如下：

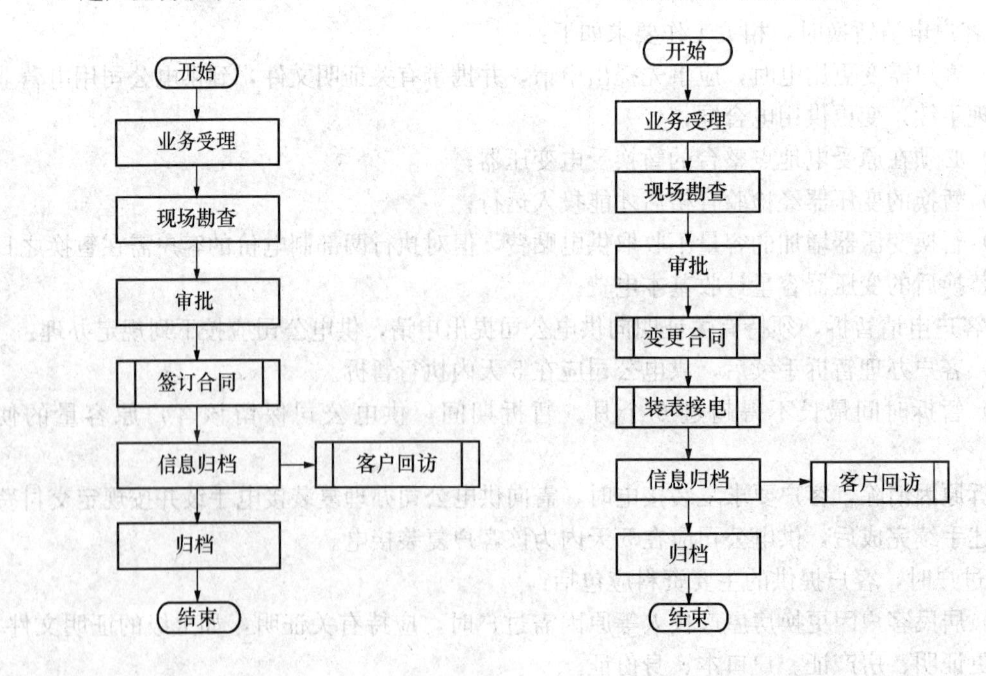

学习情境七　供用电合同管理

一、填空题

1. 供电人、用电人
2. 供电电压、供电频率、供电可靠性
3. 电
4. 用电地址
5. 用电性质
6. 五、三、半

二、选择题

1. A　2. B　3. D　4. C

三、判断题

1. ×　2. √　3. √　4. ×　5. √　6. ×

四、问答题

1. 供电质量是以供电频率、电压质量和供电可靠性三项指标确定的。供电频率质量，以允许波动的偏差来衡量；供电电压质量，以电压的闪变、偏离额定值的幅度和电压正弦波畸变程度来衡量；供电可靠性，以供电公司对客户停电的时间及次数来衡量。

无论是供电频率质量还是供电电压质量都应符合国家标准或电力行业标准。

2. 供用电合同应具备以下条款：

（1）供电方式、供电质量和供电时间；

（2）用电容量、用电地址和用电性质；

（3）计量方式、电价和电费结算方式；

（4）供用电设施维护责任的划分；

（5）合同的有效期限；

（6）违约责任；

（7）双方共同认为应当约定的其他条款。

3. 供用电合同的分类及其适用范围：

（1）高压供用电合同，适用于供电电压为6～10kV及以上的专变用电客户。

（2）低压供用电合同，适用于除居民以外的供电电压为220/380V的低压供电客户。

（3）临时供用电合同，适用于临时申请用电的客户，包含高、低压临时供电的用电客户。

（4）趸购电合同，适用于趸购电力的用电客户。

（5）委托转供电合同，适用于受供电单位委托的转供电客户，转供电合同是供电方、转供电方、被转供电方三方共同就转供电有关事宜签订的合同。

（6）居民供用电合同，适用于供电电压为220/380V低压供电的居民用电客户。

五、作图题

1. 供用电合同的签订流程如下：

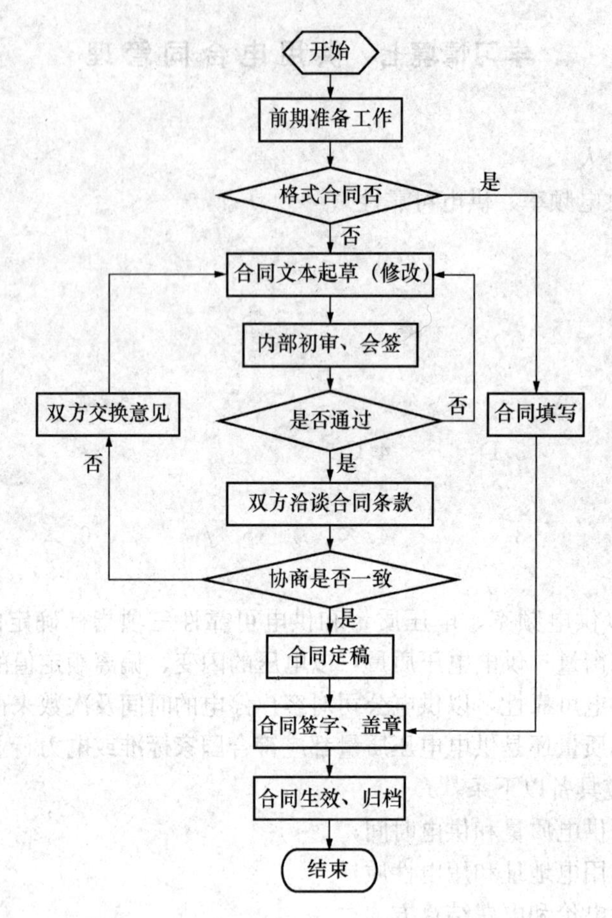

2. 供用电合同变更流程图如下：

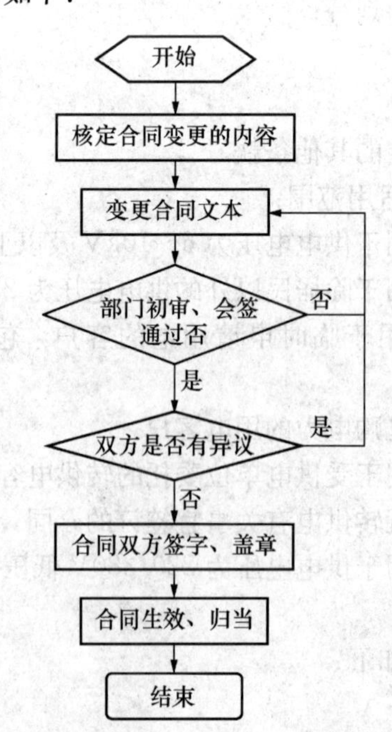

学习情境八 营 业 稽 查

一、填空题

1. 以电谋私
2. 分（区）公司稽查科（营销科）稽查岗位
3. 事故分析会
4. 电费发票出门、主要责任
5. 跟踪户数、跟踪时间、质量评估
6. 全员
7. 科室、班组
8. 完成
9. 5、10
10. 1、2
11. 差错率、均价
12. 应收电费金额/实收电费金额×100％
13. 户务档案、分户账页（即电费卡片）
14. 重大营业责任
15. 1万、5千
16. 违约用电
17. 法规处罚
18. 3
19. 证据
20. 美观大方、布局合理、舒适安全、整洁卫生
21. 咨询引导区、业务受理区、客户交费区、自助服务区、产品展示区、客户休息区、VIP客户服务区、宣传资料区
22. 迎三步、送三步、微笑、亲切自然、请姿、“早上好”、“您好”、“××节快乐”、送宾姿、“请走好，再见”
23. 认真倾听、热心引导、快速衔接、联系人、联系电话、地址
24. 微笑、注目礼、问候、双手

二、选择题

1. D	2. A	3. C	4. B	5. A
6. C	7. B	8. A	9. D	10. B
11. C	12. A	13. D	14. B	15. B
16. C	17. B	18. A	19. A	20. A
21. B	22. B	23. A	24. B	25. A

三、判断题

1. ×	2. √	3. ×	4. √	5. ×
6. √	7. √	8. ×	9. ×	10. ×
11. √	12. √	13. ×	14. ×	15. ×

16. × 17. × 18. √ 19. × 20. ×
21. √ 22. × 23. √ 24. √ 25. × 26. ×

四、问答题

1. 营销稽查是依据国家有关政策、法律、法规和电力企业营销相关的规章制度和管理规定，对本企业从事电力营销工作的单位或涉及电力营销的工作人员，在电力营销过程中的行为进行监督和检查。

2. 电力营销稽查人员应具备以下基本条件：

(1) 作风正派、坚持原则、遵纪守法、秉公执法、廉洁奉公。

(2) 熟悉电力法律、法规、政策和供用电规章制度。

(3) 有一定的电力营销业务知识、电气技术知识、会计算机操作，并具备一般的统计、会计、审计知识。

(4) 电力营销稽查人员一般应取得省电力公司统一颁发的《用电检查证》。电力营销定期接受上级主管部门举办的业务培训学习，并经考核合格后方可取得任职资格。

(5) 经查证电力营销稽查人员有以电谋私等违法违纪行为，或在稽查岗位上经考核评定不称职者，应取消其任职资格。

3. 营业（供电）所稽查岗位有以下工作标准：

(1) 严格把住营业差错关，各所稽查人员对凡有动态发生的高压供电客户、三相低压客户和电量突增突减可能构成营业责任事故的高低压客户，在电费发票出门前须逐户进行审核并签章。因稽查人员未进行稽核或稽核未发现问题而引起的责任事故，稽查人员应负主要责任。

(2) 开展抄表服务作风质量跟踪工作，要求所稽查人员每月每人至少跟踪 6 册抄表工本（其中含各类抄表工本），每册工本的跟踪户数不得低于跟踪工本总户数的 40%，并建立抄表质量跟踪专用记录。记录内容包括工本册号、户号、跟踪户数、跟踪时间、发现问题、处理结果、质量评估等。

(3) 凡发生营业收入、营业外收入、代收款收入增减账时，无论以何种方式支付，金额在 1000 元及以下，都须经稽查人员核准签字后，再报请分管领导批准办理；金额 1000 元以上的报上级稽查稽核，分管领导批准。

(4) 稽查人员发现用电营销责任事故或发现用电营销人员严重违纪违法现象，除向本单位领导及时报告外，还应向上级稽查部门报告。营销责任事故（含未遂）应认真做好记录，对已造成的营销责任事故应及时配合单位领导开事故分析会，必须通知分（区）局稽查参加，并填写有关报表，如实上报。

(5) 负责稽查用电定量定比是否正确执行，负责检查法定抄表日程和抄表轮换制度是否严格执行，并做好记录。

(6) 稽查人员均应按局统一印制的稽查台账、报表，登录、统计稽查工作情况，应认真填写，按月逐级上报，不得弄虚作假。

(7) 认真稽核申请书、工作单的运转及时限，对超时限户要有记录并跟踪稽核。

4. 营业质量管理是指电力企业在营业部门推行全面质量管理活动，以经济地提供客户满意的电能产品为核心，不断提高营业管理工作质量和服务质量，为社会和企业创造最佳的经济效益。

5. 制定供电方案建账立卡（含更换账卡）电费审核装表接电

6. 在供电服务过程中，以下行为被认定为服务事故：

（1）收受客户礼品礼金或接受客户宴请者；

（2）公开或变相索要客户钱物或故意侵占客户利益者；

（3）服务态度蛮横，与客户发生争吵，故意刁难客户者；

（4）接待客户查询和咨询时，敷衍推诿者。

7. 对发生的营业工作责任事故，必须严肃对待，做到四不放过，即"事故原因查不清不放过，事故责任者未受到处罚不放过，有关人员没有受到教育不放过，没有防范措施不放过"，对直接责任人及关责任人要严肃处理。

8. 按下列规定确定：

（1）在供电公司的供电设施上，擅自接线用电的，所窃电量按私接设备额定容量乘以实际使用时间计算确定；

（2）其他行为窃电的，所窃电量按计费电能表标定电流值所指容量乘以实际窃电时间计算确定；

（3）窃电时间无法查明时，窃电日数至少以 180 天计算；每日窃电时间电力客户按 12 小时计算，照明客户按 6 小时计算。

9. （1）在已知负荷相对稳定时，用秒表测出表的转速 n(r/s)；

（2）根据已知负荷计算电能表所测转数应需时间，即

$$T_0 = \frac{3600 \times 1000n}{CP}$$

式中 n——实测电能表测转速，r/s；

P——已知负荷，W；

C——电能表常数，r/(kW·h)。

（3）计算电能表的误差，即

$$r = \frac{T_0 - T_x}{T_x} \times 100\%$$

式中 T_0——应需时间，s；

T_x——实测时间，s。

10. （1）窃电行为的对象是电能（包括供电公司和其他用电单位的电能），电能是看不到的，只能用直观检查或用仪表测定。电能也不像其他财物可以储存，故窃电后不能以实物验证，不能以行为来判断和认定。发现客户用电有以下行为者，即为窃电：

1）在供电公司的供电设施上，擅自接线用电；

2）绕越供电公司电能计量装置用电；

3）伪装或者开启供电公司（或法定的、授权的计量检定机构）加封的电能计量装置封印用电；

4）故意损坏供电公司电能计量装置；

5）故意使供电公司电能计量装置不准或者失效；

6）采用其他方法窃电。

（2）根据《电力供应与使用条例》第 41 条规定，肯定窃电行为的性质是违法行为。因

为窃电行为影响社会经济秩序，同时也影响社会治安秩序和社会安定，所以是违法行为。对窃电数额较大或造成严重危害后果的，应提请司法机关依法追究刑事责任。

11. 钳型电流表是由电流互感器和电流表组成的便携式仪表，使用方便，能在不断开电源的情况下，测量电路电流。正确使用钳型电流表的方法和简单的维护，有以下几点：

(1) 测量电流时，应按动手柄使铁芯张开，把被测导线（必须是单根）穿到钳口中央，就可以从表盘上读出被测电流值。

(2) 测量前应首先估计被测电流的大小，选择合适的量程或先选用较大量程，然后再视读数的大小，逐渐减小量程。特别是在测量电动机启动电流时，冲击电流很大，更应注意使用这个方法。

(3) 测量小于5A以下电流时，为了读数准确，若条件允许可把导线多绕几圈放进钳口测量，但实际电流值应为读数除以放进钳口内导线的圈数。

(4) 测量完毕一定要把转换开关放在最大电流量程的位置上，以免下次使用时由于未经选择量程，而造成仪表损坏。

(5) 进行测量时，应注意操作人员对带电部分的安全距离，以免发生触电危险。

(6) 在使用中，如发现钳口有杂音，可检查结合面上有无污垢存在，如有污垢，可用汽油清擦干净。

12. 营业厅内应美观大方、布局合理、舒适安全、整洁卫生，分设咨询引导区、业务受理区、客户交费区、自助服务区、产品展示区、客户休息区、VIP客户服务区、宣传资料区等区域。

13. (1) 迎宾服务规范；

(2) 营业厅秩序维持服务规范；

(3) 业务办理引导服务规范；

(4) 咨询、查询服务规范。

14. (1) 柜台迎送规范；

(2) 受理服务行为规范；

(3) 收费服务规范；

(4) 自助服务规范。

五、计算题

1. 根据《供电营业规则》规定：窃电时间无法查明时，窃电日数至少以180天计算；每日窃电时间电力客户按12小时计算，照明客户按6小时计算。

追补电量= 窃电容量×窃电时间

$$= (100\times 6 + 60\times 5 + 100)\times 10^{-3}\times 6\times 180 = 1080(\text{kW}\cdot\text{h})$$

追补电费 $= 1080\times 0.56 = 604.8$(元)

违约使用电费 $= 604.8\times 3 = 1814.4$(元)

合计 $= 604.8 + 1814.4 = 2419.2$(元)

2. 补交基本电费=八月份基本电费+九月份基本电费

$=320\times 26\times 5/30+320\times 26$

$=9706$（元）

违约使用电费 $=9706\times 2=19\,412$（元）

参 考 文 献

[1] 刘振亚. 国家电网公司电力营销业务应用篇. 电力营销业务模型. 北京：中国电力出版社，2008.
[2] 国家电网公司人力资源部. 用电营业管理. 北京：中国电力出版社，2010.
[3] 于崇伟. 电力市场营销. 北京：中国电力出版社，2002.
[4] 阎刘生. 电力营销基本业务与技能. 北京：中国电力出版社，2002.
[5] 林腾. 电业营业管理. 北京：水利电力出版社，1994.